제과제빵 기능사

필기

이현순 저

다락원

머리말

언제부터인가 카페에서 커피와 디저트를 즐기는 문화가 우리에게 빼놓을 수 없는 일상생활이 되었습니다. 그러면서 자연스레 빵, 과자에 관심이 높아졌고 단순히 먹는 것에서 그치지 않고 전문적으로 배워서 취업이나 창업을 하고자 하는 이들이 많아졌습니다.

제과제빵분야에서는 빵을 전문으로 만드는 사람을 제빵사, 케이크와 파이 등을 만들고 장식하는 사람을 제과사라 하는데 좀 더 특화된 분야로는 케이크 디자이너, 쇼콜라띠에, 슈가크래프트 등이 있습니다. 그만큼 다양한 분야로 선택이 가능하지만 제과제빵의 입문과정이라 할 수 있는 제과제빵기능사 과정을 성실히 공부하고 나서야 비로소 좋은 제과제빵사가 될 수 있습니다.

또한 해당 직종은 점차로 전문성을 요구하는 방향으로 나아가고 있어 제과제빵사를 직업으로 선택하려는 사람에게는 필수적인 자격입니다.

그러나 제과제빵기능사 필기시험은 전문적인 지식이 다소 포함되어 있어 처음 자격시험을 준비할 때 어려움을 느끼는 분들을 많이 보았습니다. 이에 조금의 도움이라도 보태고자 몇 년간의 강의를 토대로, 처음 접하는 이에게 공부의 길잡이가 될 수 있도록 수험자가 꼭 알아야 할 사항들로만 구성하여 교재를 집필하였습니다.

이 교재는 학원이나 학교에서 수업교재로 사용할 수 있지만 혼자 공부해도 시험에 합격할 수 있도록 중요한 내용에 표시를 해두었습니다. 전체적인 흐름을 이해하되, 중요한 부분을 암기하는 방식으로 공부하면 좋을 것입니다.

지난 기출문제를 수집, 분석하여 자주 출제되는 문제를 중심으로 출제경향에 맞추어 내용을 구성하였기에 합격점인 60점 이상을 취득하여 충분히 합격할 수 있도록 하였습니다.

아무쪼록 여러분의 제과제빵기능사 필기시험의 합격 및 꿈을 위한 도전을 응원하며, 좋은 교재가 될 수 있도록 더욱 노력하겠습니다.

끝으로 이 책이 나오기까지 애써주신 다락원 임직원 여러분께 감사인사를 드립니다.

저자 이현순 드림

시험과정

제과기능사
필기

합격

제과기능사
실기

합격
제과기능사
자격증
취득

제빵기능사
필기

합격

제빵기능사
실기

합격
제빵기능사
자격증
취득

응시방법

한국산업인력공단 홈페이지

회원가입 → 원서접수 신청 → 자격선택 → 종목선택 → 응시유형 → 추가입력 → 장소선택 → 결제하기

시험일정

상시시험

자세한 일정은 Q-net(http://q-net.or.kr)에서 확인

검정방법

객관식 4지 택일형, 60문항

시험시간

1시간(60분)

합격기준

100점 만점에 60점 이상

합격발표

CBT 시험으로 시험 후 바로 확인

합격률

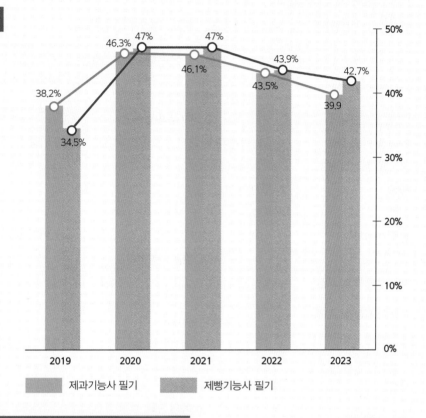

제과기능사 필기 | 제빵기능사 필기

시험과목 및 활용 국가직무능력표준(NCS)

국가기술자격의 현장성과 활용성 제고를 위해 국가직무능력표준(NCS)를 기반으로 자격의 내용(시험과목, 출제기준 등)을 직무 중심으로 개편하여 시행합니다.

・제과기능사 필기시험

과목명	활용 NCS 능력단위
과자류 재료, 제조 및 위생관리	과자류제품 재료혼합
	과자류제품 반죽정형
	과자류제품 반죽익힘
	과자류제품 포장
	과자류제품 저장유통
	과자류제품 위생안전관리
	과자류제품 생산작업준비

・제빵기능사 필기시험

과목명	활용 NCS 능력단위
빵류 재료, 제조 및 위생관리	빵류제품 재료혼합
	빵류제품 반죽발효
	빵류제품 반죽정형
	빵류제품 반죽익힘
	빵류제품 마무리
	빵류제품 위생안전관리
	빵류제품 생산작업준비

- 자격종목 : 제과기능사
- 필기 과목명 : 과자류 재료, 제조 및 위생관리

1. 재료준비	
재료 준비 및 계량	배합표 작성 및 점검, 재료 준비 및 계량 방법, 재료의 성분 및 특징, 기초재료과학, 재료의 영양학적 특성
2. 제과류제품 제조	
반죽 및 반죽 관리	반죽법의 종류 및 특징, 반죽의 결과 온도, 반죽의 비중
충전물·토핑물 제조	재료의 특성 및 전처리, 충전물·토핑물 제조 방법 및 특징
팬닝	분할 팬닝 방법
성형	제품별 성형 방법 및 특징
반죽 익히기	반죽 익히기 방법의 종류 및 특징, 익히기 중 성분 변화의 특징
3. 제품 저장관리	
제품의 냉각 및 포장	제품의 냉각방법 및 특징, 포장재별 특성, 불량제품 관리
제품의 저장 및 유통	저장방법의 종류 및 특징, 제품의 유통·보관방법, 제품의 저장·유통 중의 변질 및 오염원 관리방법
4. 위생안전관리	
식품위생 관련 법규 및 규정	식품위생법 관련 법규, HACCP 등의 개념 및 의의, 공정별 위해요소 파악 및 예방, 식품첨가물
개인위생관리	개인위생관리, 식중독의 종류, 특성 및 예방방법, 감염병의 종류, 특징 및 예방방법
환경위생관리	작업환경 위생관리, 소독제, 미생물의 종류와 특징 및 예방방법, 방충·방서 관리
공정 점검 및 관리	공정의 이해 및 관리, 설비 및 기기

- 자격종목 : 제빵기능사
- 필기 과목명 : 빵류 재료, 제조 및 위생관리

1. 재료준비	
재료 준비 및 계량	배합표 작성 및 점검, 재료 준비 및 계량 방법, 재료의 성분 및 특징, 기초재료과학, 재료의 영양학적 특성
2. 빵류제품 제조	
반죽 및 반죽 관리	반죽법의 종류 및 특징, 반죽의 결과 온도, 반죽의 비용적
충전물·토핑물 제조	재료의 특성 및 전처리, 충전물·토핑물 제조 방법 및 특징
반죽 발효 관리	발효 조건 및 상태 관리
분할하기	반죽 분할
둥글리기	반죽 둥글리기
중간발효	발효 조건 및 상태 관리
성형	성형하기
팬닝	팬닝 방법
반죽 익히기	반죽 익히기 방법의 종류 및 특징, 익히기 중 성분 변화의 특징
3. 제품 저장관리	
제품의 냉각 및 포장	제품의 냉각방법 및 특징, 포장재별 특성, 불량제품관리
제품의 저장 및 유통	저장방법의 종류 및 특징, 제품의 유통·보관방법, 제품의 저장·유통 중의 변질 및 오염원 관리방법
4. 위생안전관리	
식품위생 관련 법규 및 규정	식품위생법 관련 법규, HACCP 등의 개념 및 의의, 공정별 위해요소 파악 및 예방, 식품첨가물
개인위생관리	개인위생관리, 식중독의 종류, 특성 및 예방방법, 감염병의 종류, 특징 및 예방방법
환경위생관리	작업환경 위생관리, 소독제, 미생물의 종류와 특징 및 예방방법, 방충·방서 관리
공정 점검 및 관리	공정의 이해 및 관리, 설비 및 기기

이 책의
구성

통합도서

● 제과기능사와 제빵기능사 자격시험을 한 권으로 준비할 수 있습니다.
● 제과기능사와 제빵기능사의 공통과목을 교재의 앞부분에 배치하여 효율적으로 공부할 수 있습니다.

핵심이론

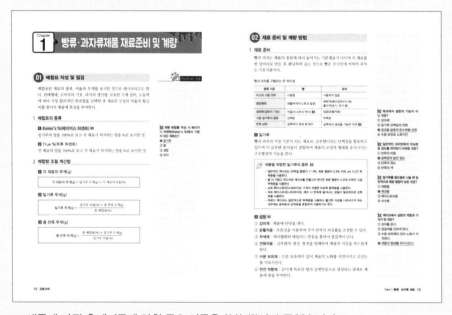

● 새롭게 바뀐 출제기준에 맞춰 중요 이론을 쏙쏙 뽑아 수록했습니다.
● 중요한 이론과 연관된 문제를 한눈에 볼 수 있도록 배치하여 독자의 빠른 이해를 도왔습니다.

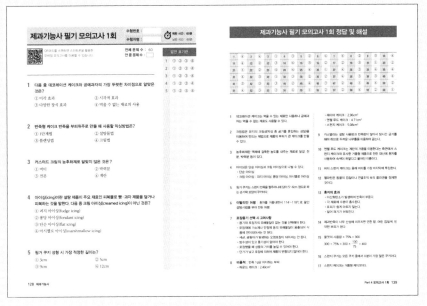

● 새로 바뀐 출제기준에 맞게 제과기능사 5회, 제빵기능사 5회 모의고사를 제공합니다.
● 지난 10년간 출제된 기출문제 중 빈도수가 높은 문제를 정리했습니다.

● 어디서나 쉽게 핵심이론을 공부할 수 있는 요약집을 제공합니다.

2017년부터 모든 기능사 필기시험은 시험장의 컴퓨터를 통해 이루어집니다. 화면에 나타난 문제를 풀고 마우스를 통해 정답을 표시하여 모든 문제를 다 풀었는지 한 번 더 확인한 후 답안을 제출하고, 제출된 답안은 감독자의 컴퓨터에 자동으로 저장되는 방식입니다. 처음 응시하는 학생들은 시험 환경이 낯설어 실수할 수 있으므로, 반드시 사전에 CBT 시험에 대한 충분한 연습이 필요합니다.

■ Q-Net 홈페이지의 CBT 체험하기

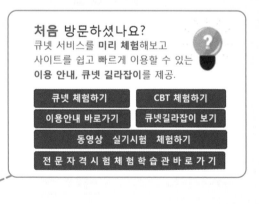

■ CBT 시험을 위한 모바일 모의고사

① QR코드 스캔 → 도서 소개화면에서 '모바일 모의고사' 터치

② 로그인 후 '실전모의고사' 회차 선택

③ 스마트폰 화면에 보이는 문제를 보고 정답란에 정답 체크

④ 문제를 다 풀고 채점하기 터치 → 내 점수, 정답, 오답, 해설 확인 가능

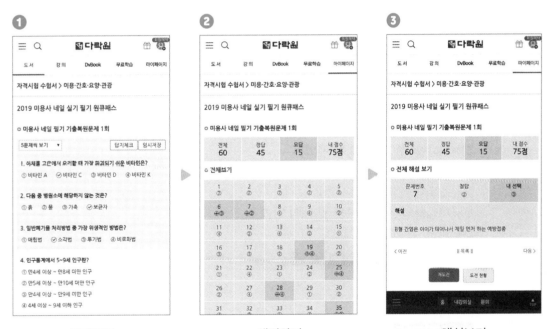

문제풀기　　　　　　　채점하기　　　　　　　해설보기

차례

공통과목

제과기능사

제빵기능사

📖 **별책 핵심이론 요약집**
제과기능사/제빵기능사 핵심이론을 한눈에 정리할 수 있는 요약집을 제공합니다.

제과기능사
제빵기능사
공통과목

재료를 낭비하지 않고 균일한 제품을 제조하기 위해서는
정확한 계량을 해야 한다.

NCS 과자류제품 재료혼합

제과기능사
제빵기능사
공통과목

★ Part 1 ★
빵류 · 과자류 재료

Chapter 1 → 빵류·과자류제품 재료준비 및 계량

01 배합표 작성 및 점검

배합표란 재료의 종류, 비율과 무게를 표시한 것으로 레시피라고도 한다. 판매형태, 소비자의 기호, 과자의 생산량, 보유한 기계 설비, 노동력에 따라 가장 합리적인 반죽법을 선택한 후 재료의 구성과 비율의 황금비를 찾아서 제품에 특성을 부여한다.

1 배합표의 종류

1 Baker's %(베이커스 퍼센트) Ⅸ

밀가루의 양을 100%로 보고 각 재료가 차지하는 양을 %로 표시한 것

2 True %(트루 퍼센트)

전 재료의 양을 100%로 보고 각 재료가 차지하는 양을 %로 표시한 것

2 배합량 조절 계산법

1 각 재료의 무게(g)

각 재료의 무게(g) = 밀가루 무게(g) × 각 재료의 비율(%)

2 밀가루 무게(g)

$$\text{밀가루 무게(g)} = \frac{\text{밀가루 비율(\%)} \times \text{총 반죽 무게(g)}}{\text{총 배합률(\%)}}$$

3 총 반죽 무게(g)

$$\text{총 반죽 무게(g)} = \frac{\text{총 배합률(\%)} \times \text{밀가루 무게(g)}}{\text{밀가루 비율(\%)}}$$

1 재료 준비

빵과 과자는 제품의 종류에 따라 들어가는 기본재료가 다르며 각 재료를 한 덩어리로 만든 후 팬닝하여 굽는 것으로 빵은 주식인데 비하여 과자는 기호식품이다.

빵과 과자를 구별하는 큰 차이점

분류 기준	빵	과자
이스트 사용 여부	사용함	사용하지 않음
팽창형태	생물학적(이스트의 발효)	화학적(베이킹파우더 등) 물리적(공기, 유지 등)
설탕량(설탕의 기능)	적음(이스트의 먹이)	많음(윤활작용)
사용 밀가루의 종류	강력분	박력분
반죽 상태	글루텐의 생성 및 발전	글루텐의 생성을 가능한 억제 **3**

1 밀가루

빵과 과자의 가장 기본이 되는 재료로, 글루텐이라는 단백질을 함유하고 있으며 이 글루텐 분자들이 결합하여 제품의 모양과 형태를 유지시키는 구조형성의 기능을 한다.

> **TIP** **제품별 적합한 밀가루의 종류** **4**
> - 일반적인 케이크는 단백질 함량이 7~9%, 회분 함량이 0.4% 이하, pH 5.2인 박력분을 사용한다.
> - 좀 더 가볍고 부드러운 케이크를 만들고자 한다면 회분 함량이 0.35% 이하인 고급 박력분을 사용한다.
> - 쇼트 페이스트리(사과파이)는 가격이 저렴한 비표백 중력분을 사용한다.
> - 퍼프 페이스트리(나비파이)는 제조 시 반죽에 늘어나는 성질이 필요하므로 강력분을 사용한다.
> - 파운드 케이크는 일반적으로 박력분을 사용하나 쫄깃한 식감을 나타내고자 하는 경우에는 중력분과 강력분을 혼합하여 사용하기도 한다.

2 설탕 **5**

① **감미제** : 제품에 단맛을 낸다.

② **윤활작용** : 흐름성을 이용하여 쿠키 반죽의 퍼짐률을 조절할 수 있다.

③ **착색제** : 캐러멜화와 메일라드 반응을 통하여 껍질색이 난다.

④ **연화작용** : 글루텐의 생성, 발전을 방해하여 제품의 식감을 부드럽게 한다.

⑤ **수분 보유제** : 수분 보유력이 있어 제품의 노화를 지연시키고 신선도를 지속시킨다.

⑥ **천연 착향제** : 감미제 특유의 향과 갈변반응으로 생성되는 냄새로 제품에 향을 부여한다.

2 제과에서 설탕의 기능이 아닌 것은?
① 감미제
② 밀가루 단백질의 연화
❸ 알코올 발효의 탄수화물 급원
④ 수분 보유로 노화지연

3 일반적인 과자반죽의 믹싱완료 정도를 파악하기 어려운 것은?
① 반죽의 비중
❷ 글루텐의 발전 정도
③ 반죽의 점도
④ 반죽의 색

4 밀가루를 용도별로 나눌 때 일반적으로 회분 함량이 낮은 것은?
① 제빵용
❷ 제과용
③ 페이스트리용
④ 국수용

5 케이크에서 설탕의 역할과 거리가 먼 것은?
① 감미를 준다.
② 껍질색을 진하게 한다.
③ 수분 보유력이 있어 노화가 지연된다.
❹ 제품의 형태를 유지시킨다.

❸ 유지 ⑥

① **가소성** : 유지가 상온에서 고체 모양을 유지하는 성질
② **크림성** : 유지가 믹싱 조작 중 공기를 포집하는 성질
③ **쇼트닝성** : 제품에 부드러움이나 바삭함을 주는 성질
④ **유화성** : 유지가 물을 흡수하여 보유하는 성질
⑤ **안정성** : 지방의 산화와 산패를 장기간 억제하는 성질

❹ 계란 ⑦

① **농후화제** : 달걀이 가열되면 열에 의하여 응고되어 제품을 걸쭉하게 한다.
② **구조 형성제** : 밀가루와 함께 결합작용으로 제품의 구조를 형성한다.
③ **천연 유화제** : 노른자에 들어있는 인지질인 레시틴은 기름과 수용액을 혼합시킬 때 유화제 역할을 한다.
④ **팽창제** : 공기를 혼입하여 반죽을 부풀리게 한다.

❺ 우유

① **착색제** : 우유에 함유된 유당은 캐러멜화 작용으로 껍질색을 진하게 한다.
② **수분 보유제** : 수분 보유력이 있어 노화를 지연시키고 신선도를 연장시킨다.

❻ 물

① 원료를 분산하고 글루텐을 형성시키며 반죽의 되기를 조절한다.
② 효모와 효소의 활성을 제공한다.
③ 제품별 특성에 맞게 반죽 온도를 조절한다.

❼ 소금 ⑧

① 삼투압에 의해 미생물이 사용할 수 있는 수분이 감소하여 잡균의 번식을 억제한다.
② 다른 재료들이 향미를 내게 한다.
③ 많은 양의 설탕을 사용했을 때 단맛을 순화시킨다.
④ 적은 양의 설탕을 사용했을 때 단맛을 증진시킨다.
⑤ 빵 반죽을 단단하고 탄력성있게 하여 반죽의 물성을 좋게 한다.
⑥ 굽기 시 소금이 당의 캐러멜화 온도를 낮추어 껍질색을 빨리 나게 하여 진하게 만든다.

2 재료 계량

재료 계량 방법에는 무게를 재는 방법과 부피를 측정하는 방법이 있으며 제과제빵 분야에서는 무게계량법을 사용한다.

⑥ 제과·제빵에서 유지의 기능이 아닌 것은?
❶ 흡수율 증가
② 연화작용
③ 공기 포집
④ 보존성 향상

⑦ 케이크 제조에 있어 계란의 기능으로 부적당한 것은?
① 결합작용
② 팽창작용
③ 유화작용
❹ 글루텐 형성 작용

⑧ 소금이 제과에 미치는 영향이 아닌 것은?
① 향을 좋게 한다.
② 잡균의 번식을 억제한다.
③ 반죽의 물성을 좋게 한다.
❹ pH를 조절한다.

TIP 계량 시 무게단위 환산

1g = 0.001kg = 1000mg

9 다음 중 1mg과 같은 것은?
① 0.0001g
❷ 0.001g
③ 0.1g
④ 1000g

03 재료의 성분 및 특징

1 밀가루 및 기타가루

밀가루는 밀의 종류, 기후, 토질 등에 따라서 품질이 다르며, 같은 종류의 밀이라도 제분과정, 정제정도에 따라 다르다.

1 밀알의 구조 및 특성

① **배아(씨눈)** : 밀의 2~3%를 차지하며 지방이 많아 밀가루의 저장성을 나쁘게 하므로 제분 시 분리하여 식용, 사료용, 약용으로 사용한다.

② **껍질(밀기울)** : 밀의 14%를 차지하고 제분 과정에서 분리되며, 소화가 되지 않는 셀룰로오스, 회분과 빵 만들기에 적합하지 않은 메소닌, 알부민과 글로불린 등의 단백질을 다량 함유하고 있다.

③ **배유** : 밀의 83%를 차지하고 내배유와 외배유로 나뉘며 내배유 부분이 밀가루가 된다. 빵 만들기에 적합한 알코올에 용해되는 글리아딘과 산-알칼리에 용해되는 글루테닌이 거의 같은 양으로 들어 있다.

2 제분과 제분수율

1) 제분과 템퍼링(조질) **10**

① **제분** : 밀의 내배유로부터 껍질, 배아 부위를 분리하고 내배유 부위를 부드럽게 만들어 전분을 손상되지 않게 고운 가루로 만드는 것이다.

② **템퍼링(조질)** : 밀일의 내배유로부터 껍질, 배아를 분리하고 내배유를 부드럽게 만드는 공정이다.

2) 제분수율 **11**

밀을 제분하여 밀가루를 만들 때 밀에 대한 밀가루의 양을 %로 나타낸 것이다.

① 제분수율이 낮을수록 껍질부위가 적으며 고급분이 되지만 영양가는 떨어진다.

② 제분수율이 증가하면 섬유소와 단백질 함량이 증가하므로 소화율은 감소한다.

③ 제분수율이 증가하면 일반적으로 비타민 B_1, 비타민 B_2 함량과 무기질(회분) 함량이 증가한다.

④ 밀가루의 사용 목적에 따라 제분수율이 조정되기도 한다.

⑤ 밀을 1급 밀가루로 제분하면 단백질은 약 1%가 감소하고 회분은 1/5~1/4로 감소한다.

10 제분에 대한 설명 중 틀린 것은?
① 넓은 의미의 개념으로 제분이란 곡류를 만드는 것이지만 일반적으로 밀을 사용하여 밀가루를 제조하는 것
② 밀은 도정할 경우 싸라기가 많이 나오기 때문에 처음부터 분말화하여 활용하는 것
❸ 제분 시 밀기울이 많이 들어가면 밀가루의 회분 함량이 낮아짐
④ 제분율이란 밀에 대한 밀가루의 백분율

11 밀가루의 제분수율(%)에 따른 설명 중 잘못된 것은?
① 제분수율이 증가하면 소화율(%)은 감소
② 제분수율이 증가하면 비타민 B_1, B_2 함량 증가
③ 목적에 따라 제분수율 조정 가능
❹ 제분수율이 증가하면 무기질 함량 감소

3 밀가루의 분류와 특성

1) 제품 사용에 따른 밀가루 분류(분류 기준 : 단백질 함량) 12 13

밀가루 종류	단백질 함량(%)	제품	제분한 밀의 종류
강력분	11~13	빵용	경질춘맥, 초자질
중력분	9~11	우동, 면류	연질동맥, 중자질
박력분	7~9	과자용	연질동맥, 분상질
듀럼분	11~12	스파게티, 마카로니	듀럼분, 초자질

> **TIP 강력분과 박력분을 만드는 밀알의 분류**
>
> – 강력분 : spring red hard wheat(경춘밀)
>   봄에 파종하고 밀알의 색은 적색을 띠고 밀알이 단단하다.
> – 박력분 : winter white soft wheat(연동밀)
>   겨울에 파종하고 밀알의 색은 흰색을 띠고 밀알이 부드럽다.

2) 밀가루 등급별 분류(분류 기준 : 회분 함량) 14

등급	회분 함량(%)	효소 활성도
특등급	0.3~0.4	아주 낮다
1등급	0.4~0.45	낮다
2등급	0.46~0.60	보통
최하 등급	1.2~2.0	아주 높다

4 밀가루의 구성 성분

1) 단백질

① 밀가루에 함유되어 있는 단백질의 비율 15

밀가루로 빵을 만들 때에 빵의 품질을 좌우하는 가장 중요한 지표로 여러 단백질들 중에서 글리아딘과 글루테닌이 물과 만나 믹싱에 의해 결합하여 글루텐을 만든다. 그 이외에 밀가루 단백질을 구성하는 알부민과 글로불린은 물에 녹는 수용성이며 묽은 염류용액에도 녹고 열에 의해 응고된다.

- 글리아딘 약 36% : 반죽이 신장성을 갖게 하고, 빵의 부피와 관련이 있다.
- 글루테닌 약 20% : 반죽이 탄력성을 갖게 하고, 빵의 반죽형성 시간과 관련이 있다.
- 메소닌 약 17%, 알부민과 글로불린 약 7%

② 젖은 글루텐 반죽과 밀가루의 건조 글루텐 양 16

밀가루와 물을 2:1로 섞어 반죽한 후 물로 전분을 씻어 낸 글루텐 덩어리를 젖은 글루텐 반죽이라고 한다. 이 젖은 글루텐 반죽의 중량을 알면 밀가루의 글루텐 양을 알 수 있다.

12 제빵에 사용하는 밀가루의 단백질 함량은?
① 7~9%
② 9~10%
❸ 11~13%
④ 14~16%

13 강력분과 박력분의 성상(성질과 상태)에서 가장 중요한 차이점은?
❶ 단백질 함량
② 비타민 함량
③ 지방 함량
④ 전분 함량

14 밀가루의 등급은 무엇을 기준으로 하는가?
❶ 회분
② 단백질
③ 유지방
④ 탄수화물

15 빵 반죽의 특성인 글루텐을 형성하는 밀가루의 단백질 중 탄력성과 가장 관계가 깊은 것은?
① 알부민
② 글로불린
❸ 글루테닌
④ 글리아딘

16 50g의 밀가루에서 15g의 글루텐을 채취했다면 이 밀가루의 건조 글루텐 함량은 얼마로 보는가?
❶ 10%
② 20%
③ 30%
④ 40%

해설 (15÷50)×100=30
　　　30÷3=10

$$\text{젖은 글루텐(\%)} = (\text{젖은 글루텐 반죽의 중량} \div \text{밀가루 중량}) \times 100$$

$$\text{건조 글루텐(\%)} = \text{젖은 글루텐(\%)} \div 3$$

2) 탄수화물

밀가루 함량의 70%를 차지하며 대부분은 전분이고 나머지는 덱스트린, 셀룰로오스, 당류, 펜토산이 있다.

> _{TIP} – 건전한 전분이 손상전분으로 대치되면 약 2배 흡수율이 증가하며, 밀가루에 함유
> 되어야 할 손상전분의 적당한 함량은 4.5~8%이다.
> – 밀가루의 구성성분 중에서 수분을 흡수하는 성분과 그 성분들의 흡수율 : 전분 중
> 량의 0.5배 흡수, 단백질 중량의 1.5~2배 흡수, 펜토산 중량의 15배 흡수, 손상
> 전분 중량의 2배 흡수

3) 지방

밀가루에는 1~2%가 포함되어 있으며 산패와 밀접한 관련이 있다.

4) 회분

광물질을 회분이라 하며 주로 껍질(밀기울)에 많으며 함유량에 따라 정제정도를 알 수 있다. 껍질 부위가 적을수록 회분 함량이 적어진다.

> _{TIP} – 박력분은 연질 소맥으로 단백질 함량이 7~9%, 회분은 0.4% 정도이다.
> – 부드러운 제품을 만들고자 할 경우에는 가장 낮은 회분(0.33~0.38%)이 함유된
> 것을 사용한다.
> – 밀의 제분율이 낮을수록(껍질 부위가 적을수록) 회분 함량이 적어지고 고급분이
> 되나 영양가가 높아지는 것은 아니다.
> – 회분(회색분말)은 밀기울(껍질)의 양을 판단하는 기준이다.

5) 수분

밀가루에 함유되어 있는 수분 함량은 10~14% 정도이다. 밀가루의 수분 함량은 밀가루의 실질적인 중량을 결정하는 아주 중요한 요소이므로 밀가루를 구입할 때 반드시 확인하여야 할 항목이다.

6) 효소

밀가루에는 다양한 효소가 함유되어 있으나 제빵에 중요한 영향을 미치는 효소는 전분을 분해하는 아밀라아제와 단백질을 분해하는 프로테아제가 있다.

> _{TIP} **프로테아제의 특징**
> – 빵 반죽을 구성하는 글루텐 조직을 연화시킨다.
> – 햄버거 번스, 잉글리시 머핀 반죽에 흐름성을 부여하고자 할 때에 사용한다.
> – 빵 반죽을 숙성시키는 데 작용한다.
> – 그러나 너무 많으면 활성도가 지나쳐 글루텐 조직이 끊어져 끈기가 없어진다.

17 제빵용 밀가루에서 빵 발효에 많은 영향을 주는 손상전분의 적절한 함량은?
① 0%
② 1~3.5%
❸ 4.5~8%
④ 9~12.5%

18 밀가루 중 밀기울 혼입율의 확정기준이 되는 것은?
① 지방 함량
② 섬유질 함량
❸ 회분 함량
④ 비타민 함량

19 밀가루의 단백질에 작용하는 효소는?
① 말타아제
② 아밀라아제
③ 리파아제
❹ 프로테아제

5 밀가루의 표백과 숙성

1) 밀가루의 표백 [20]

제분 직후 밀가루는 카로티노이드계의 지용성 색소인 크산토필로 인하여 크림색을 띤다. 이것을 대기 중의 산소로 산화시켜 탈색시키는 과정을 말한다.

① **자연표백** : 밀가루 제분 후 2~3개월 정도 자연숙성하면 황색색소가 공기 중의 산소에 의해 산화되어, 자연적으로 탈색되고 흰색을 띠게 되는 것을 말한다.

② **인공표백** : 화학적 첨가제(밀가루 개량제) [21] 를 사용해 빠른 시간 안에 산화작용을 일으켜 표백 및 밀가루의 품질을 개량하는 것을 말한다. 표백제의 종류로는 과산화벤조일, 과산화질소, 염소, 이산화염소 등이 있다.

2) 밀가루의 숙성

제분 직후 밀가루는 빛깔과 성질이 좋지 못하고 생화학적으로 매우 불안한 상태이므로 밀가루를 공기 중의 산소에 의해 산화시켜 표백 및 제빵 적성을 향상시키는 것이다.

① **자연숙성** : 공기 중의 산소에 의해 자연적으로 산화시키는 것으로 2~3개월 정도 걸린다. [22]

② **인공숙성** : 산화제를 사용하여 산화시키며, 산화제의 종류로는 브롬산칼륨, ADA(아조디카본아미드), 비타민 C 등이 있다.

③ **숙성 전과 숙성 후 밀가루의 특성**

숙성 전 밀가루의 특성 [23]	숙성 후 밀가루의 특성 [24]
• 노란빛을 띤다. • 효소작용이 활발하다. • pH는 6.1~6.2 정도이다.	• 흰색을 띤다. • 환원성 물질이 산화되어 반죽 글루텐의 파괴를 막아준다. • pH가 5.8~5.9로 낮아져 발효가 촉진되고, 글루텐의 질을 개선하며 흡수성을 좋게 한다.

6 밀가루의 저장 방법

① 습도는 55~65%, 온도는 18~24℃에서 보관하는 것이 좋다.

② 환기가 잘 되고 서늘한 곳에서 보관하며, 해충의 침입에 유의하여야 한다.

③ 바닥에 깔판을 놓고 적재해야 하며 반드시 오래된 것부터 먼저 사용한다.

④ 휘발유, 석유, 암모니아 등 냄새가 강한 물건에 주의한다.

7 제빵에 적합한 밀가루의 선택기준

① 품질이 안정되어 있을 것

② 2차 가공 내성이 좋을 것

③ 흡수량이 많을 것

---

20 제분 직후의 미숙성 밀가루는 노란색을 띠는데 그 원인 색소는?
① 플라본
② 퀴논
③ 클로로필
❹ 크산토필

21 밀가루의 표백과 숙성을 위하여 사용하는 첨가물은?
① 유화제
② 점착제
❸ 개량제
④ 팽창제

22 밀가루의 일반적인 자연숙성 기간은?
① 1~2주
❷ 2~3개월
③ 4~5개월
④ 5~6개월

23 제분직후의 숙성하지 않은 밀가루에 대한 설명으로 틀린 것은?
① 밀가루의 pH는 6.1~6.2 정도이다.
② 효소작용이 활발하다.
③ 밀가루 내의 지용성 색소인 크산토필 때문에 노란색을 띤다.
❹ 효소류의 작용으로 환원성 물질이 산화되어 반죽 글루텐의 파괴를 막아준다.

24 다음 중 숙성한 밀가루에 대한 설명으로 틀린 것은?
① 글루텐의 질이 개선되고 흡수성을 좋게 한다.
② 밀가루의 pH가 낮아져 발효가 촉진된다.
③ 환원성 물질이 산화되어 반죽의 글루텐 파괴가 줄어든다.
❹ 밀가루의 황색색소가 공기 중의 산소에 의해 더욱 진해진다.

④ 단백질 양이 많고, 질이 좋은 것

⑤ 제품 특성을 잘 파악하고 맞는 밀가루를 선택할 것

8 기타 가루

1) 호밀가루 25

① 단백질이 밀가루와 양적인 차이는 없으나 질적인 차이가 있다.

② 글리아딘과 글루테닌이 밀은 전체 단백질의 90%이고, 호밀은 25%이다. 그래서 탄력성과 신장성이 나쁘기 때문에 밀가루와 섞어 사용한다.

③ 글루텐 형성 단백질이 밀가루보다 적으나, 칼슘과 인이 풍부하고 영양가도 높다.

④ 펜토산 함량이 높아 반죽을 끈적거리게 하고 글루텐의 탄력성을 약화시킨다. 그래서 호밀 빵을 만들 때는 산화된 발효종이나 샤워종을 사용하면 좋다.

⑤ 제분율에 따라 백색, 중간색, 흑색 호밀가루로 분류하는데, 흑색 호밀가루에 회분이 가장 많이 함유되어 있다.

2) 활성 밀 글루텐

밀가루에서 단백질을 추출하여 만든 미세한 분말로 연한 황갈색이며 부재료로 인해 밀가루가 상당히 희석될 때 사용한다.

3) 옥수수가루 26

옥수수 단백질인 제인은 리신과 트립토판이 결핍된 불완전 단백질이지만, 일반 곡류에 부족한 트레오닌과 함황 아미노산인 메티오닌이 많기 때문에 다른 곡류와 섞어 사용하면 좋다.

4) 감자가루

감자를 갈아서 만든 가루로 주로 노화지연제, 이스트의 영양제, 향료제로 사용된다.

5) 땅콩가루

땅콩을 갈아서 만든 가루로 전체 단백질의 함량이 높고, 필수아미노산의 함량이 높아 영양 강화식품으로 이용된다.

6) 면실분

목화씨를 갈아 만든 가루로 단백질이 높은 생물가를 가지고 있으며 광물질과 비타민이 풍부하다.

7) 보리가루

밀가루보다 비타민과 무기질, 섬유질이 많아 잡곡 바게트 등의 건강빵을 만들 때 이용되며 제분할 때 보리껍질을 다 벗기지 않아서 빵 맛은 거칠고, 색은 어두운 편이다.

25 호밀에 대한 설명으로 틀린 것은?

❶ 밀가루에 비하여 펜토산 함량이 낮아 반죽이 끈적거린다.

② 호밀 단백질은 밀가루 단백질에 비해 글루텐을 형성하는 능력이 떨어진다.

③ 호밀분에 지방 함량이 높으면 저장성이 떨어진다.

④ 제분율에 따라 백색, 중간색, 흑색 호밀가루로 분류한다.

26 옥수수 단백질인 제인에 특히 부족한 아미노산은?

① 트레오닌, 류신

② 트레오닌, 페닐알라닌

❸ 트립토판, 리신

④ 트립토판, 발린

8) 대두분

콩을 갈아 만든 가루로 필수아미노산인 리신이 많아 밀가루 영양의 보강제로 쓰인다. 제과에 쓰이는 이유는 영양을 높이고 물리적 특성에 영향을 주기 때문이다.

9) 프리믹스 27

밀가루, 분유, 설탕, 계란 분말, 향료 등의 건조 재료에 팽창제 및 유지 재료를 알맞은 배합률로 균일하게 혼합한 가루로 물과 섞어 편리하게 반죽할 수 있다.

2 감미제

제과·제빵의 기본재료로 주로 단맛을 내며, 이스트의 영양원, 껍질색 형성, 연화작용, 수분보유, 노화지연 등의 역할을 한다. 28

1 설탕(자당 : Sucrose)

사탕수수나 사탕무의 즙액을 농축하고 결정화시켜 원심 분리하면 원당과 제1당밀이 되는데 원당으로 만드는 당류를 설탕이라 한다.

1) 정제당

불순물과 당밀을 제거하여 만든 설탕들을 가리킨다.

① **액당** : 자당 또는 전화당이 물에 녹아있는 시럽
② **전화당** : 자당을 산이나 효소로 가수분해하여 생성되는 포도당과 과당의 시럽형태의 혼합물이다. 쿠키의 광택과 촉감을 위해 사용하고 흡습성이 강해서 제품의 보존기간을 지속시킬 수 있다. 29

> **TIP 전화당의 특징**
> – 10~15%의 전화당 사용 시 제과의 설탕 결정석출이 방지된다.
> – 단당류의 단순한 혼합물이므로 갈색화반응이 빠르다.
> – 설탕에 소량의 전화당을 혼합하면 설탕의 용해도를 높일 수 있다.
> – 설탕의 1.3배 감미도(130)를 가진다.

③ **황설탕** : 약과, 약식, 캐러멜 색소 원료로 사용한다.
④ **분당** : 설탕을 마쇄한 분말로 3%의 옥수수 전분을 혼합하여 덩어리가 생기는 것을 방지한다. 30
⑤ **입상형 당** : 설탕이 알갱이 형태를 이룬 것으로, 사용하는 용도에 따라 알갱이의 형태를 다르게 만든다.

2) 함밀당

불순물만 제거하고 당밀이 함유되어 있는 설탕으로, 흑설탕을 가리킨다.

27 제과·제빵용 건조 재료와 팽창제 및 유지 재료를 알맞은 배합율로 균일하게 혼합한 원료는?
❶ 프리믹스
② 팽창제
③ 향신료
④ 밀가루 개량제

28 제과제빵에서 당의 기능과 가장 거리가 먼 것은?
❶ 구조 형성
② 껍질색 형성
③ 수분보유
④ 단맛부여

29 다음 중 전화당에 대한 설명으로 틀린 것은?
❶ 전화당의 상대적 감미도는 80 정도이다.
② 수분 보유력이 높아 신선도를 유지한다.
③ 포도당과 과당이 동량으로 혼합되어 있는 혼합물이다.
④ 케이크와 쿠키의 저장성을 연장시킨다.

30 분당은 저장 중 응고되기 쉬운데 이를 방지하기 위하여 어떤 재료를 첨가하는가?
① 액당
② 전화당
❸ 전분
④ 포도당

2 전분당 31

1) 포도당(dextrose)
① 전분을 가수분해하여 만든다.
② 정제 포도당은 흰색의 결정형 제품으로 감미도가 설탕 100에 대하여 75 정도이다.

2) 물엿(corn syrup)
① 전분을 산 분해법, 효소 전환법, 산·효소법의 3가지 방법으로 만든 전분당이다.
② 포도당, 맥아당, 다당류, 덱스트린, 물이 섞여 있는 점성이 있는 끈끈한 액체이다.

3) 이성화당 32
① 포도당의 일부를 알칼리 또는 효소를 이용해 과당으로 변화시킨 당액이다.
② 포도당과 과당이 혼합된 액상의 감미제이다.

3 당밀(Molasses)
사탕무나 사탕수수를 정제하는 공정에서 원당을 분리하고 남은 부산물이 당밀이다.

1) 제과 제빵에 당밀을 넣는 이유
① 당밀 특유의 단맛을 얻을 수 있다.
② 제품의 노화를 지연시킬 수 있다.
③ 향료와의 조화를 위하여 사용한다.
④ 당밀의 독특한 풍미를 얻을 수 있다.

2) 제과에서 많이 사용하는 럼주는 당밀을 발효시킨 후 증류해서 만든다. 33

3) 당밀을 사용하는 제과제빵 품목
제빵에는 호밀빵, 제과에는 엔젤 푸드 케이크가 있다.

4) 당밀의 종류
① 당 함량, 회분 함량, 색상을 기준으로 등급을 나눈다.
② 고급당밀에는 오픈케틀이 있다.
③ 저급당밀은 식용하지 않고 가축 사료, 이스트 생산 등 제조용 원료로 사용된다.
④ 당밀이 다른 설탕들과 구분되는 구성성분은 회분(무기질)이다.

31 다음 중 전분당이 아닌 것은?
❶ 설탕
② 포도당
③ 물엿
④ 이성화당

32 전분을 효소나 산에 의해 가수분해시켜 얻은 포도당액을 효소나 알칼리 처리로 포도당과 과당으로 만들어 놓은 당의 명칭은?
① 전화당
② 맥아당
❸ 이성화당
④ 전분당

33 제과에 많이 쓰이는 "럼주"는 무엇을 원료로 하여 만드는 술인가?
① 옥수수 전분
② 포도당
❸ 당밀
④ 타피오카

4 맥아(Malt)와 맥아시럽(Malt Syrup)

1) 맥아
① 발아시킨 보리(엿기름)의 낟알이다.
② 탄수화물 분해효소, 단백질 분해효소 등이 들어 있다.
③ 탄수화물 분해효소인 아밀라아제가 전분을 맥아당으로 분해한다.
④ 분해산물인 맥아당은 이스트 먹이로 이용되는 발효성 탄수화물이다.
⑤ 발효성 탄수화물의 증가로 발효가 촉진된다.

2) 맥아시럽
① 맥아분(엿기름)에 물을 넣고 열을 가하여 만든다.
② 탄수화물 분해효소, 단백질 분해효소, 맥아당, 가용성 단백질, 광물질, 기타 맥아 물질을 추출한 액체로 구성된다.
③ 캐러멜, 캔디, 젤리 등을 만들 때 넣어 설탕의 재 결정화를 방지한다.
④ 물엿에 비하여 흡습성이 적다.

5 올리고당 34
① 단당류가 3~10개로 구성된 당으로, 감미도가 설탕의 30% 정도이고 저칼로리이다.
② 소화효소에 의해 분해되지 않고 대장까지 도달해 비피더스균의 먹이가 되어 장 활동을 활발하게 한다.
③ 청량감이 있고 설탕에 비해 항충치성이 있다.

6 유당(젖당 : Lactose) 35
우유의 유당은 동물성 당류이므로 단세포 생물인 이스트에 의해 발효되지 않고 잔류당으로 남아 갈변반응을 일으켜 껍질색을 진하게 한다.

7 빵·과자에 영향을 미치는 감미제의 기능

1) 빵에서의 감미제 기능 36
① 속결과 기공을 부드럽게 만든다.
② 캐러멜화와 메일라드 반응을 통하여 껍질색을 형성하고 향을 향상시킨다.
③ 발효가 진행되는 동안 이스트에 발효성 탄수화물을 공급한다.
④ 수분 보유력이 있어 제품의 노화를 지연시키고 신선도를 지속시킨다.

2) 과자에서의 감미제 기능 37
① 글루텐을 부드럽게 만들어 제품의 기공, 조직, 속을 부드럽게 한다.
② 캐러멜화와 메일라드 반응을 통하여 껍질색을 형성하고 향을 향상시킨다.
③ 수분 보유력이 있어 제품의 노화를 지연시키고 신선도를 지속시킨다.
④ 감미제 특유의 향이 제품에 밴다.

34 올리고당의 특징으로 가장 거리가 먼 것은?
① 청량감이 있다.
② 감미도가 설탕의 20~30%로 낮다.
③ 설탕에 비해 항충치성이 있다.
❹ 장내 비피더스균의 증식을 억제한다.

35 제빵용 효모에 의하여 발효되지 않는 당은?
① 포도당
② 과당
❸ 유당
④ 맥아당

36 제빵에서 설탕의 기능과 가장 거리가 먼 것은?
① 향을 향상시킴
② 이스트의 영양공급
③ 껍질색 개선
❹ 노화를 촉진시킴

37 케이크에서 설탕의 역할과 거리가 먼 것은?
① 감미를 준다.
② 껍질색을 진하게 한다.
③ 수분 보유력이 있어 노화가 지연된다.
❹ 제품의 형태를 유지시킨다.

3 유지류

3분자의 지방산과 1분자의 글리세린(글리세롤)으로 결합된 유기화합물로 단순지질에 속한다. 포화지방산인지 혹은 불포화지방산인지에 따라 실온에서 액체인 기름(oil)과 고체인 지방(fat)으로 나뉘는데, 이를 총칭해 유지라 한다.

■ 유지의 종류

1) 버터

① 우유의 유지방으로 제조하며 수분 함량은 16% 내외이다. 38
② 유지에 물이 분산되어 있는 유중수적형의 구성형태를 갖는다.
③ 우유지방 80~85%, 수분 14~17%, 소금 1~3%, 카세인·단백질·유당·무기질을 합쳐 1%
④ 포화지방산 중 탄소의 수가 가장 적은 뷰티르산으로 구성된 버터는 비교적 융점이 낮고 가소성(plasticity) 범위가 좁다.

2) 마가린

① 버터 대용품으로 만든 마가린은 주로 대두유, 면실유 등 식물성 유지로 만든다.
② 지방 80%, 우유 16.5%, 소금 3%, 유화제 0.5%, 향료·색소 약간

3) 쇼트닝 39

① 라드의 대용품으로 동식물성 유지에 수소를 첨가하여 경화유로 제조하며 수분 함량 0%로 무색, 무미, 무취하다.
② 통상 고체 및 유동성(액상)형태로 쇼트닝을 사용한다.
③ 케이크 반죽의 유동성, 기공과 조직, 부피, 저장성을 개선한다.
④ 유화제 사용으로 공기 혼합 능력이 크고 유연성과 노화지연이 크다.

4) 라드

① 돼지의 지방조직을 분리해서 정제한 지방으로 품질이 일정하지 않고 보존성이 떨어진다.
② 쇼트닝가(부드럽고, 바삭한 식감)를 높이기 위해 빵, 파이, 쿠키, 크래커에 사용된다.

5) 튀김기름 40

① 튀김온도 185~195℃, 유리지방산이 0.1% 이상이 되면 발연현상이 일어난다.
② 도넛튀김용 유지는 발연점이 높은 면실유(목화씨 기름)가 적당하다.
③ 튀김기름은 100%의 지방으로 이루어져 있어 수분이 0%이다.
④ 유지를 고온으로 계속 가열하면 유리지방산이 많아져 발연점이 낮아진다.

38 일반적인 버터의 수분 함량은?
❶ 18% 이하
② 25% 이하
③ 30% 이하
④ 45% 이하

39 쇼트닝에 대한 설명으로 틀린 것은?
① 라드(돼지기름) 대용품으로 개발되었다.
② 정제한 동·식물성 유지로 만든다.
③ 온도 범위가 넓어 취급이 용이하다.
❹ 수분을 16% 함유하고 있다.

40 좋은 튀김기름의 조건이 아닌 것은?
① 천연 항산화제가 있다.
② 발연점이 높다.
❸ 수분이 10% 정도이다.
④ 저장성과 안정성이 높다.

2 유지의 화학적 반응

1) 가수분해

유지는 가수분해 과정을 통해 모노글리세리드, 디-글리세리드와 같은 중간산물을 만들고, 결국 지방산과 글리세린이 된다.

2) 산패

유지를 공기 중에 오래 두었을 때 산화되어 불쾌한 냄새가 나고 맛이 떨어지며 색이 변하는 현상이다. 이렇게 유지가 대기 중의 산소와 반응하여 산패되는 것을 자가 산화라고 한다.

> **유지의 산패 정도를 나타내는 값** 41
>
> 산가, 아세틸가, 과산화물가, 카르보닐가 등

> **유지의 산패를 촉진하는 요인** 42
>
> 공기(산소), 온도(열), 수분(물), 빛(자외선), 금속류(동, 철 등), 이물질 등

3) 건성

이중결합이 있는 불포화지방산의 불포화도에 따라 유지가 공기 중에서 산소를 흡수하여 산화, 중합, 축합을 일으킴으로써 차차 점성이 증가하여 마침내 고체로 되는 성질이다. 지방의 불포화도를 측정하는 요오드가가 100 이하는 불건성유, 100~130은 반건성유, 130 이상이면 건성유이다. 즉 요오드가가 높으면 지방의 불포화도가 높다.

3 유지의 안정화

1) 항산화제(산화방지제) 43

산화적 연쇄반응을 방해함으로써 유지의 안정 효과를 갖게 하는 물질이다. 식품 첨가용 항산화제에는 비타민 E(토코페롤), PG(프로필갈레이트), BHA, NDGA, BHT, 구아검 등이 있다.

> **항산화제 보완제**
>
> 비타민 C, 구연산, 주석산, 인산 등은 자신만으로는 별 효과가 없지만 항산화제와 같이 사용하면 항산화 효과를 높여준다.

2) 수소첨가(유지의 경화) 44

지방산의 이중결합에 니켈을 촉매로 수소를 첨가시켜 지방의 불포화도를 감소시켜 경화한 유지로는 쇼트닝, 마가린 등이 있다.

4 유지의 물리적 특성과 제과 제빵 품목

① **가소성** : 유지가 상온에서 고체 형태를 유지하는 성질로 낮은 온도에서 너무 단단하지 않으면서도 높은 온도에서 너무 무르지 않는 성질(퍼프 페이스트리, 데니시 페이스트리, 파이)

41 유지의 산패정도를 나타내는 값이 아닌 것은?
① 산가
❷ 요오드가
③ 아세틸가
④ 과산화물가

42 지방의 산패를 촉진하는 인자와 거리가 먼 것은?
❶ 질소
② 산소
③ 동
④ 자외선

43 다음 중 유지의 산패와 거리가 먼 것은?
① 온도
② 수분
③ 공기
❹ 비타민 E

44 유지의 경화 공정과 관계가 없는 것은?
① 불포화지방산
② 수소
③ 촉매제
❹ 콜레스테롤

> **TIP** – 융점(녹는점)이 높은 것이 가소성이 좋다.
> – 쇼트닝 〉 마가린 〉 버터

② **크림성** : 유지가 믹싱 조작 중 공기를 포집하는 성질(버터크림, 파운드 케이크) **45**

③ **쇼트닝성** : 빵·과자 제품에 부드러움 주는 성질(식빵, 크래커)

④ **유화성** : 유지가 물을 흡수하여 보유하는 성질(레이어 케이크류, 파운드 케이크)

⑤ **안정성** : 지방의 산화와 산패를 장기간 억제하는 성질(튀김기름, 팬기름, 유지가 많이 들어가는 건과자)

4 유제품

1 우유의 물리적 성질과 구성성분

① **비중** : 평균 1.030 전·후

② **pH(수소이온농도)** : pH 6.6 **46**

③ 수분 87.5%, 고형물 12.5%로 이루어져 있다.

④ 단백질 3.4%, 유지방 3.65%, 유당 4.75%, 회분 0.7%가 들어 있다.

⑤ 유단백질 중 약 80%를 차지하는 주된 단백질은 카세인으로 정상적인 우유의 pH인 6.6에서 pH 4.6으로 내려가면 Ca^{2+}(칼슘)과의 화합물 형태로 응고한다. **47**

⑥ **우유의 살균법(가열법)**

- 저온장시간 : 60~65℃, 30분간 가열
- 고온단시간 : 71.7℃, 15초간 가열
- 초고온순간 : 130~150℃, 3초 가열

2 유제품의 종류와 특징

1) 시유

음용하기 위해 가공된 액상우유로 시장에서 파는 market milk를 가리킨다.

2) 농축우유

우유의 수분 함량을 감소시켜 고형질 함량을 높인 것으로 연유나 생크림도 농축우유의 일종으로 본다.

① **생크림** : 우유의 지방을 원심 분리하여 농축한 것으로 만든다.

- 커피용, 조리용 생크림 : 유지방 함량 16% 전후
- 휘핑용 생크림 : 유지방 함량 35% 이상
- 버터용 생크림 : 유지방 함량 80% 이상

45 유지의 기능 중 크림성의 기능은?
① 제품을 부드럽게 한다.
② 산패를 방지한다.
③ 밀어펴지는 성질을 부여한다.
❹ 공기를 포집하여 부피를 좋게 한다.

46 일반적으로 신선한 우유의 pH는?
① 4.0~4.5
② 3.0~4.0
③ 5.5~6.0
❹ 6.5~6.7

47 우유 중에 가장 많이 함유된 단백질은?
① 시스테인
② 글리아딘
❸ 카세인
④ 락토알부민

② 연유
  - 가당 연유 : 우유에 40%의 설탕을 첨가하여 약 1/3부피로 농축시킨 것이다.
  - 무당 연유 : 우유를 그대로 1/3부피로 농축시킨 것으로 물을 첨가하여 3배 용적으로 하면 우유와 같이 된다.

3) 분유
우유의 수분을 제거해서 분말 상태로 만든 것이다.
① **전지분유** : 우유의 수분만 제거해서 분말 상태로 만든 것
② **탈지분유** : 우유의 수분과 유지방을 제거해서 분말 상태로 만든 것

4) 유장(유청)
우유에서 유지방, 카세인을 분리하고 남은 제품으로 유당이 주성분이며 건조시키면 유장분말이 된다. 첨가량은 식빵의 경우 1~5% 정도이다.

5) 요구르트
우유나 그 밖의 유즙에 젖산균을 넣어 카세인을 응고시킨 후, 발효·숙성시켜 만든다.

6) **치즈** 48
우유나 그 밖의 유즙에 레닌을 넣어 카세인을 응고시킨 후, 발효·숙성시켜 만든다.

7) 버터
크림을 세게 휘저어 엉기게 한 뒤 이를 굳힌 것으로, 버터의 유지방 함량은 80~81% 정도이다.

❸ 빵·과자에 영향을 미치는 유제품의 기능 49
① 우유 단백질에 의해 믹싱내구력을 향상시킨다.
② 발효 시 완충작용으로 반죽의 pH가 급격히 떨어지는 것을 막는다.
③ 제품의 껍질색을 강하게 한다.
④ 수분 보유력으로 노화를 지연시킨다.
⑤ 밀가루에 부족한 필수아미노산인 리신과 칼슘을 보충하여 영양가를 향상시킨다.
⑥ 맛과 향을 향상시킨다.

❹ 빵을 만들 때 4~6%의 분유 사용이 제품에 미치는 영향
① 제품의 기공과 결이 좋아진다.
② 제품의 부피를 증가시킨다.
③ 분유 속의 유당이 껍질색을 개선시킨다.

48 치즈 제조에 관계되는 효소는?
❶ 레닌
② 펩신
③ 치마아제
④ 팬크리아틴

49 빵과 과자에 우유가 미치는 영향이 아닌 것은?
① 영양을 강화시킨다.
② 겉껍질 색을 강하게 한다.
③ 이스트에 의해 생성된 향을 착향시킨다.
❹ 보수력이 없어서 노화를 촉진시킨다.

5 계란

■ 계란의 구성

1) 구성비율

껍질 : 노른자 : 흰자 = 10% : 30% : 60%

2) 수분비율 50

전란 : 노른자 : 흰자 = 75% : 50% : 88%

3) 성분

① **흰자** : 콘알부민(철과 결합 능력이 강해서 미생물이 이용하지 못하는 항세균 물질)

② **노른자** : 레시틴(유화제), 트리글리세리드, 인지질, 콜레스테롤, 카로틴, 지용성 비타민

③ **껍질** : 탄산칼슘 94%, 탄산마그네슘 1%, 인산칼슘 1% 등

② 제품 제조 시 계란의 기능

① **농후화제** : 달걀이 가열되면 열에 의하여 응고되어 제품을 걸쭉하게 한다.

> **예** 커스터드 크림, 푸딩

② **결합제** : 점성과 달걀 단백질의 응고성이 있다.

> **예** 크로켓(빵가루 무침의 이용), 결착, 밀가루 반죽을 익힐 때 조직의 응고성을 증가

③ **유화제** : 노른자에 들어있는 인지질인 레시틴은 기름과 수용액을 혼합시킬 때 유화제 역할을 한다. 51

④ **팽창제** : 흰자의 단백질은 표면활성으로 기포를 형성하게 한다.

> **예** 스펀지 케이크, 엔젤 푸드 케이크 등

③ 계란의 신선도 측정 52

① 껍질은 윤기가 없으며 까슬까슬하다.

② 소금물(소금 6~10%)에 넣었을 때 가라앉는다.

③ 흔들어 보았을 때 소리가 없으며 햇빛을 통해 볼 때 속이 맑게 보인다.

④ 깨었을 때 노른자가 바로 깨지지 않아야 한다.

⑤ 일반적으로 신선한 난황계수는 0.36~0.44의 범위이며 숫자가 높을수록 신선하다.

50 계란껍질을 제외한 전란의 고형질 함량은 일반적으로 약 몇 %인가?
① 7%   ② 12%
❸ 25%   ④ 50%

해설 100% − 75%(수분비율)
=25%

51 계란의 특징적 성분으로 지방의 유화력이 강한 성분은?
❶ 레시틴(lecithin)
② 스테롤(sterol)
③ 세팔린(cephalin)
④ 아비딘(avidin)

52 다음 중 신선한 계란의 특징은?
❶ 난각 표면에 광택이 없고 선명하다.
② 난각 표면이 매끈하다.
③ 난각에 광택이 있다.
④ 난각 표면에 기름기가 있다.

⑥ 5~10℃ 냉장보관하여야 품질을 유지할 수 있다.

> **TIP 난황계수**
>
> 난황계수 = 난황의 높이 ÷ 난황의 지름

6 이스트

효모라고 불리며 출아증식을 하는 단세포 생물 **53** 로 반죽 내에서 발효하여 이산화탄소와 에틸알코올, 유기산을 생성하여 반죽을 팽창시키고 빵의 향미 성분을 부여한다. 이스트의 학명은 *Saccharomyces cerevisiae*(사카로미세스 세레비시아)이다.

1 이스트의 구성성분

① **수분** : 68~83%

② **단백질** : 11.6~14.5%, **회분** : 1.7~2.0%,
  인산 : 0.6~0.7%, **pH** : 5.4 ~7.5

③ **발육의 최적온도** : 28~32℃

2 이스트의 종류와 특성

1) 생이스트(fresh yeast, compressed yeast)

① 압착효모라고도 한다.

② 고형분 30~35%와 70~75%의 수분을 함유하고 있다. **54**

2) 활성 건조효모(active dry yeast)

① 활성 건조효모는 70% 이상인 생이스트의 수분을 7.5~9% 정도로 건조시킨 것이다.

② 생이스트의 40~50%를 사용한다. **55**

③ 이스트 양의 4배 정도 되는 40~45℃ 물에 5~10분간 수화시켜 사용한다.

④ 이러한 단점을 보완하기 위해 수화 없이 직접 사용할 수 있는 인스턴트 이스트를 많이 쓴다.

⑤ 활성 건조효모의 장점에는 균일성, 편리성, 정확성, 경제성, 저장성 등이 있다.

3 이스트의 번식 조건

① **양분** : 당, 질소, 무기질(인산과 칼륨)

② **공기** : 호기성으로 산소가 필요하다.

③ **온도** : 28~32℃

④ **산도** : pH 4.5~4.8

53 효모가 주로 증식하는 방법은?
❶ 출아법
② 포자법
③ 이분법
④ 복분열법

54 압착효모(생이스트)의 고형분 함량은 보통 몇 %인가?
① 10%
❷ 30%
③ 50%
④ 60%

55 건조이스트는 같은 중량을 사용할 생이스트보다 활성이 약 몇 배 더 강한가?
❶ 2배
② 5배
③ 7배
④ 10배

❹ 취급과 저장 시 주의할 점

① 48℃에서 파괴되기 시작하므로, 너무 높은 물과 직접 닿지 않도록 주의한다.

② 소량의 물에 풀어서 사용하면 고루 분산시킬 수 있다.

③ 소금, 설탕과 직접 닿지 않도록 한다.

④ 작은 규모의 공장에서는 날씨를 감안해 온도를 설정한다.

⑤ 사용 후 밀봉 용기에 옮겨 냉장고에서 보관한다.

⑥ 잡균에 오염되지 않도록 깨끗한 곳에 보관한다.

⑦ 선입, 선출하여 사용한다.

> **TIP**
> – 이스트의 보관온도 : 실험값으로는 –1℃가 가장 적합하나 현실적으로는 냉장고 온도(0~5℃)가 적당하다. 56
> – 글루타티온 : 효모에 함유된 성분으로 특히 오래된 효모에 많다. 환원성 물질로 효모가 사멸하면서 나와 환원제로 작용하여 반죽을 악화시키고 빵의 맛과 품질을 떨어뜨린다.

7 물

산소와 수소의 화합물로 분자식은 H_2O이며 인체의 중요한 구성 성분으로 체중의 2/3(60~65%)를 차지한다.

❶ 물의 기능 57

① 원료를 분산하고 글루텐을 형성시키며 반죽의 되기를 조절한다.

② 효모와 효소의 활성을 제공한다.

③ 제품별 특성에 맞게 반죽 온도를 조절한다.

❷ 경도에 따른 물의 분류

경도는 물에 녹아 있는 칼슘염과 마그네슘염을 이것에 상응하는 딘신칼슘의 양으로 환산해 백만분율인 ppm(parts per million) 58으로 표시한다. 왜냐하면 칼슘은 빵을 만들 때 반죽의 개량효과를 가지고 있고, 마그네슘은 바죽의 글루텐을 견고하게 하기 때문이다.

1) 경수(180ppm 이상)

① 센물이라고도 하며, 광천수, 바닷물, 온천수가 해당한다.

② 반죽에 사용하면 질겨지고 발효시간이 길어진다.

③ **경수 사용 시 조치사항** 59
  • 이스트 사용량 증가
  • 맥아 첨가
  • 이스트 푸드량 감소
  • 급수량 증가

56 제조 현장에서 제빵용 이스트를 저장하는 현실적인 온도로 적당한 것은?
① –18℃ 이하
❷ –1~5℃
③ 20℃
④ 35℃ 이상

57 물의 기능이 아닌 것은?
❶ 유화 작용을 한다.
② 반죽 농도를 조절한다.
③ 소금 등의 재료를 분산시킨다.
④ 효소의 활성을 제공한다.

58 ppm을 나타낸 것으로 옳은 것은?
① g당 중량 백분율
② g당 중량 만분율
③ g당 준량 십만분율
❹ g당 중량 백만분율

59 제빵 시 경수를 사용할 때 조치사항이 아닌 것은?
① 이스트 사용량 증가
② 맥아 첨가
③ 이스트 푸드량 감소
❹ 급수량 감소

④ 경수의 종류
- 일시적 경수 : 탄산칼슘의 형태로 들어있는 경수로 끓이면 불용성 탄산염으로 분해되고 가라앉아 연수가 된다.
- 영구적 경수 : 황산칼슘($CaSO_4$), 황산마그네슘($MgSO_4$)이 들어있는 경수로 끓여도 불변된다.

2) 연수(60ppm 이하)
① 단물이라고 하며 빗물, 증류수가 해당된다.
② 반죽에 사용하면 글루텐을 연화시켜 연하고 끈적거리게 한다.
③ 연수 사용 시 조치사항
- 반죽이 연하고 끈적거리므로 2% 정도의 흡수율을 낮춘다.
- 가스 보유력이 적으므로 이스트 푸드와 소금을 증가시킨다.

3) 아연수(61~120ppm 미만)

4) 아경수(120~180ppm 미만) 60
제빵에 가장 좋다.

❸ pH에 따른 물의 분류
pH는 반죽의 효소 작용과 글루텐의 물리성에 영향을 준다. 약산성의 물 (pH 5.2~5.6)이 제빵용 물로는 가장 양호하다.

1) 식수로 사용할 수 있으나 알칼리성이 강한 물
① 반죽의 탄력성이 떨어지고 이스트의 발효를 방해해 발효 속도를 지연시킨다.
② 부피가 작고 색이 노란 빵을 만든다.
③ **알칼리성이 강한 물 사용 시 조치사항** : 황산칼슘을 함유한 산성 이스트 푸드의 양을 증가시킨다.

2) 식수로 사용할 수 있으나 산성이 강한 물
① 발효를 촉진시킨다.
② 빵 반죽의 글루텐을 용해시켜 반죽이 찢어지기 쉽다.
③ **산성이 강한 물 사용 시 조치사항** : 이온교환수지를 이용해 물을 중화시킨다.

8 초콜릿

껍질부위, 배유, 배아 등으로 구성된 카카오 빈(cacao bean)을 볶아 마쇄하여 외피와 배아를 제거한 후 페이스트상의 카카오 매스(cacao mass)를 만든 다음, 이것을 미립화하여 기름을 채취한 것이 카카오 버터 (cacao butter)이고 나머지는 카카오 박(press cake)으로 분리된다. 카카오 박을 분말로 만든 것이 코코아(cocoa)이다. 61

60 제빵용 물로 가장 적당한 것은?
① 연수(1~60ppm)
② 아연수(61~120ppm)
❸ 아경수(121~180ppm)
④ 경수(180ppm 이상)

61 카카오 버터를 만들고 남은 카카오 박을 분쇄한 것은?
❶ 코코아
② 카카오닙스
③ 비터 초콜릿
④ 카카오 매스

⬛1 초콜릿 구성 성분 🔲62

① **코코아** : 62.5%(5/8) 🔲63

② **카카오 버터(코코아 버터)** : 37.5%(3/8)

③ **유화제** : 0.2~0.8%

> **TIP**
> - 여기에서 말하는 초콜릿은 설탕, 분유 등을 넣어 가공하기 전의 초콜릿인 카카오 매스(비터 초콜릿)를 말한다.
> - 초콜릿의 풍미, 구용성, 감촉, 맛 등을 결정하는 가장 중요한 구성 성분은 카카오 버터이다.
> - 비터 초콜릿의 비터(bitter)란 "맛이 쓰다"라는 뜻이다.

⬛2 초콜릿의 배합 조성에 따른 분류

① **카카오 매스** : 다른 성분이 포함되어 있지 않아 카카오 빈 특유의 쓴맛이 그대로 살아 있다.

② **다크 초콜릿** : 순수한 쓴맛의 카카오 매스에 설탕과 카카오 버터, 레시틴, 바닐라 향 등을 섞어 만들었다.

③ **밀크 초콜릿** : 다크 초콜릿 구성 성분에 분유를 더한 것으로, 가장 부드러운 맛이 난다.

④ **화이트 초콜릿** : 코코아(카카오) 고형분과 카카오 버터 중 다갈색의 코코아(카카오) 고형분을 빼고 카카오 버터에 설탕, 분유, 레시틴, 바닐라 향을 넣어 만들었다.

⑤ **코팅초콜릿(파타글라세)** : 카카오 매스에서 카카오 버터를 제거한 다음 식물성 유지와 설탕을 넣어 만든 것으로 템퍼링 작업을 하지 않아도 된다.

⑥ **코코아** : 카카오 매스를 압착하여 카카오 버터와 카카오 박(press cake)으로 분리하고, 카카오 박을 분말로 만든 것이 코코아이다.

⬛3 커버추어 초콜릿의 특징과 사용법

① 카카오 버터를 35~40% 함유하고 있어 일정 온도에서 유동성과 점성을 갖는 제품이다.

② 사용 전 반드시 템퍼링을 거쳐 카카오 버터를 β형의 미세한 결정으로 만들어 매끈한 광택의 초콜릿을 만든다. 그러면 초콜릿의 구용성(입안에서의 용해성)이 좋아진다.

③ 40~50℃로 처음 용해한 후 27~29℃로 냉각시켰다가 30~32℃로 두 번째 용해시켜 사용한다. 🔲64

④ 템퍼링이 잘못되면 지방 블룸(fat bloom), 보관이 잘못되면 설탕 블룸(sugar bloom)이 생긴다. 🔲65

⑤ 초콜릿 적정 보관 온도와 습도 : 온도 15~18℃, 습도 40~50%

---

9 과실주 및 주류

빵·과자의 바람직하지 못한 냄새를 없애거나, 풍미와 향을 준다.

❶ 양조주

곡물, 과일을 원료로 당화시켜서 발효시킨 술로 대부분 알코올 농도가 낮다.

❷ 증류주

발효시킨 양조주를 증류한 것으로 대부분 알코올 농도가 높다.

❸ 혼성주

증류주를 기본으로 정제당을 넣고 과일 등의 추출물로 향미를 낸 술로 대부분 알코올 농도가 높다.

① **오렌지 리큐르** : 그랑마니에르(grand marnier), 쿠앵트로(cointreau), 큐라소(curacao) 🔢66

② **체리 리큐르** : 마라스키노(maraschino)

③ **커피 리큐르** : 칼루아(kahula)

🔢**66** 다음 혼성주 중 오렌지 성분을 원료로 하여 만들지 않은 것은?
① 그랑마니에르
② 큐라소
③ 쿠앵트로
❹ 마라스키노

10 소금

나트륨과 염소의 화합물로, 염화나트륨($NaCl$)이라 하며 점탄성 증가, 건조 시 건조 속도 빠름, 방부 효과가 있다. 제빵용 식염으로는 염화나트륨에 탄산칼슘과 탄산마그네슘의 혼합물이 1% 정도 함유된 것이 좋다.

❶ 제빵에서 소금의 역할 🔢67

① 점착성을 방지한다.

② 잡균의 번식을 억제한다.

③ 빵 내부를 누렇게 혹은 회색으로 만든다.

④ 껍질색을 조절한다.

⑤ 설탕의 감미와 작용하여 풍미를 증가시킨다.

⑥ 글루텐 막을 얇게 하여 기공을 좋게 한다.

⑦ 글루텐을 강화시켜 반죽은 견고해지고 제품은 탄력을 갖게 된다.

🔢**67** 제빵에서 소금의 역할 중 틀린 것은?
① 글루텐을 강화시킨다.
② 방부효과가 있다.
❸ 빵의 내상을 희게 한다.
④ 맛을 조절한다.

11 이스트 푸드

제빵용 물 조절제로 개발 사용되어 오다가, 현재는 이스트 조절제, 반죽 조절제로 그 기능이 향상되어 사용되고 있다. 사용량은 밀가루 중량 대비 0.1~0.2%이며, 요즈음은 제빵개량제로 대체하여 밀가루 중량대비 1~2%를 사용한다. 🔢68

🔢**68** 이스트 푸드에 대한 설명으로 틀린 것은?
① 발효를 조절한다.
❷ 밀가루 중량 대비 1~5%를 사용한다.
③ 이스트의 영양을 보급한다.
④ 반죽 조절제로 사용한다.

🔟 이스트 푸드의 역할과 구성성분

1) 반죽의 pH 조절

① 반죽은 pH 4~6 정도가 가스발생력과 가스보유력이 좋다.

② 효소제, 산성인산칼슘

2) 이스트의 영양소인 질소 공급

① 이스트가 부족해 하는 질소를 제공한다.

② 염화암모늄, 황산암모늄, 인산암모늄 <u>69</u>

3) 물 조절제

① 물의 경도를 조절하여 제빵적성을 향상시킨다.

② 황산칼슘, 인산칼슘, 과산화칼슘

4) 반죽 조절제

반죽의 물리적 성질을 좋게 하기 위해 효소제와 산화제를 사용한다.

① 효소제

　• 반죽의 신장성을 강화한다.

　• 프로테아제, 아밀라아제

② 산화제

　• 반죽의 글루텐을 강화시켜 제품의 부피를 증가시킨다.

　• 아스코르브산(비타민 C), 브롬산칼륨, 아조디카본아미드(ADA) <u>70</u>

③ 환원제

　• 반죽의 글루텐을 연화시켜 반죽시간을 단축시킨다.

　• 글루타티온, 시스테인

12 계면활성제

계면활성제는 친유기와 친수기를 가지며 액체표면의 장력을 줄일 수 있는 물질로 분산력, 기포력, 유화력, 세척력, 삼투력을 갖고 있다.

🔟 계면활성제의 역할

① 물과 유지를 균일하게 분산시켜 반죽의 기계내성을 향상시킨다.

② 제품의 조직과 부피를 개선시키고 노화를 지연시킨다.

2️⃣ 계면활성제의 종류

1) 모노-디 글리세리드 <u>71</u>

① 가장 많이 사용하는 계면활성제이다.

② 지방의 가수분해로 생성되는 중간산물이다.

③ 유지에 녹으면서 물에도 분산되고 유화식품을 안정시킨다.

④ 빵·과자의 노화를 늦춘다.

69 이스트에 질소 등의 영양을 공급하는 제빵용 이스트 푸드의 성분은?
① 칼슘염
❷ 암모늄염
③ 브롬염
④ 요오드염

70 이스트 푸드의 구성 물질 중 산화제가 아닌 것은?
① 브롬산칼륨
② 아조디카본아미드
❸ 인산칼슘
④ 아스코르브산

71 모노글리세리드(monoglyceride)와 디글리세리드(diglyceride)는 제과에 있어 주로 어떤 역할을 하는가?
❶ 유화제
② 항산화제
③ 감미제
④ 필수영양제

2) 레시틴

① 쇼트닝과 마가린의 유화제로 쓰인다.

② 옥수수와 대두유로부터 추출하여 사용한다.

③ 빵 반죽에 넣으면 유동성이 커진다.

> **TIP** 모노-디 글리세리드는 지방의 가수분해로 생기며, 식품을 유화·분산시키고 유화식품을 안정시키는 식품첨가물이다. 그 외에 아실 락테이트, SSL이 있다.

③ 화학적 구조 ☑

친유성단에 대한 친수성단의 크기와 강도의 비를 'HLB'로 표시하는데, HLB의 값이 9 이하이면 친유성으로 기름에 용해되고, HLB의 수치가 11 이상이면 친수성으로 물에 용해된다.

13 팽창제

빵·과자 제품을 부풀려 부피를 크게 하고 부드러움을 주기 위해 첨가하는 것으로, 제품의 종류에 따라 팽창제의 종류와 양을 다르게 사용한다.

① 팽창제의 종류

1) 천연팽창제(생물적) : 이스트(효모)

① 주로 빵에 사용되며 가스 발생이 많다.

② 부피 팽창, 연화작용, 향의 개선

③ 사용에 많은 주의가 필요하다.

2) 합성팽창제(화학적) : 베이킹파우더, 탄산수소나트륨(중조), 암모늄계 팽창제(이스파타)

① 사용하기는 간편하나, 팽창력이 약하다.

② 갈변 및 뒷맛을 좋지 않게 하는 결점이 있다.

③ 계량 오차가 제품에 큰 영향을 미친다.

④ 주로 과자에 사용되며 부피 팽창, 연화 작용은 하나 향은 좋아지지 않는다.

> **TIP** 화학 팽창제를 많이 사용한 제품의 결과 ☑
> - 밀도가 낮고 부피가 크다.　　　　- 속결이 거칠다.
> - 속색이 어둡다.　　　　　　　　　- 노화가 빠르다.
> - 기공이 많아 찌그러지기 쉽다.

② 베이킹파우더의 특성

① 일반적으로 제과에서 제품을 제조할 때 조직을 부드럽게 하여 맛과 식감이 좋도록 사용되는 첨가물이다.

② 탄산수소나트륨(중조, 소다)에 산성제를 배합하고, 완충제로서 전분을 첨가한 팽창제이다.

☑ 계면활성제의 친수성·친유성 균형(HLB) 중 친수성인 것은?
① 5
② 7
③ 9
❹ 11

☑ 베이킹파우더 사용량이 과다할 경우의 현상이 아닌 것은?
① 주저앉는다.
② 속결이 거칠다.
❸ 기공과 조직이 조밀하다.
④ 같은 조건일 때 건조가 빠르다.

③ 베이킹파우더 무게의 12% 이상의 유효 이산화탄소 가스가 발생되어 야 한다.

④ **중화가** : 산 100g을 중화시키는 데 필요한 중조(탄산수소나트륨)의 양으로, 산에 대한 중조의 비율로서 적정량의 유효 이산화탄소를 발생시키고 중성이 되는 수치이다.

3 이스파타(이스트 파우더)의 특성 74

① 염화암모늄에 중조 등을 혼합하여 만든 암모니아계 합성팽창제로 가열에 의하여 암모니아 가스를 발생한다.

② 암모니아 가스와 이산화탄소를 동시에 발생시키므로 팽창력이 강하다.

③ 제품의 색을 희게 하는 찐빵, 만주, 만두 등에 사용한다.

④ 많이 사용하면 암모니아 냄새가 날 수 있다.

74 찜류 또는 만쥬 등에 사용하는 팽창제인 이스파타의 특성이 아닌 것은?
① 팽창력이 강하다.
② 제품의 색을 희게 한다.
③ 암모니아 취가 날 수 있다.
❹ 중조와 산제를 이용한 팽창제이다.

14 안정제

물과 기름, 기포 등의 불완전한 상태를 액체의 점도를 증가시켜 안정된 구조로 바꾸어 주는 역할을 한다.

1 빵·과자에 안정제를 사용하는 목적 75

① 흡수제로 제품의 흡수율을 증가시켜 노화를 지연한다.

② 아이싱의 끈적거림과 부서짐을 방지한다.

③ 머랭과 크림 토핑의 수분 배출을 억제하여 거품을 안정시킨다.

④ 젤리나 양갱처럼 반고체 상태로 바꿔 포장을 용이하게 한다.

75 안정제를 사용하는 목적이 아닌 것은?
① 아이싱의 끈적거림을 방지한다.
② 크림 토핑물 제조 시 부드러움을 제공한다.
❸ 케이크나 빵에서 흡수율을 감소시킨다.
④ 젤리나 잼 제조에 사용한다.

2 안정제의 종류와 추출 대상

1) 한천 : 우뭇가사리

2) 젤라틴 : 동물의 껍질과 연골 속에 있는 콜라겐 76

① 동물성 단백질로 분류상 유도 단백질에 속한다.

② 물과 함께 가열하면 대략 30℃ 이상에서 녹아 친수성 콜로이드를 형성한다.

③ 품질이 나쁜 젤라틴은 아교로서 접착제로 사용한다.

④ 젤라틴의 콜로이드 용액의 젤 형성과정은 가역적 과정이다.

⑤ 무스나 바바루아의 안정제로 쓰여진다.

76 동물의 가죽이나 뼈 등에서 추출하며 안정제나 제과 원료로 사용되는 것은?
❶ 젤라틴
② 한천
③ 펙틴
④ 카라기난

3) 펙틴 : 과일의 껍질

① 메톡실기 7% 이상의 펙틴에 당과 산이 가해져야 젤리나 잼이 만들어진다.

② 당분 60~65%, 펙틴 1.0~1.5%, pH 3.2의 산이 되면 젤리가 형성된다.

4) 시엠시

식물의 뿌리에 있는 셀룰로오스로 냉수에 쉽게 팽윤된다.

> **TIP**
> - 로커스트빈검과 트래거캔스도 냉수에 팽윤된다.
> - 검류의 특징
>   ① 종류에는 구아검, 로커스트빈검, 카라야검, 아라비아검 등이 있다.
>   ② 유화제, 안정제, 접착제 등으로 사용한다.
>   ③ 냉수에 용해되는 친수성 물질이다.
>   ④ 낮은 온도에서도 높은 점성을 나타낸다.
>   ⑤ 탄수화물로 구성되어 있다.

15 향료와 향신료

특유의 냄새로 후각 신경을 자극하여 식욕을 증진시키는 재료로 제품에 독특한 개성을 준다.

1 향료의 분류

1) 성분에 따른 분류

① **천연향료** : 천연의 식물에서 추출한 것

> **예** 꿀, 당밀, 코코아, 초콜릿, 분말과일, 감귤류, 바닐라 등

② **합성향료** : 천연향에 들어 있는 향 물질을 합성시킨 것

> **예** 버터의 디아세틸, 바닐라빈의 바닐린, 계피의 시나몬 알데히드

③ **인조향료** : 화학성분을 조작하여 천연향과 같은 맛을 나게 한 것

2) 제조방법에 따른 분류

① **알코올성 향료** : 굽기 중 휘발성이 큰 것으로 에틸알코올에 녹는 향을 용해시켜 만든다(굽지 않는 크림류와 충전물 제조에 적당하며, 바닐라에센스 등이 있다). **77**

② **비알코올성 향료** : 굽기 과정에 휘발하지 않으며 오일, 글리세린, 식물성유에 향 물질을 용해시켜 만든다(캐러멜, 캔디, 비스킷에 사용하며 바닐라오일 등이 있다).

③ **수용성 향료** : 물에 녹지 않는 유상의 방향성분을 알코올, 글리세린, 물 등의 혼합용액에 녹여 만든다. 단점은 내열성이 약하고, 고농도의 제품을 만들기 어렵다(청량음료, 빙과에 사용한다). **78**

④ **유화 향료** : 유화제에 향료를 분산시켜 만든 것으로 물속에 분산이 잘되고 굽기 중 휘발이 적다(알코올성, 비알코올성 향료 대신 사용할 수 있다).

⑤ **분말 향료** : 진한 수지액과 물의 혼합물에 향 물질을 넣고 용해시킨 후 분무 건조하여 만든다(가루식품, 아이스크림, 제과, 추잉껌에 사용한다).

77 다음 중 버터크림에 사용하기에 알맞은 향료는?
① 오일 타입
❷ 에센스 타입
③ 농축 타입
④ 분말 타입

78 수용성 향료(essence)의 특징으로 옳은 것은?
① 제조 시 계면활성제가 반드시 필요하다.
② 기름(oil)에 쉽게 용해된다.
③ 내열성이 강하다.
❹ 고농도의 제품을 만들기 어렵다.

② 향신료(Spice)의 종류와 특징

직접 향을 내기보다는 주재료에서 나는 불쾌한 냄새를 막아 주고 다시 그 재료와 어울려 풍미를 향상시키고 제품의 보존성을 높여주는 기능을 한다. [79]

① **넛메그(nutmeg)** : 육두구과 교목의 열매를 일광건조 시킨 것으로 넛메그와 메이스를 얻는다. [80]

② **계피(cinnamon)** : 녹나무과의 상록수 껍질로 만든다.

③ **오레가노(oregano)** : 피자소스에 필수적으로 들어가는 것으로 톡 쏘는 향기가 특징이다.

④ **박하(peppermint)** : 박하잎을 말린 것으로 산뜻하고 시원한 향이 난다.

⑤ **카다몬(cardamon)** : 생강과의 다년초 열매깍지 속의 작은 씨를 말린 것으로 푸딩, 케이크, 페이스트리에 사용된다.

⑥ **올스파이스(allspice)** : 올스파이스나무의 열매를 익기 전에 말린 것으로 프루츠 케이크, 카레, 파이, 비스킷에 사용한다. 일명 자메이카 후추라고도 한다.

⑦ **정향(clove)** : 정향나무의 열매를 말린 것으로 단맛이 강한 크림소스에 사용한다.

⑧ **생강(ginger)** : 열대성 다년초의 다육질 뿌리로 매운맛과 특유의 방향을 가지고 있다. [81]

04 기초재료과학

1 탄수화물(당질)

탄소(C), 수소(H), 산소(O) 3원소로 구성된 유기화합물로, 일반식은 $C_mH_{2n}O_n$ 또는 $C_m(H_2O)_n$이다. 분자 내에 1개 이상의 수산기(−OH)와 카르복실기(−COOH)를 가지고 있는 것이 특징이다. 일명 당질이라고 불린다.

① 탄수화물의 분류와 특성

1) 단당류 [82]

① **포도당(glucose – 글루코오스)** : 포도, 과일즙 등에 많이 함유되어 있으며 혈액 중에 0.1% 포함되어 있다.

② **과당(fructose – 프룩토오스)** : 모든 당류 중에서 단맛이 가장 강하며 꿀과 과일에 다량 함유되어 있다.

③ **갈락토오스(galactose)** : 젖당의 구성 성분으로 물에 잘 녹지 않으며 뇌, 신경 조직의 성분이 된다.

[79] 향신료에 대한 설명으로 틀린 것은?

❶ 향신료는 주로 전분질 식품의 맛을 내는 데 사용된다.

② 향신료는 고대 이집트, 중동 등에서 방부제, 의약품의 목적으로 사용되던 것이 식품으로 이용된 것이다.

③ 스파이스는 주로 열대지방에서 생산되는 향신료로 뿌리, 열매, 꽃, 나무껍질 등 다양한 부위가 이용된다.

④ 허브는 주로 온대지방의 향신료로 식물의 잎이나 줄기가 주로 이용된다.

[80] 메이스와 같은 나무에서 생산되는 향신료로서 빵 도넛에 많이 사용하는 것은?

❶ 넛메그

② 시나몬

③ 클로브

④ 오레가노

[81] 열대성 다년초의 다육질 뿌리로 매운맛과 특유의 방향을 가진 향신료는?

① 넛메그

② 계피

③ 올스파이스

❹ 생강

[82] 다음 중 단당류가 아닌 것은?

① 갈락토오스

❷ 맥아당

③ 포도당

④ 과당

2) 이당류

① **자당(설탕, sucrose – 수크로오스)** : 효소 인베르타아제에 의하여 포도당 + 과당으로 가수분해되는 비환원당이다.

② **맥아당(엿당, maltose – 말토오스)** : 효소 말타아제에 의하여 포도당 + 포도당 **83**으로 가수분해되며, 발아한 보리(엿기름) 중에 다량 함유되어 있다.

③ **유당(젖당, lactose – 락토오스)** : 효소 락타아제에 의하여 포도당 + 갈락토오스로 가수분해되며, 장내에서 번식을 하는 잡균을 막아 장을 깨끗이 하는 정장 작용을 한다.

3) 다당류 84

① **전분(녹말, starch – 스타치)** : 곡류, 고구마와 감자 등에서 존재하는 식물의 에너지원으로 이용되어지는 저장 탄수화물로 많으면 수천 개의 포도당이 결합되어 한 개의 전분립을 구성한다.

② **섬유소(셀룰로오스)** : 해조류와 채소류에 많으며, 식물을 구성하는 데 이용되는 구성 탄수화물로 초식동물만 에너지원으로 사용한다.

③ **펙틴** : 과일류의 껍질에 많이 존재하며 젤리나 잼을 만드는 데 점성을 갖게 한다.

④ **글리코겐** : 동물의 에너지원으로 이용되어지는 동물성 전분으로 간이나 근육에 저장되어 있다.

⑤ **덱스트린(호정)** : 전분이 가수분해되는 과정에서 생기는 중간생성물이다.

⑥ **이눌린** : 과당의 결합체로, 돼지감자에 다량 함유되어 있다.

⑦ **한천** : 홍조류의 한 종류인 우뭇가사리에서 추출하며 펙틴과 같은 안정제로 사용된다.

> **TIP** **탄수화물의 상대적 감미도 순서 85**
>
> 과당(175) 〉 전화당(130) 〉 자당(100) 〉 포도당(75) 〉 맥아당(32), 갈락토오스(32) 〉 유당(16)

❷ 전분(녹말)

전분은 다당류로 옥수수, 보리 등의 곡류와 감자, 고구마, 타피오카 등의 뿌리에 존재하고 있으며, 포도당을 기본단위로 구성되어 있는 식물성 저장 탄수화물(식물이 에너지원으로 사용하는 탄수화물)이다. 전분은 기본 단위인 포도당의 배열형태에 따라 아밀로오스와 아밀로펙틴의 두 가지 구조 형태로 이루어지는데, 각각의 비율은 전분의 종류에 따라 다르다.

83 맥아당은 이스트의 발효과정 중 효소에 의해 어떻게 분해되는가?
① 포도당 + 과당
❷ 포도당 + 포도당
③ 포도당 + 유당
④ 과당 + 과당

84 다당류에 속하지 않는 것은?
① 섬유소
② 전분
③ 글리코겐
❹ 맥아당

85 단맛의 강도 순서로 옳은 것은?
① 맥아당 〉 과당 〉 설탕 〉 포도당
❷ 과당 〉 설탕 〉 포도당 〉 맥아당
③ 설탕 〉 포도당 〉 맥아당 〉 과당
④ 과당 〉 설탕 〉 맥아당 〉 포도당

1) 아밀로오스와 아밀로펙틴의 비교 86

항목	아밀로오스	아밀로펙틴
분자량	적다	많다
포도당 결합 형태	$a-1,4$ 결합(직쇄상 구조)	$a-1,4$ 결합(직쇄상 구조) $a-1,6$ 결합 (측쇄상 구조 혹은 곁사슬 구조)
요오드 용액 반응	청색	적자색
호화	빠르다	느리다
노화	빠르다	느리다

2) 곡류를 구성하는 전분의 종류에 따른 아밀로오스와 아밀로펙틴의 비율

① **찹쌀과 찰옥수수** : 대부분 아밀로펙틴으로 구성

② **밀가루** : 아밀로펙틴 72~83%, 아밀로오스 17~28%

3) 전분의 호화(a화 = 젤라틴화) 87

전분에 물을 넣고 가열하면 수분을 흡수하면서 팽윤되며 점성이 커지는데 투명도도 증가하여 반투명의 α-전분 상태가 된다. 전분질 식품을 가열 호화하여 소화성을 높이기 위함이다.

4) 전분의 가수분해

전분에 묽은 산을 넣고 가열하면 쉽게 가수분해되어 당화된다. 또한 전분에 효소(amylase)를 넣고 호화 온도(55~60℃)를 유지시켜도 쉽게 가수분해되어 당화된다.

> **TIP 전분을 가수분해하는 과정에서 생성된 최종산물로 만드는 식품과 당류**
> - 식혜 : 쌀의 전분을 가수분해하여 부분적으로 당화시킨 것으로 맥아당이 많은 양을 구성한다.
> - 엿 : 쌀의 전분을 가수분해하여 완전히 당화시켜 농축한 후 조청을 만든 다음 조청을 구성하는 포도당을 결정화시킨 것이다.
> - 물엿 : 옥수수 전분을 가수분해하여 부분적으로 당화시켜 만든 것으로 물엿 특유의 물리적 성질인 점성을 나타내는 성분은 덱스트린이다.
> - 포도당 : 전분을 가수분해하여 얻은 최종산물로 설탕을 사용하는 배합에 설탕의 일부분을 포도당으로 대체하면 재료비도 절감하며 황금색으로 착색되어 껍질색도 좋아진다.
> - 이성화당 : 전분당 분자의 분자식은 변화시키지 않으면서 분자구조를 바꾼 당을 가리킨다.

5) 전분의 노화(β화) 88

빵의 노화는 빵 껍질의 변화, 빵의 풍미저하, 내부조직의 수분보유 상태를 변화시키는 것으로 α-전분(익힌 전분)이 β-전분(생 전분)으로 변화하는데, 이것을 노화(老化)라고 한다.

① **노화 방지법**
- −18℃ 이하로 급랭하거나 수분함량을 10% 이하로 조절한다.

86 아밀로오스의 특징으로 바르지 않은 것은?
① 분자량이 적다.
② 포도당 결합 형태는 $a-1$, 4의 직쇄상 구조이다.
❸ 요오드 용액 반응은 적색반응을 한다.
④ 호화와 노화가 빠르게 진행된다.

87 전분에 물을 가하고 가열하면 팽윤되고 전분 입자의 미세구조가 파괴되는데 이 현상을 무엇이라 하는가?
① 노화
❷ 호화
③ 호정화
④ 당화

88 전분의 노화에 대한 설명으로 틀린 것은?
❶ 노화된 전분은 소화가 잘 된다.
② −18℃ 이하의 온도에서는 잘 일어나지 않는다.
③ 노화란 a-전분이 β-전분으로 되는 것을 말한다.
④ 노화된 전분은 향이 손실된다.

- 아밀로오스보다 아밀로펙틴이 노화가 잘 안 된다.
- 계면활성제는 표면장력을 변화시켜 빵, 과자의 부피와 조직을 개선하고 노화를 지연시킨다.
- 레시틴은 유화작용과 노화를 지연한다.
- 설탕, 유지의 사용량을 증가시키면 빵의 노화를 억제할 수 있다.
- 모노-디-글리세리드는 식품을 유화, 분산시키고 노화를 지연시킨다.

② 노화 최적 상태
- 수분 함량 : 30~60%
- 노화 최적 온도 : -7~10℃

2 지방(지질)

탄소(C), 수소(H), 산소(O)로 구성된 유기화합물로 3분자의 지방산과 1분자의 글리세린(글리세롤, 3가의 알코올)이 결합되어 만들어진 에스테르, 즉 트리글리세리드이다. 89

1 지방의 분류와 특성

1) 단순지방

① **중성지방** : 상온에서 고체(지) 또는 액체(유)를 결정하는 성분인 포화지방산과 불포화지방산이 있다. 3분자의 지방산과 1분자의 글리세린으로 결합된 것이다.

② **납(왁스)** : 고급 지방산과 고급 알코올이 결합한 고체 형태의 단순지방이다.

2) 복합지방

① **인지질** : 난황, 콩, 간 등에 많이 함유되어 있으며 유화제로 쓰이고, 노른자의 레시틴이 대표적이다.

② **당지질** : 중성지방과 당류가 결합된 형태로 뇌, 신경 조직에 존재한다.

> TIP **레시틴** 90
> - 글리세린 1분자에 지방산, 인산, 콜린이 결합한 지질
> - 지질의 대사에 관여하고 뇌신경에 존재
> - 천연유화제 작용

3) 유도지방

① **지방산** : 글리세린과 결합하여 지방을 구성한다.

② **글리세린** : 지방산과 함께 지방을 구성하고 있는 성분으로 흡습성, 안전성, 용매, 유화제로 작용한다. 일명 글리세롤이라고도 한다.

③ **콜레스테롤** : 동물성 스테롤로 뇌, 골수, 신경계, 담즙, 혈액 등에 많으며 자외선에 의해 비타민 D_3가 된다. 식물성 기름과 함께 섭취하는 것이 좋다.

89 **지방은 무엇이 축합되어 만들어지는가?**
① 지방산과 올레인산
❷ 지방산과 글리세롤
③ 지방산과 리놀렌산
④ 지방산과 팔미틴산

90 **글리세롤 1분자에 지방산, 인산, 콜린이 결합한 지질은?**
❶ 레시틴
② 에르고스테롤
③ 콜레스테롤
④ 세파

④ **에르고스테롤** : 식물성 스테롤로 버섯, 효모, 간유 등에 함유되어 있으며 자외선에 의해 비타민 D가 되어 비타민 D_2의 전구체 역할을 한다.

2 지방의 구조

1) 지방산

① 포화지방산 **91**

- 탄소와 탄소의 결합에 이중 결합 없이 이루어진 지방산이다.
- 산화되기가 어렵고 융점이 높아 상온에서 고체이다.
- 동물성 유지에 다량 함유되어 있다.
- 종류에는 뷰티르산, 카프르산, 미리스트산, 스테아르산, 팔미트산 등이 있다.

> **TIP 뷰티르산의 특징**
> – 일명 낙산이라고 하며, 버터에 함유된 지방산이다.
> – 버터를 특징짓는 지방산이다.
> – 천연의 지방을 구성하는 산 중에서 탄소 수가 4개로 가장 적다.
> – 자연계에 널리 분포되어 있는 지방산 중 융점이 가장 낮다.

② 불포화지방산

- 탄소와 탄소의 결합에 이중결합이 1개 이상 있는 지방산이다.
- 산화되기 쉽고 융점이 낮아 상온에서 액체이다.
- 식물성 유지에 다량 함유되어 있다.
- 종류에는 올레산, 리놀레산, 리놀렌산, 아라키돈산 등이 있다.
- 필수지방산(비타민 F) : 리놀레산, 리놀렌산, 아라키돈산 등이 있으며 체내에서 합성되지 않아 음식물에서 섭취해야 하는 지방산이다. **92**
- 불포화지방산이 함유하고 있는 이중결합의 개수

올레산	이중결합 1개	리놀레산	이중결합 2개
리놀렌산	이중결합 3개	아라키돈산	이중결합 4개

2) 글리세린 **93**

① 3개의 수산기(–OH)를 가지고 있어서 3가의 알코올이기 때문에 글리세롤이라고도 한다.
② 무색, 무취, 감미를 가진 시럽형태의 액체이다.
③ 물보다 비중이 크므로 글리세린이 물에 가라앉는다.
④ 지방을 가수분해하여 얻을 수 있다.
⑤ 수분 보유력이 커서 식품의 보습제로 이용된다.
⑥ 물–기름 유탁액에 대한 안정 기능이 있어 크림을 만들 때 물과 지방의 분리를 억제한다.

91 포화지방산을 가장 많이 함유하고 있는 식품은?
① 올리브유
❷ 버터
③ 콩기름
④ 홍화유

92 다음 중 인체 내에서 합성할 수 없으므로 식품으로 섭취해야 하는 지방산이 아닌 것은?
① 리놀레산
② 리놀렌산
❸ 올레산
④ 아라키돈산

93 글리세린에 대한 설명으로 틀린 것은?
① 무색투명하다.
② 자당의 1/3 정도의 감미가 있다.
③ 3개의 수산기(–OH)를 가지고 있다.
❹ 탄수화물의 가수분해로 얻는다.

3 단백질

탄소(C), 수소(H), 질소(N), 산소(O), 유황(S) 등의 원소로 구성된 유기 화합물로 질소가 단백질의 특성을 규정짓는다. ⁹⁴ 단백질을 구성하는 기본 단위는 아미노 그룹과 카르복실기(–COOH) 그룹을 함유하는 유기산으로 이루어진 아미노산이다.

> **TIP 아미노산의 종류**
> – 함황아미노산(황을 포함하고 있는 아미노산) ⁹⁵
> ① 시스테인 ② 시스틴 ③ 메티오닌
> – 필수아미노산(체내에서 합성하지 못하므로 음식물을 통해 섭취하여야 함)
> ① 리신 ② 트립토판 ③ 페닐알라닌 ④ 류신 ⑤ 이소류신 ⑥ 트레오닌
> ⑦ 메티오닌 ⑧ 발린

1 단백질의 분류와 특성

1) 단순단백질 ⁹⁶

가수분해에 의해 아미노산만이 생성되는 단백질이다.

① **알부민** : 물이나 묽은 염류에 녹고, 열과 강한 알코올에 응고된다.

② **글로불린** : 물에는 녹지 않으나, 묽은 염류 용액에는 녹는다.

③ **글루텔린** : 중성 용매에는 녹지 않으나 묽은 산, 알칼리에는 녹는다. 밀의 글루테닌이 해당된다.

④ **프롤라민** : 70%의 알코올에 용해되는 특징이 있으며, 밀의 글리아딘, 옥수수의 제인, 보리의 호르데인이 해당된다.

2) 복합단백질

단순단백질에 다른 물질이 결합되어 있는 단백질이다.

① **핵단백질** : 세포의 활동을 지배하는 세포핵을 구성하는 단백질이다.

② **당단백질** : 복잡한 탄수화물과 단백질이 결합한 화합물로 일명 글루코프로테인이라고 한다.

③ **인단백질** : 단백질이 유기인과 결합한 화합물이다.

④ **색소단백질** : 발색단을 가지고 있는 단백질 화합물로 일명 크로모단백질이라고 한다.

⑤ **금속단백질** : 철, 구리, 아연, 망간 등과 결합한 단백질로, 호르몬의 구성 성분이 된다.

3) 유도단백질

효소나 산, 알칼리, 열 등 적절한 작용제에 의한 분해로 얻어지는 단백질의 제1차, 제2차 분해산물이다. 종류에는 메타단백질, 프로테오스, 펩톤, 폴리펩티드, 펩티드가 있다.

⁹⁴ **다음 중 아미노산을 구성하는 주된 원소가 아닌 것은?**
① 탄소(C)
② 수소(H)
③ 질소(N)
❹ 규소(Si)

⁹⁵ **유황을 함유한 아미노산으로 –S–S결합을 가진 것은?**
① 리신
② 류신
❸ 시스틴
④ 글루타민산

⁹⁶ **단순단백질이 아닌 것은?**
① 알부민
② 글로블린
❸ 헤모글로빈
④ 프롤라민

TIP 펩티드 혹은 펩타이드(peptide) 97

– 아미노산과 아미노산 간의 결합으로 이루어진 단백질의 2차 구조이다.

4 효소

단백질로 구성된 효소는 생물체 속에서 일어나는 유기화학 반응의 촉매 역할을 한다. 효소는 유기화합물인 단백질로 구성되었기 때문에 온도, pH, 수분 등의 영향을 받는다. 98

■ 효소의 분류와 특성

1) 탄수화물 분해효소

① **이당류 분해효소**

- 인베르타아제 : 설탕을 포도당과 과당으로 분해하며, 이스트에 존재한다.
- 말타아제 : 장에서 분비, 맥아당을 포도당 2분자로 분해하며, 이스트에 존재한다.
- 락타아제 : 소장에서 분비하며, 유당을 포도당과 갈락토오스로 분해하며, 당은 동물성 당류이므로 단세포 생물인 이스트에는 락타아제가 없다. 99

② **다당류 분해효소**

- 아밀라아제 : 전분이나 글리코겐을 텍스트린, 맥아당으로 분해한다. (α – 아밀라아제 : 액화효소, β – 아밀라아제 : 당화효소)
- 셀룰라아제 : 섬유소를 포도당으로 분해한다.
- 이눌라아제 : 이눌린을 과당으로 분해한다.

③ **산화효소**

- 치마아제 : 포도당, 갈락토오스, 과당과 같은 단당류를 알코올과 이산화탄소로 분해 시키는 효소로 제빵용 이스트에 있다.
- 퍼옥시다아제 : 카로틴계의 황색 색소를 무색으로 산화한다.

2) 지방 분해효소

① **리파아제** : 지방을 지방산과 글리세린으로 분해한다.

② **스테압신** : 췌장에 존재하며 지방을 지방산과 글리세린으로 분해한다.

3) 단백질 분해효소 100

① **프로테아제** : 단백질을 펩톤, 폴리펩티드, 펩티드, 아미노산으로 분해한다.

② **펩신** : 위액 속에 존재하는 단백질 분해효소이다.

③ **레닌** : 위액에 존재하는 단백질 응고효소이다.

④ **트립신** : 췌액에 존재하는 단백질 분해효소이다.

⑤ **펩티다아제** : 췌장에 존재하는 단백질 분해효소이다.

97 아미노산과 아미노산의 결합은?

❶ 펩타이드 결합
② 글리코사이드 결합
③ α–1,4 결합
④ 에스테르 결합

98 다음 중 효소의 설명으로 틀린 것은?

① 생체 내의 화학반응을 촉진시키는 생체 촉매이다.
② 효소반응은 온도, pH, 기질농도 등에 영향을 받는다.
③ 효소는 특정기질에 선택적으로 작용하는 기질 특이성이 있다.
❹ β–아밀라아제를 액화효소, α–아밀라아제를 당화효소라 한다.

99 다음의 효소 중 일반적인 제빵용 이스트에는 없기 때문에 관계되는 당은 발효되지 않고 잔류 당으로 빵 제품 내에 남게 하는 효소는?

① 말타아제
② 인베르타아제
❸ 락타아제
④ 치마아제

100 단백질 분해효소는?

① 치마아제
② 말타아제
❸ 프로테아제
④ 인베르타아제

⑥ **에렙신** : 장액에 존재하는 단백질 분해효소이다.

2 제빵에 관계하는 효소

식재료	효소	기질	분해산물
밀가루	α-아밀라아제	전분	덱스트린, 맥아당
	β-아밀라아제	덱스트린	맥아당(말토오스)
	프로테아제	단백질	펩톤, 폴리펩티드, 펩티드, 아미노산
이스트	인베르타아제	자당(설탕)	포도당, 과당
	말타아제 **101**	맥아당	포도당
	치마아제 **102**	포도당, 과당	에틸알코올, 탄산가스
	리파아제	지방	지방산, 글리세린
	프로테아제	단백질	펩톤, 폴리펩티드, 펩티드, 아미노산

101 맥아당을 2분자의 포도당으로 분해하는 효소는?
① α-아밀라아제
② β-아밀라아제
❸ 말타아제
④ 디아스타아제

102 과당이나 포도당을 분해하여 CO_2 가스와 알코올을 만드는 효소는?
① 말타아제
② 인베르타아제
③ 프로테아제
❹ 치마아제

05 재료의 영양학적 특성

주요재료에 포함되어 있는 영양소가 빵·과자 제품에 어떠한 영향을 미치는지 알아본다.

1 체내기능에 따른 영양소의 분류

영양소란 식품에 함유되어 있는 여러 성분 중 체내에 흡수되어 생활 유지를 위한 생리적 기능에 이용되는 것을 말한다. 체내 기능에 따라 열량 영양소, 구성 영양소, 조절 영양소로 나눈다.

1 열량 영양소

에너지원으로 이용되는 영양소로서 탄수화물, 지방, 단백질이 있다.

2 구성 영양소

근육, 골격, 효소, 호르몬 등 신체구성의 성분이 되는 영양소로서 단백질, 무기질, 물이 있다.

3 조절 영양소

체내 생리 작용을 조절하고 대사를 원활하게 하는 영양소로서 무기질, 비타민, 물이 있다. **103**

2 영양과 건강

1 에너지 대사

생물체 내에서 일어나고 있는 에너지의 방출, 전환, 저장 및 이용의 모든 과정을 말한다. 인체가 필요로 하는 총 에너지는 기초대사량(60~70%), 활동대사량(20~40%), 특이동적 대사량(5~10%)의 세 가지 요소에 준하여 산출한다.

103 생리기능의 조절작용을 하는 영양소는?
① 탄수화물, 지방질
② 탄수화물, 단백질
③ 지방질, 단백질
❹ 무기질, 비타민

1) 기초대사량

생명유지에 꼭 필요한 최소의 에너지 대사량으로, 체온유지나 호흡, 심장박동 등의 무의식적 활동에 필요한 열량이다.

1일 기초대사량	성인 남자	성인 여자
	1,400~1,800kcal	1,200~1,400kcal

2) 활동대사량

일상생활에서 운동이나 노동 등 활동을 하면서 소모되는 에너지량이다.

3) 특이동적 대사량 104

식품자체의 소화, 흡수, 대사를 위해 사용되는 에너지 소비량으로 당질을 섭취 시 6%, 지방은 4%, 단백질은 30%가 열로 소비된다. 이는 균형적인 식사를 할 경우 기초대사량과 활동대사량을 합산한 수치의 10%에 해당된다.

4) 1일 총 에너지 소요량 계산

1일 기초대사량 + 특이동적 대사량 + 활동대사량

5) 에너지 권장량

① 1일 에너지 권장량

성인 남자	성인 여자	청소년 남자	청소년 여자
2,500kcal	2,000kcal	2,600kcal	2,100kcal

② 성인의 에너지 적정 비율

- 탄수화물 : 65% 105
- 지방 : 20% 106
- 단백질 : 15%

> **TIP** 체중 1kg당 단백질 권장량이 가장 많은 대상 : 0~2세의 영유아

2 에너지원 영양소의 1g당 칼로리 107

탄수화물	지방	단백질	알코올	유기산
4kcal	9kcal	4kcal	7kcal	3kcal

> **TIP** 칼로리 계산법 : [(탄수화물의 양 + 단백질의 양)× 4kcal] + (지방의 양 × 9kcal) 108

104 하루에 섭취하는 총에너지 중 식품 이용을 위한 에너지 소모량은 평균 얼마인가?
❶ 10%
② 30%
③ 60%
④ 20%

105 1일 2,000kcal를 섭취하는 성인의 경우 탄수화물의 적절한 섭취량은?
❶ 275~350g
② 500~725g
③ 850~1050g
④ 1,100~1,400g
해설 2,000×65%÷4=325

106 20대 남성의 하루 열량 섭취량을 2,500kcal로 했을 때 가장 이상적인 1일 지방 섭취량은?
① 10~40g
❷ 40~70g
③ 70~100g
④ 100~130g
해설 2,500×20%÷9≒55.5

107 수분 65g, 무기질 1g, 섬유질 1g, 단백질 2g, 지질 1g, 당질 31g이 함유되어 있는 식품의 열량은?
① 136kcal
❷ 141kcal
③ 145kcal
④ 149kcal
해설 (2×4)+(1×9)+(31×4)=141

108 열량 계산공식 중 맞는 것은?
❶ [(탄수화물의 양 + 단백질의 양) × 4]+(지방의 양 × 9)
② [(탄수화물의 양+지방의 양) × 4]+(단백질의 양 × 9)
③ [(지방의 양+단백질의 양) × 4]+(탄수화물의 양 × 9)
④ [(탄수화물의 양+지방의 양) × 9]+(단백질의 양 × 4)

3 재료의 영양학적 특성

1 탄수화물(당질)

1) 탄수화물의 종류와 영양학적 특성

① 단당류

포도당	• 포유동물의 혈액 중 0.1% 가량 포함되어 있다. • 과잉된 포도당은 지방으로 전환된다. • 뇌와 신경, 적혈구의 열량원으로도 이용되며 체내 당대사의 중심물질이다. • 여분의 포도당은 글리코겐의 형태로 간장, 근육에 저장된다.
과당	• 당류 중 가장 빨리 소화·흡수된다. • 포도당을 섭취해서는 안 되는 당뇨병 환자에게 감미료로서 사용한다.
갈락토오스	• 지방과 결합하여 뇌, 신경 조직의 성분이 되므로 유아에게 특히 필요하다.

② 이당류 `109`

자당(설탕)	• 당류의 단맛을 비교할 때 기준이 된다.
전화당	• 자당이 가수 분해될 때 생기는 중간산물로, 포도당과 과당이 1:1로 혼합된 당이다.
맥아당(엿당)	• 쉽게 발효하지 않아 위 점막을 자극하지 않으므로 어린이나 소화기 계통의 환자에게 좋다.
유당(젖당)	• 장내에서 잡균의 번식을 막아 정장작용(장을 깨끗이 하는 작용)을 한다. `110` • 칼슘의 흡수를 돕는다.

③ 다당류

전분(녹말)	• 단맛이 없고 찬물에 잘 풀어진다. • 전분은 물에 용해되지 않는다.
덱스트린(호정)	• 전분보다 분자량이 적고 물에 약간 용해되고 점성이 있다.
글리코겐	• 동물이 사용하고 남은 에너지를 간장이나 근육에 저장해 두는 탄수화물이다. • 쉽게 포도당으로 변해 에너지원으로 쓰이므로 동물성 전분이다. • 호화나 노화현상은 일으키지 않는다.
셀룰로오스(섬유소)	• 체내에서 소화되지 않으나, 장의 연동작용을 자극하여 배설작용을 촉진한다.
펙틴	• 펙틴산은 반섬유소라 하여 소화·흡수는 되지 않지만 장내세균 및 유독물질을 흡착, 배설하는 성질이 있다.
올리고당	• 청량감은 있으나 감미도가 설탕의 20~30%로 낮다. • 단당류 3~10개로 구성된 당으로, 장내 비피더스균을 무럭무럭 자라게 한다. `111`

2) 탄수화물의 기능 `112`

① 1g당 4kcal의 에너지 공급원이다.

② 피로 회복에 매우 효과적이다.

③ 간장 보호와 해독작용을 한다.

④ 간에서 지방의 완전대사를 돕는다.

⑤ 단백질 절약작용을 한다.

⑥ 중추신경 유지, 혈당량 유지, 변비 방지, 감미료 등으로도 이용된다.

⑦ 한국인 영양섭취기준에 의한 1일 총열량의 55~70% 정도를 탄수화물로 섭취하여야 한다.

109 다음 중 이당류가 아닌 것은?
❶ 포도당
② 맥아당
③ 설탕
④ 유당

110 유용한 장내 세균의 발육을 왕성하게 하여 장에 좋은 영향을 미치는 이당류는?
① 설탕
❷ 유당
③ 맥아당
④ 포도당

111 단당류 3~10개로 구성된 당으로 장내의 비피더스균 증식을 활발하게 하는 당은?
❶ 올리고당
② 고과당
③ 물엿
④ 이성화당

112 빵·과자 중에 많이 함유된 탄수화물이 소화, 흡수되어 수행하는 기능이 아닌 것은?
① 에너지를 공급한다.
② 단백질 절약작용을 한다.
❸ 뼈를 자라게 한다.
④ 분해되면 포도당이 생성된다.

3) 탄수화물의 대사

① 단당류는 그대로 흡수되나, 이당류와 다당류는 소화관내에서 포도당으로 분해되어 소장에서 흡수된다.

② 체내에 흡수된 포도당은 혈액에 섞여 각 조직 내 세포에 운반되어 TCA 회로를 거친 후 완전히 산화되어 이산화탄소와 물로 분해된다.

③ 에너지로 쓰이고 남은 여분의 포도당은 간과 근육에 글리코겐 형태로 저장된다. **113**

④ 완전히 산화할 때 조효소는 비타민 B군이 작용하고 인(P), 마그네슘(Mg) 등의 무기질이 필요하다.

4) 과잉 섭취 시 유발되기 쉬운 질병

비만, 당뇨병, 동맥경화증

2 지방(지질)

탄수화물과 단백질에 비해 산소 함량이 적고 탄소와 수소가 많기 때문에 산화 분해될 때 발생하는 에너지가 더 많다.

1) 지방의 종류와 영양학적 특성

① 단순지방

중성지방	3분자의 지방산과 1분자의 글리세린이 결합된 것으로, 지방산의 종류에 따라 상온에서 고체인 지방(fat)과 액체인 기름(oil)으로 나누어진다.
납(왁스)	식물의 줄기, 잎, 종자, 동물의 체표부, 뇌, 뼈 등에 분포되어 있으나 영양적 가치는 없다.

② 복합지방

인지질	• 중성지방에 인산이 결합된 상태이다. • 레시틴 : 인체의 뇌, 신경, 간장에 존재하며 항산화제, 유화제로 쓰이고, 지방 대사에 관여한다. • 세팔린 : 뇌, 혈액에 들어 있고, 혈액 응고에 관여한다.
당지질	• 중성지방에 당이 결합된 상태이며 뇌, 신경조직 등의 구성 성분이다.
단백지질	• 중성지방과 단백질이 결합된 상태이다.

③ 유도지방

필수지방산 (비타민 F)	• 체내에서 합성되지 않아 음식물에서 섭취해야 하는 지방산이다. • 성장을 촉진하고 피부건강을 유지시키며 혈액 내의 콜레스테롤 양을 저하시킨다. • 노인의 경우 필수지방산의 흡수를 위하여 콩기름을 섭취하는 것이 좋다. **114** • 종류에는 리놀레산, 리놀렌산, 아라키돈산이 있다. **115**
콜레스테롤	• 동물체의 모든 세포 특히 신경조직, 뇌조직에 들어 있다. • 담즙산, 성호르몬, 부신피질 호르몬 등의 주성분이다. • 과잉 섭취 시 고혈압, 동맥경화를 야기한다. • 자외선에 의해 비타민 D_3로 전환된다.
에르고스테롤	• 효모, 버섯에 많으며 자외선에 의해 비타민으로 전환되므로 프로비타민 D_2라고도 한다.

113 글리코겐의 형태로 간장, 근육에 저장되는 것은?
❶ 포도당
② 전화당
③ 맥아당
④ 유당

114 노인의 경우 필수지방산의 흡수를 위하여 다음 중 어떤 종류의 기름을 섭취하는 것이 좋은가?
❶ 콩기름
② 닭기름
③ 돼지기름
④ 쇠기름

115 필수지방산이 아닌 것은?
❶ 올레산
② 리놀렌산
③ 아라키돈산
④ 리놀레산

2) 지방의 기능 **116**

① 지질 1g당 9kcal의 에너지를 발생시킨다.

② 피하 지방은 체온의 발산을 막아 체온을 조절한다.

③ 외부의 충격으로부터 인체의 내장기관을 보호한다.

④ 지용성 비타민의 흡수를 촉진한다.

⑤ 장내에서 윤활제 역할을 해 변비를 막아준다.

⑥ 한국인 영양섭취기준에 의한 1일 총열량의 20% 정도를 지질로 섭취 하여야 한다.

3) 지방의 대사

① 지방산과 글리세린으로 분해 흡수된 후 혈액에 의해 세포로 이동한다.

② 글리세린은 탄수화물 대사 과정에 이용된다.

③ 지방산은 산화과정을 거쳐 1g당 9kcal의 에너지를 방출하고 이산화 탄소와 물이 된다.

④ 남은 지방은 피하, 복강, 근육사이에 저장된다.

⑤ 비타민 A와 비타민 D가 지방의 대사에 관여한다.

4) 과잉 섭취 시 유발되기 쉬운 질병

비만, 동맥경화, 유방암, 대장암

❸ 단백질

탄수화물, 지방과 같은 에너지원이며 몸의 근육을 비롯해 여러 조직을 형성하는 생명 유지에 필수적인 영양소이다.

> **TIP** 식품에 함유된 단백질 함량 산출방법 **117**
>
> – 단백질의 질소 계수 : 질소는 단백질만 가지고 있는 원소로서, 단백질에 평균 16% 들어있다. 따라서 식품의 질소 함유량을 알면 질소계수인 6.25를 곱하여 그 식품의 단백질 함량을 산출할 수 있다.
>
> – 질소의 양 = 단백질 양 × $\dfrac{16}{100}$
>
> – 단백질 양 = 질소의 양 × $\dfrac{100}{16}$ (즉, 질소계수 6.25)

1) 필수아미노산의 영양학적 가치

① 체내 합성이 안 되므로 반드시 음식물에서 섭취해야 한다.

② 체조직의 구성과 성장 발육에 반드시 필요하다.

③ 동물성 단백질에 많이 함유되어 있다.

④ 성인에게는 이소류신, 류신, 리신, 메티오닌, 페닐알라닌, 트레오닌, 트립토판, 발린 등 8종류가 필요하다. **118**

⑤ 어린이와 회복기 환자에게는 8종류 외에 히스티딘을 합한 9종류가 필요하다. **119**

116 생체 내에서 지방의 기능으로 틀린 것은?

① 생체기관을 보호한다.
❷ 효소의 주요 구성 성분이다.
③ 체온을 유지한다.
④ 주요한 에너지원이다.

117 일반적으로 분유 100g의 질소 함량이 4g이라면 몇 g의 단백질을 함유하고 있는가?

① 5g
② 15g
❸ 25g
④ 35g

해설 4×6.25(질소계수)=25

118 다음 중 필수아미노산이 아닌 것은?

① 트레오닌
② 이소류신
③ 발린
❹ 알라닌

119 유아에게 필요한 필수아미노산이 아닌 것은?

① 발린
② 트립토판
③ 히스티딘
❹ 글루타민

2) 단백질의 영양학적 분류

① **완전단백질** : 생명 유지, 성장 발육, 생식에 필요한 필수아미노산을 고루 갖춘 단백질이다. 카세인과 락토알부민(우유), 오브알부민과 오보비텔린(계란), 미오신(육류), 미오겐(생선), 글리시닌(콩) 등이 속한다.

② **부분적 완전단백질** : 생명 유지는 시켜도 성장 발육은 못시키는 단백질이다. 글리아딘(밀), 호르데인(보리), 오리제닌(쌀) 등이 여기에 속한다.

③ **불완전단백질** : 생명 유지나 성장 모두에 관계없는 단백질이다. 제인(옥수수), 젤라틴(육류) 등이 속한다.

3) 단백질의 영양가 평가 방법

① **생물가(%)**

체내의 단백질 이용률을 나타낸 것으로 생물가가 높을수록 체내 이용률이 높다.

$$\frac{체내에 \ 보유된 \ 질소량}{체내에 \ 흡수된 \ 질소량} \times 100 = 생물가(\%)$$

② **단백가(%)**

필수아미노산 비율이 이상적인 표준 단백질을 가정하여 이를 100으로 잡고 다른 단백질의 영양가를 비교하는 방법이다. 단백가가 클수록 영양가가 크다.

$$\frac{식품 \ 중 \ 제1 \ 제한아미노산 \ 함량}{표준 \ 단백질 \ 중 \ 아미노산 \ 함량} \times 100 = 단백가(\%)$$

> **⚲TIP 제한아미노산**
>
> 식품에 함유되어 있는 필수아미노산 중 이상형보다 적은 아미노산을 제한아미노산이라고 한다. 제한아미노산이 2종 이상일 때는 가장 적은 아미노산을 제1 제한아미노산이라고 한다.

③ **단백질의 상호보조**
- 단백가가 낮은 식품이라도 부족한 필수아미노산(제한아미노산)을 보충할 수 있는 식품과 함께 섭취하면 체내 이용률이 높아진다.
- 쌀–콩, 빵–우유, 옥수수–우유 등이 상호보조효과가 좋다.

4) 단백질의 기능

① 체조직과 혈액 단백질, 효소, 호르몬 등을 구성한다.

② 1g당 4kcal의 에너지를 발생시킨다.

③ 체내 삼투압 조절로 체내 수분 함량을 조절하고 체액의 pH를 유지한다.

④ γ –글로불린은 병에 저항하는 면역체 역할을 한다.

120 단백질의 가장 중요한 기능은?
① 체온유지
② 유화작용
③ 체액의 압력조절
❹ 체조직 구성

⑤ 한국인의 1일 단백질 권장량은 체중 1kg당 단백질의 생리적 필요량을 계산한 1.13g이다. 121

⑥ 한국인 영양섭취기준에 의한 1일 총열량의 10~20% 정도를 단백질로 섭취하여야 한다.

5) 단백질 대사

① 아미노산으로 분해되어 소장에서 흡수된다.

② 흡수된 아미노산은 각 조직에 운반되어 조직 단백질을 구성한다.

③ 남은 아미노산은 간으로 운반되어 저장했다가 필요에 따라 분해한다.

④ 최종 분해산물인 요소와 그 밖의 질소 화합물들은 소변으로 배설한다.

6) 과잉 섭취 시 유발되기 쉬운 질병

발육 장애, 부종, 피부염, 머리카락 변색, 간 질환, 저항력 감퇴 등의 증세를 수반하는 콰시오카 혹은 마라스무스

4 무기질

1) 무기질의 영양학적 특성

① 인체의 4~5%가 무기질로 구성되어 있다.

② 체내에서는 합성되지 않으므로 반드시 음식물로부터 공급되어야 한다.

③ Ca(칼슘), P(인), Mg(마그네슘), S(황), Zn(아연), I(요오드), Na(나트륨), Cl(염소), K(칼륨), Fe(철), Cu(구리), Co(코발트) 등이 있다.

④ 다른 영양소보다 요리할 때 손실이 크다.

2) 무기질의 기능 122

구성 영양소의 역할

① **경조직(뼈, 치아)의 구성** : 칼슘(Ca), 인(P)

② **연조직(근육, 신경)의 구성** : 황(S), 인(P)

③ **체내 기능 물질 구성**
  - 티록신 호르몬(갑상선 호르몬)의 구성 : 요오드(I) 123
  - 비타민 B의 구성 : 코발트(Co)
  - 인슐린 호르몬의 구성 : 아연(Zn)
  - 비타민의 구성 : 황(S)
  - 헤모글로빈의 구성 : 철(Fe)

조절 영양소의 역할

① **삼투압 조절 기능** : 나트륨(Na), 염소(Cl), 칼륨(K)

② **체액 중성 유지 기능** : 칼슘(Ca), 나트륨(Na), 칼륨(K), 마그네슘(Mg)

③ **심장의 규칙적 고동 기능** : 칼슘(Ca), 칼륨(K)

121 성인의 1일 단백질 섭취량이 체중 1kg당 1.13g일 때 66kg의 성인이 섭취하는 단백질의 열량은?

① 74.6kcal
② 264kcal
❸ 298.3kcal
④ 671.2kcal

해설 66×1.13×4=298.32

122 무기질의 기능이 아닌 것은?
① 효소의 기능을 촉진시킨다.
❷ 열량을 내는 열량 급원이다.
③ 우리 몸의 경조직 구성성분이다.
④ 세포의 삼투압 평형유지 작용을 한다.

123 다음 중 갑상선에 이상을 일으키는 무기질은?
① 불소(F)
② 철(Fe)
③ 구리(Cu)
❹ 요오드(I)

④ 혈액 응고 기능 : 칼슘(Ca)

⑤ 신경 안정 기능 : 나트륨(Na), 칼륨(K), 마그네슘(Mg)

⑥ 위액 샘조직 분비기능 : 염소(Cl)

⑦ 장액 샘조직 분비기능 : 나트륨(Na)

> 💡TIP
> – 칼슘흡수를 방해하는 인자 : 시금치에 함유된 옥살산(수산) **124**
> – 칼슘흡수를 돕는 비타민 : 비타민 D **125**

3) 무기질의 급원식품과 결핍증 및 과잉증 **126**

종류	급원식품	결핍증 및 과잉증
칼슘(Ca)	우유 및 유제품, 계란, 뼈째 먹는 생선	구루병(안짱다리, 밭장다리, 새가슴), 골연화증, 골다공증
인(P)	우유, 치즈, 육류, 콩류, 어패류	결핍증은 거의 없다
철(Fe)	동물의 간, 난황, 살코기, 녹색채소	빈혈
구리(Cu)	동물의 내장, 해산물, 견과류, 콩류	악성 빈혈
요오드(I)	해조류(다시마, 미역, 김), 어패류	바세도우씨병, 갑상선종, 부종, 성장부진, 지능미숙, 피로
나트륨(Na)	소금, 육류, 우유	동맥경화증
염소(Cl)	소금, 우유, 계란, 육류	소화 불량, 식욕 부진
마그네슘(Mg)	곡류, 채소, 견과류, 콩류	결핍증은 거의 없다
칼륨(K)	밀가루, 밀의 배아, 현미, 참깨	결핍증은 거의 없다
코발트(Co)	간, 이자, 콩, 해조류	결핍증은 거의 없다

5 비타민

1) 비타민의 영양학적 특성

① 탄수화물, 지방, 단백질의 대사에 조효소 역할을 한다.

② 반드시 음식물에서 섭취해야만 한다.

③ 에너지를 발생하거나 체물질이 되지는 않는다.

④ 신체 기능을 조절한다.

2) 비타민의 분류와 특징

① 수용성 비타민의 종류

비타민 B_1(thiamine), 비타민 B_2(riboflavin), 비타민 B_6(pyridoxine), 니아신(niacin), 비타민 B_{12}(cyanocobalamin), 비타민 C(ascorbicacid)

② 지용성 비타민의 종류 **127**

비타민 A(retinol), 비타민 D(calciferol), 비타민 E(tocopherol), 비타민 K(phylloquinone), 비타민 F(필수지방산)

124 시금치에 들어있으며 칼슘의 흡수를 방해하는 유기산은?
① 초산
❷ 수산
③ 호박산
④ 구연산

125 산과 알칼리 및 열에서 비교적 안정하고 칼슘의 흡수를 도우며 골격발육과 관계가 깊은 비타민은?
① 비타민 A
② 비타민 B_1
❸ 비타민 D
④ 비타민 E

126 다음 각 무기질을 설명한 것 중 잘못된 것은?
❶ S는 당질 대사에 중요하며 혈액을 알칼리성으로 하고 혈액의 응고작용을 촉진시킨다.
② Ca은 인산염과 탄산염으로서 주로 골격과 치아에 들어 있다.
③ Na은 염소와 결합하여 소금이 되어 주로 체액 속에 들어 있고 삼투압 유지에 관여한다.
④ I는 갑상선 호르몬인 티록신의 주성분으로 갑상선 속에 I가 결핍되면 갑상선종을 일으킨다.

127 지용성 비타민이 아닌 것은?
❶ 비타민 C
② 비타민 A
③ 비타민 D
④ 비타민 K

③ 수용성 비타민과 지용성 비타민의 비교

항목	수용성 비타민	지용성 비타민
용매의 종류	물에 용해	기름과 유기용매
과량 섭취 시 생체작용	소변으로 배출	체내에 저장
결핍 시 생체증세	신속하게 나타난다	서서히 나타난다
공급횟수	매일 공급	매일 공급할 필요 없다

3) 비타민의 급원식품과 결핍증 128 129

① 수용성 비타민

종류	급원식품	결핍증
비타민 B₁ (티아민)	쌀겨, 대두, 땅콩, 돼지고기, 난황, 간, 배아	각기병, 식욕부진, 피로, 권태감, 신경통
비타민 B₂ (리보플라빈)	우유, 치즈, 간, 계란, 살코기, 녹색 채소	구순 구각염, 설염, 피부염, 발육 장애
나이아신 (니아신)	간, 육류, 콩, 효모, 생선	펠라그라병, 피부염
비타민 B₆	육류, 간, 배아, 곡류, 난황	피부염, 신경염, 성장 정지, 충치, 저혈색소성 빈혈
비타민 B₁₂	간, 내장, 난황, 살코기	악성 빈혈, 간 질환, 성장 정지
엽산	간, 두부, 치즈, 밀, 효모, 난황	빈혈, 장염, 설사
판토텐산	효모, 치즈, 콩	피부염, 신경계의 변성
비타민 C (아스코르브산)	신선한 채소(시금치, 무청), 과일류(딸기, 감귤류)	괴혈병, 저항력 감소

② 지용성 비타민

종류	급원식품	결핍증
비타민 A (레티놀) 130	간유, 버터, 김, 난황, 녹황색 채소(시금치, 당근)	야맹증, 건조성 안염, 각막 연화증, 발육지연, 상피세포의 각질화
비타민 D	청어, 연어, 간유, 난황, 버터	구루병, 골연화증, 골다공증
비타민 E(토코페롤)	곡류의 배아유, 면실유, 난황, 버터, 우유	쥐의 불임증, 근육 위축증
비타민 K	녹색채소(양배추, 시금치), 간유, 난황	혈액 응고 지연

6 물

1) 물의 기능 131

① 인체의 중요한 구성 성분으로, 체중의 약 2/3를 차지한다.

② 영양소와 노폐물을 운반하고, 체온을 조절한다.

③ 영양소 흡수로 세포막에 농도차가 생기면 물이 바로 이동하여 체액을 정상으로 유지시킨다.

④ 소화액 등 여러 분비액의 주요성분이며, 체내 모든 대사과정의 매체가 되어 촉매작용을 한다.

128 비타민의 결핍 증상이 잘못 짝지어진 것은?
① 비타민 B₁– 각기병
② 비타민 C– 괴혈병
❸ 비타민 B₂ – 야맹증
④ 니아신 – 펠라그라

129 비타민과 관련된 결핍증의 연결이 틀린 것은?
① 비타민 A – 야맹증
❷ 비타민 B₁ – 구내염
③ 비타민 C – 괴혈병
④ 비타민 D – 구루병

130 비타민과 생체에서의 주요 기능이 잘못 연결된 것은?
① 비타민 B₁ – 당질대사의 보조효소
② 나이아신 – 항펠라그라인자
③ 비타민 K – 항혈액응고인자
❹ 비타민 A – 항빈혈인자

131 신체 내에서 물의 주요 기능은?
① 연소 작용
❷ 체온 조절 작용
③ 신경계 조절 작용
④ 열량 생산 작용

⑤ 탄력이 있어서 체내 내장기관을 외부의 충격에서 보호한다.

2) 물의 섭취, 흡수, 배설

① 음료수, 식품, 대사과정에서 생성되는 산화수 등을 통해 물을 섭취한다.

② 물을 흡수하는 신체기관은 대장이다.

③ 소변, 대변으로 물을 배설하거나 피부로 수분을 증발시켜 배출한다.

④ 폐를 통한 호흡과정에서 수분을 배출한다.

3) 체액(물)의 손실로 인한 증상 132

① 전해질의 균형이 깨지며, 혈압이 낮아진다.

② 허약, 무감각, 근육부종이 일어나며, 손발이 차고 창백하고 식은땀이 난다.

③ 맥박이 빠르고 약해지며, 호흡이 잦고 짧아진다.

④ 심한 경우에는 혼수상태에 이른다.

132 갑작스러운 체액의 손실로 인해 일어나는 증상이 아닌 것은?
① 심한 경우 혼수에 이르게 된다.
② 전해질의 균형이 깨진다.
❸ 혈압이 올라간다.
④ 허약, 무감각, 근육부종 등이 일어난다.

06 충전물·토핑물 제조

1 재료의 특성 및 전처리

반죽을 만들기 전에 행하는 모든 작업을 전처리라고 한다.

① **가루 재료** : 뭉친 것이나 이물질을 제거하고 골고루 섞이게 하기 위하여 밀가루, 탈지분유, 설탕 등 가루 상태의 재료는 체로 쳐서 사용한다.

> **TIP 가루 재료를 체로 치는 이유 133**
>
> - 가루속의 불순물 제거   - 공기의 혼입
> - 재료의 고른 분산   - 밀가루의 15%까지 부피 증가
> - 흡수율 증가

② **생 이스트** : 잘게 부수어 사용하거나 물에 녹여서 사용한다.

③ **이스트 푸드** : 가루 재료에 직접 혼합하여 사용한다.

④ **우유** : 살균한 뒤 차게 해서 사용한다.

⑤ **유지** : 반죽 속에 넣을 경우 유연한 상태로 사용한다.

⑥ **물** : 반죽 온도에 영향을 미치므로 물의 온도에 유의해서 사용한다.

⑦ **탈지분유** : 설탕 또는 밀가루에 분산시켜 사용한다.

133 다음 중 가루 재료(밀가루)를 체질하는 이유가 아닌 것은?
① 이물질 제거
② 공기혼입
❸ 마찰열 발생
④ 재료 분산

2 충전물·토핑물 제조 방법 및 특징

제품 안을 채우거나 위에 뿌리고 바르고 얹는 재료를 말한다.

1 휘핑크림

식물성 지방이 40% 이상인 크림을 거품 낸 것으로 4~6℃에서 거품이 잘 일어난다.

2 커스터드 크림 134

우유, 계란, 설탕을 한데 섞고, 안정제로 옥수수 전분이나 박력분을 넣어 끓인 크림이다. 여기서 계란은 농후화제와 결합제 역할을 한다.

> **TIP** 농후화제란 교질용액의 상태를 만드는 것을 의미하며, 종류에는 계란, 전분, 박력분 등이 있다.

3 디프로매트 크림

커스터드 크림과 무가당 생크림을 1:1비율로 혼합하는 조합형 크림이다.

4 생크림 135

우유의 지방 함량이 35~40% 정도의 진한 생크림을 휘핑하여 사용하고, 보관 시 온도는 3~7℃가 좋으므로 0~5℃의 냉장온도에서 보관하는 것이 좋다. 단맛은 기호에 따라 휘핑 시 크림 100에 대하여 설탕 10~15%로 조절한다.

5 버터크림 136

버터에 시럽(설탕 100%에 물 25~30%를 넣고 114~118℃로 끓임)을 넣고 휘핑하여 크림상태로 만든다.

6 가나슈크림

80℃ 이상 끓여 살균한 생크림에 초콜릿을 1:1 비율로 섞어 만든다.

7 아이싱

장식 재료를 가리키는 명칭임과 동시에, 설탕을 위주로 한 재료를 빵·과자 제품에 덮거나 한 겹 씌우는 일을 말한다.

1) 아이싱의 종류와 특성

아이싱의 종류		아이싱의 특성
단순 아이싱 137		분설탕, 물, 물엿, 향료를 섞어 43℃의 되직한 페이스트 상태로 만든 것
크림 아이싱	퍼지 아이싱	설탕, 버터, 초콜릿, 우유를 주재료로 크림화시켜 만든 것
	퐁당 아이싱	설탕 시럽을 교반하여 기포를 넣어 만든 것
	마시멜로 아이싱	흰자에 설탕 시럽을 넣어 거품을 올려 만든 것

134 커스터드 크림의 재료에 속하지 않는 것은?
① 우유
② 계란
③ 설탕
❹ 생크림

135 생크림 보존 온도로 가장 적합한 것은?
① -18℃
② -5~-1℃
❸ 0~10℃
④ 15~18℃

136 다음 중 버터크림 당액 제조 시 설탕에 대한 물 사용량으로 알맞은 것은?
❶ 25%
② 80%
③ 100%
④ 125%

137 단순아이싱의 주재료가 아닌 것은?
① 분설탕
② 물
③ 물엿
❹ 흰자

2) 굳은 아이싱을 풀어주는 조치 [138]

① 아이싱에 최소의 액체를 넣는다.

② 35~43℃로 중탕한다.

③ 굳은 아이싱은 데우는 정도로 안 되면 설탕 시럽(설탕 2 : 물 1)을 넣는다.

3) 아이싱의 끈적거림을 방지하는 조치

① 젤라틴, 식물성 검 등 안정제를 사용한다.

② 전분, 밀가루 같은 흡수제를 사용한다.

8 글레이즈

과자류 표면에 광택을 내는 일 또는 표면이 마르지 않도록 젤라틴, 젤리, 시럽, 퐁당, 초콜릿 등을 바르는 일과 이런 모든 재료를 총칭한다.

> **TIP** 도넛과 케이크의 글레이즈는 45~50℃가 적당하고 도넛에 설탕으로 아이싱하면 40℃ 전후가 좋고 퐁당은 38~44℃가 좋다.

9 머랭

흰자를 거품 내어 만든 제품으로 공예 과자나 아이싱 크림으로 이용된다.

냉제 머랭 (프랜치 머랭)	흰자를 거품 내다가 설탕을 조금씩 넣으면서 튼튼한 거품체를 만든다. 이때 흰자 100, 설탕 200을 넣으며, 거품 안정을 위해 소금 0.5와 주석산 0.5를 넣기도 한다.
온제 머랭	흰자와 설탕을 섞어 43℃로 중탕 후 거품을 내다가 안정되면 분설탕을 섞는다. 이때 흰자 100, 설탕 200, 분설탕 20을 넣는다. 공예과자, 세공품을 만들 때 사용한다.
스위스 머랭	흰자(1/3)와 설탕(2/3)을 섞어 43℃로 중탕 후 거품내면서 레몬즙을 첨가하고, 나머지 흰자에 설탕을 섞어 거품을 낸 냉제 머랭을 섞는다. 하루가 지나도 사용가능하고 구웠을 때 광택이 난다.
이탈리안 머랭 [139]	흰자를 거품내면서 설탕 시럽(설탕 100에 물 30을 넣고 114~118℃ 끓임)을 부어 만든 머랭으로 무스나 냉과를 만들 때 사용하거나, 케이크 위에 장식으로 얹고 토치를 사용하여 강한 불에 구워 착색하는 제품을 만들 때 사용한다.

10 퐁당 [140]

설탕 100에 대하여 물 30을 넣고 114~118℃로 끓인 후 희뿌연 상태로 재결정화시킨 것으로 38~44℃에서 사용한다.

138 굳어진 설탕 아이싱 크림을 여리게 하는 방법으로 부적당한 것은?

① 설탕 시럽을 더 넣는다.

② 중탕으로 가열한다.

❸ 전분이나 밀가루를 넣는다.

④ 소량의 물을 넣고 중탕으로 가온한다.

139 이탈리안 머랭에 대한 설명 중 틀린 것은?

① 설탕양이 많으면 설탕의 일부를 제외하고 남은 설탕에 물을 넣어 끓인다.

② 흰자와 설탕 일부로 50% 정도의 머랭을 만든다.

❸ 뜨거운 시럽에 머랭을 넣으면서 거품을 올린다.

④ 강한 불에 구워 착색하는 제품을 만드는 데 알맞다.

140 퐁당(fondant)을 만들기 위하여 시럽을 끓일 때 시럽의 온도로 적당한 범위는?

① 72~78℃

② 102~105℃

❸ 114~118℃

④ 121~126℃

개인위생은 개인에게 민감하고 사소한 문제이지만 식품의 안전성에는
결정적인 영향을 끼치므로 식품의 채취, 제조, 가공, 조리 등에 종사하는
식품취급자들은 개인위생 관리에 신경을 써야 한다.

NCS 과자류제품 위생안전관리, 빵류제품 위생안전관리

제과기능사
제빵기능사
공통과목

★ Part 2 ★

빵류 · 과자류 위생관리
(위생안전관리)

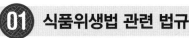

01 식품위생법 관련 법규

1 식품위생 개요

1 식품위생의 의의

W.H.O(세계보건기구)는 '식품위생이란 식품의 생육, 생산, 제조로부터 최종적으로 사람에게 섭취되기까지의 모든 단계에 있어서 식품의 안정성, 건전성, 완전 무결성을 확보하기 위한 모든 필요한 수단'이라고 표현했다.

2 식품위생의 대상

① 식품이란 모든 음식물을 말하나 의약으로 섭취하는 것은 예외로 한다.
② **식품위생의 대상범위** : 식품, 식품첨가물, 기구, 용기, 포장 **1**

3 식품위생의 목적

① 식품으로 인한 위생상의 위해 사고를 방지한다.
② 식품 영양의 질적 향상을 도모한다.
③ 식품에 관한 올바른 정보를 제공한다.
④ 국민보건의 향상과 증진에 이바지한다.

2 식품위생법 관련 법규

1 식품위생법과 관련 업종

1) 식품의약품안전처(KFDA)

식품, 의약품, 의료기기, 화장품, 의약외품, 위생용품, 마약 등의 안전관리에 관한 사무를 관장하는 국무총리실 산하 중앙행정기관이다.

2 식품 등의 공전

① 식품의약품안전처장은 식품 등의 공전을 작성하여 보급해야 한다. **2**
② **식품 등의 공전 내용**
 • 식품 또는 식품첨가물의 기준과 규격
 • 기구 및 용기·포장의 기준과 규격

1 식품위생법상의 식품위생의 대상이 아닌 것은?
① 식품
② 식품첨가물
❸ 조리 방법
④ 기구, 용기, 포장

2 식품위생법에서 식품 등의 공전은 누가 작성, 보급하는가?
① 보건복지부장관
❷ 식품의약품안전처장
③ 국립보건원장
④ 시·도지사

❸ 우리나라 식품위생법에서 정하고 있는 내용 ❸

1) 건강진단 및 위생교육

① 식품취급자는 연 1회 건강검진을 받아야 한다.

② 영업을 하려는 자는 미리 식품위생교육을 받아야 한다(조리사나 영양사의 면허를 받은 자는 제외).

2) 조리사 및 영양사의 면허

① 식품접객업 중 복어를 조리·판매하는 자는 자격증이 있는 복어조리사를 두어야 한다.

② 100명 이상의 집단급식소 운영자는 자격증이 있는 영양사를 두어야 한다.

3) 식중독에 관한 조사보고

① 의사, 한의사는 식중독 환자나 식중독이 의심되는 증세를 보이는 자의 혈액 또는 배설물을 보관하는 데 필요한 조치를 하고, 지체 없이 관할 시장, 군수, 구청장에게 보고해야 한다. ❹

② 시장, 군수, 구청장은 지체 없이 식품의약품안전처장 및 시·도지사에게 보고하고, 원인을 조사하여 보고한다.

❹ 식품관련 업종

1) 식품관련 영업의 종류

식품제조가공업, 즉석판매제조가공업, 식품첨가물제조업, 식품운반업, 식품소분판매업, 식품보존업, 용기포장류제조업, 식품접객업이 있다.

2) 식품접객업 ❺

휴게음식점영업, 일반음식점영업, 단란주점영업, 유흥주점영업, 위탁급식영업, 제과점영업

---

02 HACCP 등의 개념 및 의의

❶ HACCP의 정의 : 식품안전관리인증기준

① HACCP은 위해요소분석(Hazard Analysis)과 중요관리점(Critical Control Point)의 영문약자로서 해썹 또는 식품안전관리인증기준이라 한다.

HA	CCP
위해요소분석 원료와 공정에서 발생가능한 병원성 미생물 등 생물학적·화학적·물리적 위해요소를 분석	**중요관리점** 위해요소를 예방·제거 또는 허용 수준으로 감소시킬 수 있는 공정이나 단계를 중점관리

❸ 우리나라의 식품위생법에서 정하고 있는 내용이 아닌 것은?
❶ 건강기능식품의 검사
② 건강검진 및 위생교육
③ 조리사와 영양사의 면허
④ 식중독에 관한 조사보고

❹ 개인음식점 혹은 단체급식 등에서 식중독 발생 시 의사가 환자의 식중독이 확인되는 대로 가장 먼저 보고해야 할 사람은?
❶ 시장·군수·구청장
② 시·도지사
③ 식품의약품안전처장
④ 보건소장

❺ 다음 중 식품접객업에 해당되지 않는 것은?
❶ 식품냉동냉장업
② 유흥주점영업
③ 위탁급식영업
④ 일반음식점영업

② 식품의 원료, 제조·가공·조리 및 유통의 전 과정에서 위해물질이 해당식품에 혼입되거나 오염되는 것을 사전에 방지하기 위하여 각 과정을 중점적으로 관리하는 기준을 말한다.

③ 식품의약품안전처장은 식품안전관리인증기준(HACCP)을 식품별로 정하여 고시한다. 🟥6

2 HACCP의 12절차와 7원칙

🟥6 식품안전관리인증기준(HACCP)을 식품별로 정하여 고시하는 자는?
① 환경부장관
② 시장·군수·구청장
③ 보건복지부장관
❹ 식품의약품안전처장

🟥7 다음 중 HACCP적용의 7가지 원칙에 해당되지 않는 것은?
① 위해요소 분석
❷ HACCP팀 구성
③ 한계 기준 설정
④ 기록 유지 및 문서관리

03 공정별 위해요소 파악 및 예방

1 가열 전 일반제조공정

가열공정에서 생물학적 위해요소(식중독균 등)가 제거되므로, 일반적인 위생관리 수준으로 관리하는 공정이다.

1) 입고/보관

원·부재료의 외관상태 등을 확인하고 정상제품만 실온/냉장/냉동으로 구분하여 입고·보관하며, 냉장·냉동 원료가 온도기준이 이탈된 상태로 운송되거나 실온에서 오랫동안 방치될 경우 제품온도 상승으로 인해 세균이 증식될 수 있으므로 온도 기록관리가 필요하다.

2) 계량

제품별 배합비에 맞도록 각각 계량하여 용기에 담으며, 계량공정은 종업원이 직접 실시하는 작업이므로 종업원의 부주의로 식중독균의 교차오염, 사용도구에 의한 이물 등이 혼입되지 않도록 숙련된 종업원을 배치하여 철저히 관리한다.

3) 배합(반죽)

제품별 다양한 제법으로 재료를 균일하게 혼합하여 반죽하며, 믹서기를 이용하여 작업할 경우 믹서기의 노후 및 파손으로 인해 금속 파편이 제품에 혼입되지 않도록 매일 노후 상태나 파손된 부위가 없는지 확인·관리하여야 한다.

4) 성형

반죽의 종류에 따라 분할·정형·팬닝을 하며, 성형기를 이용하여 작업할 경우 성형기의 노후 및 파손으로 인해 금속 파편이 제품에 혼입되지 않도록 매일 노후 상태나 파손된 부위가 없는지 확인·관리하여야 한다.

❷ 가열 후 청결제조공정

가열공정에서 생물학적 위해요소(식중독균)가 제거되므로, 이러한 상태를 유지하기 위해 가열공정 이후부터 내포장 공정까지 보다 청결한 수준으로 관리하는 공정을 말하며, 안전한 제품을 생산하기 위해 가장 중요한 공정이다. 일반 제조공정 작업장과 청결 제조공정 작업장은 분리·구획을 원칙으로 하며, 부득이한 경우 교차오염의 방지를 위해 공정간 시간차를 두고 각 공정사이 세척·소독을 실시하는 등의 조치를 하여야 한다.

1) 가열

가열공정은 원재료나 가공원료(식품첨가물 등)에 존재할 수 있는 병원성 대장균, 살모넬라균, 장염 비브리오균, 황색포도상구균 등의 식중독균이나, 제조공정 중 위생처리를 하지 않은 종업원과 세척, 소독이 불충분하게 이루어진 설비에 의해 발생할 수 있는 교차오염을 관리하기 위한 중요관리점(CCP)으로 가열온도, 가열시간 관리를 통해 공정을 관리한다.

2) 냉각

가열된 제품은 상온에서 천천히 냉각한다. 냉장온도로 냉각하거나 급속히 냉각할 경우 제품의 노화가 일어나므로 유의하여야 한다. 냉각공정은 가열(굽기)공정 이후의 과정으로 가장 청결한 상태로 관리되어야 하는 공정이나, 따라서 개인위생을 준수하지 않은 상태로 작업에 임할 경우 종사자로 인해 식중독균 등에 오염될 수 있으므로 종사자는 반드시 개인위생을 준수하고 수시로 손을 세척, 소독을 실시하여야 한다. 또한 종사자는 마스크를 착용하고 필요 시 1회용 장갑 등을 착용하고 작업하도록 한다.

3) 내포장

부적절한 포장재 사용으로 인하여 화학물질이 제품에 오염될 수 있으므로 포장재에 대한 재질 확인 및 시험성적서 등을 입수하여 관리하며, 이상이 없는 것으로 확인된 제품을 내포장재에 담고, 중량을 확인한 뒤 내포장한다. 내포장 공정은 가열공정 이후의 과정으로 가장 청결한 상태로 관리되어야 하는 공정이다. 따라서 개인위생을 준수하지 않은 상태로 작업에 임할 경우 종업원으로 인해 병원성 대장균, 황색포도상구균 등의 식중독균을 오염시킬 수 있으므로 종업원은 반드시 개인위생을 준수하고 수시로 손을 세척, 소독을 실시하여야 한다. 또한 종업원은 마스크를 착용하고 필요 시 1회용 장갑 등을 착용하고 작업하도록 한다.

🔳 내포장 후 일반제조공정

포장된 상태로 제품을 취급하는 공정이기 때문에, 일반적인 위생관리 수준으로 관리하는 공정이다. 내포장 후 공정 중 금속검출공정은 원·부재료에서 유래될 수 있거나, 제조공정 중에 혼입될 수 있는 금속이물을 관리하기 위한 중요관리점(CCP)이다.

1) 금속검출

내포장 후 금속검출기를 통과하면서 철(Fe), 스테인리스 스틸(Sus) 등 금속이물을 검출한다.

2) 외포장

금속검출기를 통과한 제품을 컨베이어벨트를 통해 외포장실로 이송하여 외포장상자 등에 포장한다.

3) 보관 및 출고

외포장이 완료된 완제품을 파렛트에 5단 이하로 적재하여 창고에 보관한다.

04 식품첨가물

🔳 식품첨가물의 정의

식품을 제조·가공·조리 또는 보존하는 과정에서 감미, 착색, 표백 또는 산화방지 등을 목적으로 식품에 사용되는 물질이 식품첨가물이며, 식품첨가물의 규격과 사용기준은 식품의약품안전처장이 정한다.

🔳 식품첨가물의 조건 🔳

① 미량으로도 효과가 클 것
② 독성이 없거나 극히 적을 것
③ 무미, 무취, 자극성이 없을 것
④ 사용하기 간편하고 경제적일 것
⑤ 식품에 나쁜 이화학적 변화를 주지 않을 것
⑥ 공기, 빛, 열에 대한 안정성이 있을 것
⑦ 식품의 영양가를 유지할 것

🔳 식품첨가물의 종류 및 특징

① **방부제(보존료)** : 미생물의 번식으로 인한 식품의 변질을 방지하기 위해 사용
> 예 디하이드로초산, 프로피온산 칼슘, 프로피온산 나트륨, 안식향산, 소르브산 🔟

🔳 식품첨가물의 사용조건으로 바람직하지 않은 것은?
❶ 다량으로 충분한 효과를 낼 것
② 식품의 영양가를 유지할 것
③ 이미, 이취 등의 영향이 없을 것
④ 인체에 유해한 영향을 끼치지 않을 것

🔟 빵 및 케이크류에 사용이 허가된 보존료는?
① 탄산수소나트륨
② 포름알데히드
③ 탄산암모늄
❹ 프로피온산

② **살균제** : 미생물을 단시간 내에 사멸시키기 위한 목적으로 사용

　예 표백분, 차아염소산나트륨

③ **산화방지제** : 유지의 산패에 의한 이미, 이취, 식품의 변색 및 퇴색 등의 방지를 위해 사용되는 첨가물

　예 BHT, BHA, 비타민 E(토코페롤), 프로필갈레이드, 에르소르브산 **10**

④ **표백제** : 식품을 가공, 제조할 때 색소 퇴색, 착색으로 인한 품질 저하를 막기 위하여 미리 색소를 파괴시킴으로써 완성된 식품의 색을 아름답게 하기 위하여 사용

　예 과산화수소, 무수 아황산, 아황산나트륨

⑤ **밀가루 개량제** : 밀가루의 표백과 숙성 기간을 단축시키고, 제빵 효과의 저해 물질을 파괴시켜 품질을 개량하는 것

　예 과황산암모늄, 브롬산칼륨, 과산화벤조일, 이산화염소, 염소 **11**

⑥ **호료(증점제)** : 식품에 점착성 증가, 유화 안정성, 선도 유지, 형체 보존에 도움을 주며, 점착성을 줌으로써 촉감을 좋게 하기 위하여 식품에 첨가

　예 카세인, 메틸셀룰로오스, 알긴산나트륨

⑦ **착향료** : 후각신경을 자극함으로써 특유의 방향을 느끼게 하여 식욕을 증진시킬 목적으로 식품에 첨가

　예 멘톨, 계피알데히드, 벤질 알코올, 바닐린

⑧ **발색제** : 식품 중에 존재하는 유색물질과 결합하여 그 색을 안정화하거나 선명하고 발색되게 하는 물질

⑨ **착색료** : 인공적으로 착색시켜 천연색을 보완·미화하여, 식품의 매력을 높여 소비자의 기호를 끌기 위하여 사용되는 물질

　예 캐러멜, β-카로틴

⑩ **산미료** : 식품을 가공, 조리할 때 식품에 적합한 산미를 붙이고, 미각에 청량감과 상쾌한 자극을 주기 위하여 사용되는 첨가물

⑪ **영양강화제** : 식품에 영양소를 강화할 목적으로 사용

　예 비타민류, 무기염류, 아미노산류

⑫ **유화제(계면활성제)** : 물과 기름처럼 서로 혼합되지 않는 두 종류의 액체를 혼합할 때, 분리되지 않고 분산시키는 기능을 갖는 물질

　예 대두 인지질, 글리세린, 레시틴, 모노-디-글리세리드

⑬ **품질 개량제** : 햄, 소시지 등 식육 훈제품류에 결착성을 높여 씹을 때 식감을 향상시키며 변질·변색을 방지하게 하는 효과를 주는 첨가물

　예 피로인산나트륨, 폴리인산나트륨

⑭ **피막제** : 과일이나 채소류 표면에 피막을 만들어 호흡작용을 적당히 제한하고, 수분의 증발을 방지하는 목적으로 사용

　예 몰포린 지방산염, 초산 비닐수지

⑮ **소포제** : 식품 제조 공정 중 생긴 거품을 없애기 위해 첨가

　예 규소수지 1종

10 다음 중 산화방지제와 거리가 먼 것은?
① 부틸히드록시아니솔(BHA)
② 디부틸히드록시톨루엔(BHT)
③ 프로필갈레이드(propyl gallate)
❹ 비타민 A

11 밀가루 개량제가 아닌 것은?
① 과산화벤조일
② 과황산암모늄
❸ 염화칼슘
④ 이산화염소

⑯ **추출제** : 일종의 용매로서, 천연 식물에서 그 성분을 용해, 용출하기 위해 사용

⑰ **이형제** : 빵의 제조 과정에서 빵 반죽을 분할기에서 분할할 때나 구울 때 달라붙지 않게 하고, 모양을 그대로 유지하기 위하여 사용하는 것

　예 유동파라핀 **12**

4 식품첨가물의 사용량 결정기준

1) LD$_{50}$(Lethal Dose 50, 반수 치사량)

① 한 무리의 실험동물 중 50%를 사망시키는 독성물질의 양으로 독성을 나타내는 지표로 사용된다.

② LD$_{50}$ 값이 적을수록 독성이 높다. **13**

2) ADI(Acceptable Daily Intake, 1일 섭취 허용량) 14

식품첨가물, 농약 등 매일 섭취하더라도 장해가 인정되지 않는다고 생각되는 화학물질의 1일 섭취량을 의미한다.

12 빵의 제조과정에서 빵 반죽을 분할기에서 분할할 때나 구울 때 달라붙지 않게 하고 모양을 그대로 유지하기 위하여 사용되는 첨가물은?
① 프로필렌 글리콜
❷ 유동파라핀
③ 카세인
④ 대두인지질

13 어떤 첨가물의 LD$_{50}$의 값이 적다는 것은 무엇을 의미하는가?
❶ 독성이 크다.
② 독성이 적다.
③ 저장성이 적다.
④ 안전성이 크다.

14 식품첨가물의 사용량 결정에 고려하는 ADI란?
① 반수 치사량
❷ 1일 섭취 허용량
③ 최대 무작용량
④ 안전계수

01 개인위생 관리

1 개인위생 관리 사항

① 몸에서 쉽게 분리될 수 있는 머리핀, 귀걸이 등의 장신구는 음식에 들어 갈 수 있으므로 착용하지 않도록 한다.

② 설사증세가 있는 사람과 손에 화농성 질환이 있는 사람의 조리를 원칙적으로 금지해야 한다.

③ 종사자는 작업장 출입 전에 위생복장(위생복, 위생모자, 위생화 등)을 착용한다. 작업장 입실 시에는 위생복장에 묻어 있는 이물(머리카락, 실 등)을 제거하고, 손으로부터의 교차오염을 방지하기 위해 세척, 건조, 소독을 실시한다. 청결구역 위생복장을 착용한 상태에서는 제조 외의 식사, 화장실 출입, 운동, 외출 및 출퇴근 등 다른 활동을 금지하고 이를 철저히 관리하여야 한다.

④ 제품에 이물로 혼입될 수 있는 반지, 귀걸이, 시계 등 개인장신구, 담배, 필기구, 핸드폰 등 개인소지품 및 클립, 커터칼 등 사무용품은 작업장 입실 시 소지하지 않는다.

⑤ 원료나 제품을 직접 접촉하는 종사자는 연1회 정기적인 건강검진을 받아야 하고, 설사, 복통, 외상, 염증이 있을 경우에는 식품 제조 작업에 투입시키지 않는다.

⑥ 손과 손톱에는 많은 식중독균이 존재할 수 있기 때문에 교차오염 방지를 위해 항상 청결히 관리한다. 특히 청결구역 종사자는 작업 중 수시로 손, 팔 등을 소독한다.

⑦ 제품에 교차오염이 발생하는 것을 방지하기 위해 종사자는 귀, 입, 코, 머리와 같은 신체부위를 만지거나, 깨끗하지 않은 기구, 작업표면, 불결한 옷, 행주, 걸레 등을 만졌을 경우, 작업하는 품목이 변경되었을 경우 등에는 세척 및 소독을 실시하여야 한다.

1 식중독의 정의

식중독(food poisoning)이란 어떤 음식물을 먹은 사람들이 열을 동반하거나, 열을 동반하지 않으면서 구토, 식욕부진, 설사, 복통 등을 나타내는 경우이다.

2 식중독의 종류

세균성 식중독	감염형 식중독	살모넬라균, 장염 비브리오균, 병원성 대장균 등
	독소형 식중독	포도상구균, 보툴리누스균(클로스트리디움 보툴리눔), 웰치균 등
자연독 식중독	식물성 식중독	독버섯(무스카린), 감자(솔라닌), 면실유(고시폴), 독미나리(시큐톡신) 등
	동물성 식중독	복어(테트로도톡신), 섭조개·대합(삭시톡신), 모시조개·굴·바지락(베네루핀) 등
화학성 식중독	식품첨가물 식중독	유해 식품첨가물(유해방부제, 유해 인공 착색료, 유해표백제, 유해감미료 등)
	유해금속 식중독	납, 수은, 카드뮴, 비소 등
곰팡이독	아플라톡신 중독, 맥각 중독, 황변미 중독	
기타 식중독	알레르기 식중독, 바이러스성 식중독	

3 식중독의 예방방법 🔟

① 신선한 식품을 사용하고 충분한 세척을 한다.
② 위해동물이 해를 끼치지 못하도록 방충 및 방서망을 설치한다.
③ 식품 취급 시 손과 복장을 청결히 한다.
④ 잔여음식은 폐기한다.
⑤ 화농성 질환 종사자의 작업을 금한다.
⑥ 종사자는 정기적인 건강검진을 실시한다.
⑦ 식품은 저온 보관하며, 원료(재료)를 구입하여 신속히 조리하거나 식품을 조리할 때 장시간 방치하지 말고 신속히 섭취한다.

4 식중독의 종류와 특성

1) 세균성 식중독

감염형 식중독 🔟

식중독의 원인이 직접 세균에 의하여 발생하는 중독이다.

① **살모넬라(salmonela)균 식중독** : 통조림 제품류는 제외하고 어패류, 유가공류, 육류 등 거의 모든 식품에 의하여 감염된다. 어육류, 튀김 등 모든 식품(특히 육류)에 의하여 감염되며, 급성 위장염을 일으킨다.
② **장염 비브리오(vibrio)균 식중독** : 여름철에 어류, 패류, 해조류 등에 부착해서 감염, 구토, 상복부의 복통, 발열 설사가 나타난다(해수세균).

📕 식중독의 예방원칙으로 올바른 것은?
① 장기간 냉장보관
② 주방의 바닥 및 벽면의 충분한 수분유지
❸ 잔여음식의 폐기
④ 날음식, 특히 어패류는 생식할 것

📙 다음 중 감염형 식중독을 일으키는 것은?
① 보툴리누스균
❷ 살모넬라균
③ 포도상구균
④ 고초균

③ **병원성 대장균 식중독** : 환자나 보균자의 분변에 의해 감염되며, 설사, 식욕부진, 구토, 복통, 두통을 나타내며 치사율은 거의 없다.

독소형 식중독

식중독의 원인이 직접 세균이 분비하는 독소에 의하여 발생하는 중독이다.

① **포도상구균 식중독** : 화농에 황색 포도상구균이 있으며, 포도상구균 자체는 열에 약하나 이 균이 체외로 분비하는 독소인 엔테로톡신은 내열성이 강해 일반가열조리법 즉, 100℃에서 30분간 가열해도 파괴되지 않는다. 구토, 복통, 설사 등의 증상이 나타난다.

② **보툴리누스균 식중독(클로스트리디움 보툴리늄 식중독) 17** : 완전 가열 살균되지 않은 병조림, 통조림, 소시지, 훈제품 등을 섭취 시 발병한다. 균은 내열성 포자를 형성하여 100℃에서 6시간 정도의 가열 시 겨우 살균된다. 독소는 뉴로톡신이며, 80℃에서 30분 정도 가열로 파괴된다. 구토 및 설사, 호흡곤란, 신경마비 등의 증상이 나타나며 치사율이 가장 높아 사망에 이르기도 한다.

③ **웰치(welchii)균 식중독** : 감염경로는 식품 취급자, 하수, 쥐의 분변 등에 의한 식품의 오염이다. 증상은 심한 설사와 복통이 나타나며, 독소는 엔테로톡신이다. 아포는 열에 강하여 100℃에서 4시간 가열해도 살아남는다.

17 클로스트리디움 보툴리늄 식중독과 관련 있는 것은?
① 화농성 질환의 대표균
② 저온 살균처리로 예방
❸ 내열성 포자 형성
④ 감염형 식중독

TIP 세균성 식중독과 경구 감염병(소화기계 감염병)의 차이 18

구분	경구 감염병	세균성 식중독
필요한 균량	소량의 균이라도 숙주 체내에서 증식하여 발병	대량의 생균 또는 증식과정에서 생성된 독소에 의해서 발병
감염	2차 감염이 있다	2차 감염이 거의 없다
잠복기	일반적으로 길다	경구 감염에 비해 짧다
면역	면역이 성립되는 것이 많다	면역성이 없다

18 경구 감염병과 비교할 때 세균성 식중독의 특징은?
① 2차 감염이 잘 일어난다.
② 경구 감염병보다 잠복기가 길다.
③ 발병 후 면역이 매우 잘 생긴다.
❹ 많은 양의 균으로 발병한다.

2) 자연독 식중독

식물성 식중독

① **독버섯** : 무스카린
② **감자** : 발아 부위와 녹색 부위에 존재(독성분 : 솔라닌)
③ **기타 식물성 자연독**

청매, 은행, 살구씨	아미그달린	독보리	테물린
수수	두린	독미나리	시큐톡신
불순 면실유(목화씨)	고시폴	땅콩	플라톡신

동물성 식중독

① **복어** [19] : 테트로도톡신(장기와 특히 산란기 직전의 난소, 고환)

② **섭조개, 대합** : 삭시톡신

③ **모시조개, 굴, 바지락** : 베네루핀

3) 화학성 식중독

식품첨가물에 의한 식중독

① **유해 방부제** : 붕산, 포름알데히드(포르말린), 우로트로핀(urotropin), 승홍($HgCl_2$)

② **유해 인공 착색료** : 아우라민(황색 합성색소), 로다민 B(핑크색 합성 색소) [20]

③ **유해 표백제** : 롱가리트(감자, 연근, 우엉 등에 사용되는 일이 있으며 아황산과 다량의 포름알데히드가 잔류하여 독성을 나타낸다)

④ **유해 감미료** : 시클라메이트, 둘신, 페릴라틴, 에틸렌 글리콜

유해금속에 의한 식중독

① **납(Pb)**
  • 도료, 안료, 농약 등에서 오염, 수도관의 납관에서 수산화납이 생성되어 납 중독
  • 구토, 복통, 빈혈, 피로, 소화기 장애, 적혈구의 혈색소 감소, 체중감소 및 신장장애, 칼슘대사 이상과 호흡장애 유발

② **수은(Hg)(미나마타병)** [21] : 유기 수은에 오염된 해산물 섭취로 발생, 구토, 복통, 설사, 위장장해, 전신 경련

③ **카드뮴(Cd)(이타이이타이병)** : 카드뮴 공장폐수에 오염된 음료수, 오염된 농작물을 식용해서 발병, 신장장애, 골연화증

④ **비소(As)** : 밀가루로 오인하고 섭취하여 구토, 위통, 경련을 일으키는 급성 중독

4) **곰팡이 독** [22]

곰팡이의 대사산물 중 사람, 동물에게 질병이나 이상 생리작용을 유발하는 유독물질군으로 탄수화물이 풍부한 곡류에서 많이 발생하며 감염형이 아니어서 감염되지는 않는다. 종류에 따라 추울 때 생기는 것, 고온다습할 때 생기는 것 등 계절적인 경향을 보인다.

① **아플라톡신 중독**
  • 대표적인 곰팡이 독의 일종으로 식품에서 검출되지 않도록 엄격히 규제되고 있다.
  • 저장 시 수분 함량을 곡류는 13% 이하, 땅콩은 7% 이하로 유지하여 아플라톡신 중독을 억제한다.

② **맥각 중독** : 보리나 호밀에 곰팡이의 균핵이 들어있는 것을 맥각이라고 하는데, 이를 먹고 중독을 일으킨 것을 맥각 중독이라고 한다.

③ **황변미 중독**

- 쌀의 수분 함량이 14~15%만 되어도 곰팡이가 생육해 쌀을 황색으로 변하게 하는데 이러한 황변미를 먹고 중독을 일으킨 것을 황변미 중독이라고 한다.
- 황변미 현상을 방지하기 위해서는 저장 시 쌀의 수분 함량을 13% 이하로 유지해야 한다.

독소 23	중독증	신체부위별	원인식품
시트리닌	황변미 중독	신장독	쌀
에르고톡신	맥각 중독	자궁수축	호밀, 보리
아플라톡신	–	간장독	쌀, 보리, 옥수수, 땅콩
파툴린	–	신경독	상하거나 멍든 과일

5) 알레르기 식중독

원인균	모르간 균(프로테우스 균) 아미노산인 히스티딘이 모르간균의 증식으로 인해 분해되어 생성된 히스타민과 아민류를 섭취하면 발병
원인식품	신선도가 저하된 꽁치, 전갱이, 청어 등의 등푸른생선 등 24
오염경로	식이성 알레르기는 히스타민 성분에 면역계가 반응하지 못하여 일어남
잠복기	5분~1시간(평균 30분)
증상	안면홍조, 상반신 홍조, 두드러기, 두통 등
치료	수 시간에서 1일이 지나면 회복되거나 항히스타민제를 복용하면 바로 치료됨

6) 바이러스성 식중독

원인균	노로바이러스, 겨울철에 많이 발병
원인식품	수산물, 냉장식품, 채소류, 빙과류, 물 등
오염경로	오염 음식물을 섭취하거나 감염자와 접촉
잠복기	12~48시간
증상	오심, 구토, 설사, 두통 등
치료	완치되어도 바이러스를 방출하므로 3일 동안은 개인위생에 철저히 해야함

03 감염병의 종류·특징 및 예방 방법

1 감염병의 개요

1) 감염병

인간이나 동물에 세균, 바이러스, 리케차, 원충 등의 병원체가 침입하여 감염시키며, 사람끼리, 동물끼리, 혹은 사람과 동물 사이에 감염되는 질병을 말한다.

23 다음 중 곰팡이독이 아닌 것은?
① 아플라톡신
② 시트리닌
❸ 삭시톡신
④ 파툴린

24 알레르기성 식중독의 원인이 될 수 있는 가능성이 가장 높은 식품은?
① 오징어
❷ 꽁치
③ 갈치
④ 광어

2) 감염병의 발생 과정

① **병원체** : 인간과 동물에 병을 일으키는 원인이 되는 미생물로 세균, 바이러스, 리케차, 원충 등이 있다.

② **병원소** : 병원체가 생존 및 증식을 하여 사람에게 전파될 수 있는 상태로 저장되는 곳으로 사람, 동물, 곤충, 토양, 물 등이 있다.

③ **병원소로부터 병원체 탈출** : 인체에서 생존 및 증식을 한 미생물이 호흡기관과 소화기관을 통해 탈출한다.

④ **병원체 전파** : 직접 전파는 환자나 보균자의 손, 배설물, 식품, 침구나 옷을 통해 주변인에게 전파된다. 간접 전파는 병원균이 하천이나 우물물에 침입해 오염된 물을 먹어서 전파(수인성 감염), 위생동물에 의해 전파(매개 감염)된다.

⑤ **새로운 숙주에게 병원체 침입** : 소화기, 호흡기, 피부점막을 통해 인체에 침입한다.

⑥ **숙주의 감수성과 면역** : 숙주가 병원체에 대한 면역력이 강하면 감염되지 않으나, 감수성(면역력과 저항력이 약해 질병에 쉽게 걸리는 경향)이 예민하면 감염된다.

> **TIP 감염병 발생의 3대요소 25**
> 감염원(병인), 감염 경로(환경), 숙주의 감수성

25 질병 발생의 3대요소가 아닌 것은?
① 병인
② 환경
③ 숙주
❹ 항생제

3) 법정 감염병의 종류와 특성

구분	특징 및 종류
제1급	생물테러감염병 또는 치명률이 높거나 집단 발생의 우려가 커서 발생 또는 유행 즉시 신고하여야 하고, 음압격리와 같은 높은 수준의 격리가 필요한 감염병
	에볼라바이러스병, 마버그열, 라싸열, 크리미안콩고출혈열, 남아메리카출혈열, 리프트밸리열, 두창, 페스트, 탄저, 보툴리눔독소증, 야토병, 신종감염병증후군, 중증급성호흡기증후군(SARS), 중동호흡기증후군(MERS), 동물인플루엔자 인체감염증, 신종인플루엔자, 디프테리아
제2급	전파가능성을 고려하여 발생 또는 유행 시 24시간 이내에 신고하여야 하고, 격리가 필요한 감염병
	결핵, 수두, 홍역, 콜레라, 장티푸스, 파라티푸스, 세균성이질, 장출혈성대장균감염증, A형간염, 백일해(百日咳), 유행성이하선염, 풍진, 폴리오, 수막구균 감염증, b형헤모필루스인플루엔자, 폐렴구균 감염증, 한센병, 성홍열, 반코마이신내성황색포도알균(VRSA) 감염증, 카바페넴내성장내세균목(CRE) 감염증, E형간염, 엠폭스(MPOX)
제3급	발생을 계속 감시할 필요가 있어 발생 또는 유행 시 24시간 이내에 신고하여야 하는 감염병
	파상풍, B형간염, 일본뇌염, C형간염, 말라리아, 레지오넬라증, 비브리오패혈증, 발진티푸스, 발진열, 쯔쯔가무시증, 렙토스피라증, 브루셀라증, 공수병, 신증후군출혈열, 후천성면역결핍증(AIDS), 크로이츠펠트-야콥병(CJD) 및 변종크로이츠펠트-야콥병(vCJD), 황열, 뎅기열, 큐열, 웨스트나일열, 라임병, 진드기매개뇌염, 유비저, 치쿤구니야열, 중증열성혈소판감소증후군(SFTS), 지카바이러스 감염증, 매독

제4급	제1급감염병부터 제3급감염병까지의 감염병 외에 유행 여부를 조사하기 위하여 표본감시 활동이 필요한 감염병
	인플루엔자, 회충증, 편충증, 요충증, 간흡충증, 폐흡충증, 장흡충증, 수족구병, 임질, 클라미디아감염증, 연성하감, 성기단순포진, 첨규콘딜롬, 반코마이신내성장알균(VRE) 감염증, 메티실린내성황색포도알균(MRSA) 감염증, 다제내성녹농균(MRPA) 감염증, 다제내성아시네토박터바우마니균(MRAB) 감염증, 장관감염증, 급성호흡기감염증, 해외유입기생충감염증, 엔테로바이러스감염증, 사람유두종바이러스 감염증, 코로나바이러스감염증-19

[시행 2024. 1. 1.]

2 경구 감염병

감염자의 변이나 구토물이 감염원이 되어 식품, 식수 등 입을 통하여 세균이 체내에 침입한 후 장기간 잠복하면서 증식 발병하는 소화기계 감염병

1) 경구 감염병의 종류와 특성 26

장티푸스

① **감염경로** : 환자, 보균자와의 직접접촉, 식품을 매개로 한 간접접촉

② **잠복기** : 7~14일

③ **증상** : 두통, 오한, 40℃ 전후의 고열, 백혈구 감소 등을 일으키는 급성 전신성 열성질환 27

유행성 간염

① **감염경로** : 대변을 통한 경구감염, 손에 의한 식품의 오염, 물의 오염

② **잠복기** : 20~25일(가장 길다)

③ **증상** : 발열, 두통, 복통, 식욕부진, 황달

콜레라

① **감염경로** : 환자의 구토물과 환자, 보균자의 변에 오염된 식품, 음료수

② **잠복기** : 10시간~5일(가장 짧다)

③ **증상** : 설사, 구토, 갈증, 피부건조, 무뇨, 체온저하

세균성 이질 28

① **감염경로** : 환자, 보균자의 변에 의해 오염된 물, 우유, 식품, 파리

② **잠복기** : 2~3일

③ **증상** : 오한, 발열, 구토, 설사, 하복통

파라티푸스

① **감염경로** : 환자, 보균자와의 직접접촉, 식품을 매개로 한 간접접촉

② **잠복기** : 3~6일

③ **증상** : 고열 지속과 전신쇠약이 주 증세로 장티푸스와 흡사하며 가벼운 증상

26 다음 중 경구 감염병이 아닌 것은?
① 콜레라
② 이질
❸ 발진티푸스
④ 유행성 감염
해설 발진티푸스-경피 감염병

27 장티푸스 질환의 특성은?
① 급성 이완성 마비질환
❷ 급성 전신성 열성질환
③ 급성 간염 질환
④ 만성 간염 질환

28 다음 중 소화기계 감염병은?
❶ 세균성 이질
② 디프테리아
③ 홍역
④ 인플루엔자

디프테리아

① **감염경로** : 환자, 보균자의 비인후부의 분비물에 의해 오염된 식품을 통한 경구감염

② **잠복기** : 2~5일

③ **증상** : 편도선 이상, 발열, 심장장애, 호흡곤란

성홍열

① **감염경로** : 환자, 보균자의 분비물에 의해 오염된 식품을 통한 경구 감염

② **잠복기** : 1~7일

③ **증상** : 발열, 두통, 인후통, 발진

폴리오(급성회백수염, 소아마비)

① **감염경로** : 감염자의 변이나 이후 분비물에 오염된 식품을 통한 감염

② **잠복기** : 7~21일

③ **증상** : 구토, 두통, 위장증세, 뇌 증상, 근육통, 사지마비

> **TIP 병원체에 따른 감염병의 분류** 29
>
> – 세균성 감염병 : 세균성 이질, 장티푸스, 파라티푸스, 콜레라, 디프테리아
> – 바이러스성 감염병 : 유행성 간염, 폴리오, 천열, 전염성 설사증, 홍역
> – 원충성 감염병 : 아메바성 이질

2) 경구 감염병의 예방방법

경구 감염원에 대한 대책 30

① 환자를 조기 발견하여 격리 치료하고 접촉자의 대변을 검사한다.

② 보균자를 관리하고 식품취급을 금한다. 오염이 의심되는 식품은 폐기한다.

③ 식품취급자는 정기적으로 연 1회 건강진단을 받아야 하며, 개인위생 및 소독을 철저히 한다.

④ 식품취급자는 장신구를 착용하지 않으며, 화장실 사용 시 위생복을 착용하지 않는다.

감염 경로에 대한 대책 31

① 환자와 보균자의 배설물 및 주위환경을 소독한다.

② 하수도 시설을 완비하고, 수세식 화장실을 설치한다.

③ 상수도의 관리에 주의하고, 음료수와 식품의 위생을 유지한다.

④ 식기, 용기, 행주 등의 주방기구 소독을 철저히 한다.

⑤ 병에 걸린 이환된 고기는 폐기하고 공기소독 등 주위환경을 청결히 유지한다.

⑥ 병원체를 전파하는 매개동물인 위생동물을 박멸한다.

29 다음 중 병원체가 바이러스인 질병은?
❶ 유행성 간염
② 결핵
③ 발진티푸스
④ 말라리아

30 인체 유해 병원체에 의한 감염병의 발생과 전파를 예방하기 위한 올바른 개인위생관리로 가장 적합한 것은?
① 설사증상이 있을 때는 약을 복용한 후 식품을 취급한다.
② 식품 취급 시 장신구는 순금 제품을 착용한다.
③ 식품 작업 중 화장실 사용 시에 위생복을 착용한다.
❹ 정기적으로 건강검진을 받는다.

31 경구 감염병의 예방법으로 가장 부적당한 것은?
❶ 모든 식품은 일광소독한다.
② 감염원이나 오염물을 소독한다.
③ 보균자의 식품취급을 금한다.
④ 주위환경을 청결히 한다.

① 건강유지로 저항력의 향상에 노력하며 예방접종을 철저히 해서 면역력을 증강시킨다.

② 의식전환운동, 계몽활동, 위생교육 등을 정기적으로 실시한다.

3 인수공통감염병

동물에 감염되는 병원체가 동시에 사람에게도 전염되어 감염을 일으키는 질병

1) 인수공통감염병의 종류와 특성 32

① **탄저병** : 소, 말, 양 등의 포유동물

② **야토병** : 산토끼, 양 등

③ **파상열(브루셀라증)** : 소, 돼지, 산양, 개, 닭 등

④ **돈단독** : 돼지

⑤ **결핵** : 소, 산양 등

⑥ **Q열** : 쥐, 소, 양 등

> **TIP** **불안전 살균우유로 감염되는 병** 33
>
> 결핵, Q열, 파상열 등

2) 인수공통감염병의 예방 방법

① 가축의 예방접종과 우유의 멸균처리를 철저히 한다.

② 외국으로부터 유입되는 가축은 항구나 공항 등에서 검역을 철저히 한다.

4 기생충 감염

매개체	기생충의 종류	감염경로		
채소류	요충	직장 내에서 기생하는 성충이 항문 주위에 산란, 경구 침입		
	회충 34	손, 파리, 바퀴벌레 등에 의해 식품이나 음식물에 오염되어 경구 침입		
	구충(십이지장충)	경구감염 및 경피감염(감염형 피낭유충)		
	동양모양선충(동양털회충)	위, 십이지장, 소장에 기생		
	편충	맹장에 기생, 빈혈과 신경증, 설사증 유발		
어패류	간디스토마(간흡충)	제1중간숙주 : 왜우렁이	제2중간숙주 : 민물고기 (잉어, 참붕어 등)	
	폐디스토마(폐흡충)	제1중간숙주 : 다슬기 35	제2중간숙주 : 가재, 게	
	요코가와흡충(횡천흡충)	제1중간숙주 : 다슬기	제2중간숙주 : 민물고기 (은어)	
	광절열두조충(긴촌충)	제1중간숙주 : 물벼룩	제2중간숙주 : 연어, 숭어	

32 다음 중 인수공통감염병은?
❶ 탄저병
② 콜레라
③ 세균성 이질
④ 장티푸스

33 오염된 우유를 먹었을 때 발생할 수 있는 인수공통감염병이 아닌 것은?
① 파상열
② 결핵
③ Q열
❹ 야토병

34 다음 중 채소를 통해 감염되는 기생충은?
① 광절열두조충
② 선모충
❸ 회충
④ 폐흡충

35 폐디스토마의 제1중간숙주는?
① 돼지고기
② 소고기
③ 참붕어
❹ 다슬기

육류	유구조충(갈고리촌충)	돼지고기를 생식하는 지역에서 감염
	무구조충(민촌충)	소고기를 생식하는 지역에서 감염
	선모충	쥐 → 돼지고기로부터 감염

5 위생동물

1) 위생동물
식중독 미생물을 보유한 파리, 나방, 진드기, 쥐, 바퀴벌레 등의 감염원으로 인간의 건강을 해치는 유해동물을 말한다.

2) 위생동물의 일반적 특성 36
① 식성범위가 넓어 음식물과 농작물에 피해가 크다.
② 발육기간이 짧고 병원성 미생물을 식품에 감염시키는 것도 있다.

3) 위생동물의 종류와 질병

위생동물	질병
모기	말라리아, 일본뇌염, 황열, 사상충증
이	재귀열, 발진티푸스
바퀴벌레	장티푸스
진드기	쯔쯔가무시병, 유행성출혈열
쥐 37	신증후군출혈열(유행성출혈열), 렙토스피라증, 쯔쯔가무시병, 페스트
벼룩	발진열, 페스트
파리	콜레라, 장티푸스, 파라티푸스, 세균성 이질

4) 파리 및 모기의 구제
① 발생초기에 구제하는 것이 성충구제보다 효과적이며 생태습성에 따라 구제한다.
② 가장 이상적 방법은 발생원인인 쓰레기, 화장실, 퇴비, 축사 등의 위생관리를 철저히 하는 것이다.

36 위생동물의 일반적인 특성이 아닌 것은?
① 식성범위가 넓다.
② 음식물과 농작물에 피해를 준다.
③ 병원미생물을 식품에 감염시키는 것도 있다.
❹ 발육기간이 길다.

37 쥐를 매개체로 감염되는 질병이 아닌 것은?
❶ 돈단독증
② 쯔쯔가무시병
③ 신증후군출혈열(유행성출혈열)
④ 렙토스피라증

01 직업환경 위생관리

1 작업환경 위생관리 사항

작업환경 중의 각종 유해요인을 제거하여 근로자의 건강장해를 방지하기 위한 기본이 되는 대책

① 유해한 원재료의 사용중지보다 유해성이 적은 원재료로 대체한다.

② 기계, 공구 등의 개량, 생산 공정, 공법변경 등 생산기술에 관한 조치와 발생원인의 밀폐·자동화·격리와 국소배기장치, 전체 환기장치의 설치 등 환경기술적인 대책

③ 제조과정상 발생할 수 있는 오염을 최소화하기 위해 청결구역을 분리한다. 청결구역은 가열공정 이후부터 내포장 공정까지가 해당된다. 분리가 어려울 경우 청결구역의 위치를 정하여 바닥 등에 선을 이용하여 구분한다. 이 경우에는 청결구역작업과 다른 작업이 동시에 이루어지지 않도록 시간차를 두어 교차오염이 발생하지 않도록 관리한다.

④ 작업장 내에서 옷을 갈아입게 되면 제품에 이물이 혼입되거나, 식중독균이 교차오염될 수 있기 때문에, 작업장 외부에 옷을 갈아입을 수 있는 공간을 정한다. 또한 일반 외출복장과 깨끗한 위생복장을 같은 공간에 보관할 경우 교차오염이 발생할 수 있기 때문에 구분하여 보관한다.

⑤ 작업장(출입문, 벽, 창문, 천장 등)은 누수, 외부의 오염물질이나 해충, 설치류 등의 유입을 차단할 수 있도록 밀폐 가능한 구조여야 한다.

⑥ 외부로 개방된 흡·배기구 등에는 여과망이나 방충망 등을 부착하여야 한다.

⑦ 작업장은 방충, 방서 관리를 위하여 해충이나 설치류 등의 유입이나 번식을 방지할 수 있도록 관리하여야 하고, 유입 여부를 정기적으로 확인하여야 한다.

⑧ 작업장 내에서 해충이나 설치류 등의 규제를 실시할 경우에는 정해진 위생 수칙에 따라 공정이나 식품의 안전성에 영향을 주지 아니하는 범위 내에서 적절한 보호 조치를 취한 후 실시하며, 작업 종료 후 식품 취급시설 또는 식품에 직·간접적으로 접촉한 부분은 세척 등을 통해 오염 물질을 제거하여야 한다.

02 소독제

■ 소독과 살균의 차이점

1) 소독 38

병원균을 대상으로 병원 미생물을 죽이거나 병원 미생물의 병원성을 약화시켜 감염을 없애는 일

2) 살균

병원 미생물 뿐 아니라 모든 미생물을 사멸시켜 완전한 무균상태가 되도록 하는 일

■ 물리적 소독·살균 방법

1) 열을 이용한 방법

① **열탕 소독법** : 조리기구, 용기, 식기 등의 살균·소독에 이용, 100℃(비등상태)에서 30분 이상 끓여야 한다. 열탕의 온도를 일정하게 유지해야 한다. 일명 자비 소독이다.

② **증기 소독법** : 증기발생 장치로 세척할 조리대나 조리기구에 생증기를 뿜어 살균한다.

2) 자외선을 이용하는 방법 39

자외선을 방사하는 장치인 자외선 살균등을 이용하여 조리실의 물이나 공기·용액의 살균, 도마·조리기구의 표면을 살균한다.

■ 소독제의 종류 및 특성

① **염소** : 상수원(수돗물) 소독에 이용되며 자극성 금속의 부식성이 있다.

② **차아염소산나트륨** : 음료수, 조리기구, 설비소독에 이용된다.

③ **석탄산(페놀) 용액** : 손, 의류, 오물, 조리기구 등의 소독에 이용되며 순수하고 살균이 안정되어 다른 소독제의 살균력 표시 기준으로 쓰인다.

④ **역성비누** : 무독성으로 살균력이 강하여 공장의 소독 및 종업원의 손을 소독할 때나 식품, 식기류 등에 사용한다. 40

⑤ **과산화수소** : 3% 수용액을 피부, 상처 소독에 사용한다.

⑥ **알코올** : 70% 수용액을 금속, 유리, 조리기구, 손 소독에 사용한다.

⑦ **크레졸 비누액** : 50% 비누액에 1~3% 수용액을 섞어 오물 소독, 손 소독 등에 사용한다.

⑧ **포르말린** : 30~40% 수용액을 오물 소독에 이용한다.

38 소독을 가장 올바르게 설명한 것은?
❶ 병원 미생물을 죽이거나 병원성을 약화시켜 감염력을 없애는 것
② 미생물의 사멸로 무균상태를 만드는 것
③ 오염된 물질을 깨끗이 닦아내는 것
④ 모든 미생물을 전부 사멸시키는 것

39 다음 중 작업공간의 살균에 가장 적당한 것은?
❶ 자외선 살균
② 적외선 살균
③ 가시광선 살균
④ 자비 살균

40 소독력이 강한 계면활성제로서 종업원의 손을 소독할 때나 용기 및 기구의 소독제로 알맞은 것은?
① 석탄산
② 과산화수소
❸ 역성비누
④ 크레졸

03 미생물의 종류와 특징 및 예방 방법 41

단세포 또는 균사의 형태인 생물로서, 육안으로 볼 수 없는 미세한 생물 균을 말한다.

1 세균(Bacteria)

1) 세균의 형태 분류 42

① **구균** : 단구균, 쌍구균, 연쇄상구균, 포도상구균
② **간균** : 결핵균 등
③ **나선균** : 나사모양의 나선 형태

2) 세균의 종류

① **비브리오(vibrio)속** : 무아포, 혐기성 간균이다. 콜레라균, 장염 비브리오균 등이 있다.
② **락토바실루스(lactobacillus)속** : 간균으로 당류를 발효시켜 젖산을 생성하므로 젖산균이라고도 한다.
③ **바실루스(bacillus)속** : 호기성 간균으로, 아포를 형성하며 열 저항성이 강하다. 토양 등 자연계에 널리 분포하며, 전분과 단백질 분해작용을 갖는 부패세균이다. 빵의 점조성 원인이 되는 로프균이 이에 속한다.
④ **리케차(rickettisa)** : 세균과 바이러스의 중간 형태에 속하며, 구형, 간형 등의 형태로 발진열, 발진티푸스 등이 있다.

> **TIP 로프균 43**
> – 제과제빵 작업 중 99℃의 제품 내부온도에서도 생존하며, 전분과 단백질을 분해하는 부패세균이다.
> – 내열성이 강하여 최고 200℃에서도 죽지 않고 치사율이 높다.
> – 산에 약하여 pH 5.5의 약산성에도 모두 사멸한다.
> – 점조성을 갖는 점질물을 만들기 때문에 점질균이고, bacillus subtilis라고 불린다.

2 진균류(True Fungi)

1) 곰팡이(mold)

무성 포자나 유성 포자가 있어 식품 변패 원인이 된다. 술, 된장, 간장 등 양조에 이용되는 누룩곰팡이처럼 유용한 것도 있다.

2) 효모(yeast)

단세포의 진균으로 구형, 난형, 타원형 등 여러 형태를 한 미생물이다. 세균보다 크기가 크다. 출아에 의하여 무성 생식법으로 번식하며 비운동성이다.

41 세균, 곰팡이, 효모, 바이러스의 일반적 성질에 대한 설명으로 옳은 것은?
① 세균은 주로 출아법으로 그 수를 늘리며 술 제조에 많이 사용한다.
② 효모는 주로 분열법으로 그 수를 늘리며 식품 부패에 가장 많이 관여하는 미생물이다.
❸ 곰팡이는 주로 포자에 의하여 그 수를 늘리며 빵, 밥 등의 부패에 많이 관여하는 미생물이다.
④ 바이러스는 주로 출아법으로 그 수를 늘리며 효모와 유사하게 식품부패에 관여하는 미생물이다.

42 세균의 대표적인 3가지 형태 분류에 포함되지 않는 것은?
① 구균
② 나선균
③ 간균
❹ 페니실린균

43 제과제빵 작업 중 99℃의 제품 내부온도에서도 생존할 수 있는 것은?
① 대장균
② 살모넬라균
❸ 로프균
④ 리스테리아균

③ 바이러스(Virus)

① 미생물 중에서 가장 작은 것으로, 살아있는 세포 중에서만 생존하며, 형태와 크기가 일정하지 않고, 순수 배양이 불가능하다.

② 천연두, 인플루엔자, 일본뇌염, 광견병, 소아마비 등이 있다.

④ 교차오염

오염되지 않은 식재료나 음식이 이미 오염된 식재료, 조리기구, 종사자와의 접촉 또는 작업과정에 혼입되어 병원성 미생물의 전이가 일어나 오염되는 것을 말한다.

1) 교차오염의 예방방법 44

① 작업장은 가능한 한 넓은 면적을 확보하고, 작업 흐름을 일정한 방향으로 배치한다.

② 조리 전의 육류와 채소류는 접촉되지 않도록 구분한다.

③ 원재료와 완성품을 구분하여 뚜껑이 있는 청결한 용기에 덮개를 덮어서 보관한다.

④ 원재료 보관 시 바닥과 벽으로부터 일정거리를 띄워 보관한다.

⑤ 칼, 도마 등의 기구나 용기는 식품별로 구분하여 사용한다.

⑥ 식자재와 비식자재를 함께 식품 창고에 보관하지 않는다.

⑦ 위생복을 식품용과 청소용으로 구분하여 사용한다.

⑧ 철저한 개인위생 관리와 손 씻기를 생활화한다.

44 식자재의 교차오염을 예방하기 위한 보관 방법으로 잘못된 것은?
① 원재료와 완성품을 구분하여 보관
② 바닥과 벽으로부터 일정거리를 띄워 보관
③ 뚜껑이 있는 청결한 용기에 덮개를 덮어서 보관
❹ 식자재와 비식자재를 함께 식품창고에 보관

04 방충·방서 관리

해로운 벌레가 침범하여 해를 끼치지 못하도록 도구를 설치하거나 시설을 관리하여 피해를 막는다.

① 배수구 및 트랩에는 0.8cm 이하의 그물망을 설치한다.

② 시설바닥의 콘크리트 두께는 10cm 이상, 벽은 15cm 이상으로 시공한다.

③ 내벽과 지붕과의 경계면에는 15cm 이상의 금속판을 부착한다.

④ 문틈은 0.8cm 이하, 창의 하부에서 지상까지 간격은 90cm 이상이 되도록 한다.

⑤ 침입 및 서식 흔적이 있는지 정기적으로 점검한다.

⑥ 배수구는 시설에서 멀리 떨어진 곳에 설치한다.

⑦ 해충의 서식 방지를 위해 작업장 주변에 음식물폐기물이 방치되지 않도록 관리하고, 작업종료 후에 폐기물처리업체를 통해 폐기물을 처리한다. 주기적으로 폐기물 제거가 어려운 경우에는 폐기물을 밀폐하여 보관하고, 방역작업을 실시하여 해충이 번식하지 않도록 한다.

⑧ 해충이 제품에 혼입되는 것을 방지하기 위해 작업장(출입문, 창문, 벽, 천장 등)은 해충이나 설치류가 침입하지 못하도록 관리하고, 환기 시설이 가동되지 않을 때 해충이나 설치류가 유입되지 않도록 방충 망 등을 이용하여 관리한다.

⑨ 작업장에는 포충등(일반작업장 내부), 바퀴트랩(일반작업장 내부), 페로몬패치트랩(일반작업장 내부) 및 쥐덫(일반작업장 내·외부 및 창고) 등을 설치하여 유입된 해충이나 설치류의 개체수를 확인, 점검 한다. 개체수가 평소보다 많이 발생한 경우 작업장의 전체적인 밀폐 여부를 확인, 점검 및 개선조치하고, 작업장 배수로 청소 등을 실시하 거나, 작업장 및 작업장 주변에 대한 방역을 실시한다.

⑩ 창에는 방충, 방서용 금속망을 설치해야 하며, 크기는 30메쉬(mesh) 가 적당하다. 45

45 작업장의 방충, 방서용 금속 망의 그물로 적당한 크기는?
① 5mesh
② 15mesh
③ 20mesh
❹ 30mesh

Chapter 4 → 공정 점검 및 관리

제조공정에서 위해 요소를 예방, 제거하거나 허용 수준 이하로 감소시켜 제품의 안전성을 확보하기 위하여 중점적으로 관리하는 공정이나 단계를 중요 관리지점(CCP : Critical Control Point)이라고 한다.

01 공정의 이해 및 관리

식품의 원재료 생산에서 최종소비자가 섭취하기 전까지 각 단계에서 생물학적, 화학적, 물리적 위해요소가 해당식품에 혼입되거나 오염되는 것을 방지하기 위한 위해관리 시스템으로 재료를 배합, 성형 후 가열 등의 공정을 거쳐 생산된 제품으로 원료 취급과정에서의 오염이나 불충분한 가열, 교차오염 등으로 식중독균에 오염되거나, 원료 및 제조과정에서 이물이 혼입될 수 있다. 그래서 이러한 위험 요소를 예방하기 위해서 반드시 지켜져야 하는 공정이 가열공정이며, 별도로 내포장 이후 금속 및 이물 혼입여부도 반드시 체크되어야 한다.

1 작업환경 관리

❶ 작업환경 점검 46 47

① 제과·제빵 공정상의 조도기준

작업내용	표준조도(lux)	한계조도(lux)
장식(수작업), 마무리 작업	500	300~700
계량, 반죽, 정형	200	150~300
굽기, 포장, 장식	100	70~150
발효	50	30~70

② 매장과 주방의 크기는 1:1이 이상적이다.
③ 공장은 제조공정의 특성상 온도와 습도의 영향을 받으므로 바다 가까운 곳은 멀리한다.
④ 창의 면적은 바닥면적을 기준으로 30%가 좋다.
⑤ 바닥은 미끄럽지 않고 배수가 잘되어야 한다. 공장 배수관의 최소내경은 10cm 정도가 적당하다.
⑥ 방충, 방서용 금속망은 30메시(mesh)가 적당하다.

46 일반적인 제과작업장의 시설 설명으로 잘못된 것은?
❶ 조명은 50룩스 이하가 좋다.
② 방충, 방서용 금속망은 30메시가 적당하다.
③ 벽면은 매끄럽고 청소하기 편리해야 한다.
④ 창의 면적은 바닥면적을 기준으로 30% 정도가 좋다.

47 주방설계에 있어 주의할 점이 아닌 것은?
① 주방 내의 여유공간을 확보한다.
② 가스를 사용하는 장소에는 환기시설을 갖춘다.
③ 종업원의 출입구와 손님용 출입구는 별도로 하여 재료의 반입은 종업원 출입구로 한다.
❹ 주방의 환기는 소형의 여러 개를 설치하는 것보다 대형의 환기장치 1개를 설치하는 것이 좋다.

⑦ 종업원의 출입구와 손님의 출입구는 별도로 하여 재료의 반입을 종업원 출입구로 한다.

⑧ 주방의 환기는 소형의 환기장치를 여러 개 설치하여 주방의 공기오염 정도에 따라 가동률을 조정하고 가스를 사용하는 장소에는 환기 덕트를 설치해야 한다.

❷ 작업자의 위생점검

① 위생복·위생모자·위생화 등을 착용하고 개인소지품은 반입을 금한다.

② 화농성 질환이 있거나 설사를 하지 않는지 점검한다.

③ 손은 자주 세척하고 소독하여 청결한 상태를 유지한다.

④ 조리 중에는 대화를 하지 않도록 한다.

⑤ 정기적으로 위생교육을 받아야 하며 정기검진을 받아야 한다.

2 생산관리

❶ 생산관리의 개요

경영기구에 있어서 사람(man), 재료(material), 자금(money)의 3요소를 유효적절하게 사용하여 좋은 물건을 저렴한 비용으로 필요한 물량을 필요한 시기에 만들어내기 위한 관리 또는 경영을 위한 수단과 방법을 말한다.

① **생산 활동의 구성요소(5M)** : 사람(man), 기계(machine), 재료(material), 방법(method), 관리(management)

② **기업 활동의 구성요소**(제과 생산관리의 구성요소에도 적용됨)

제1차 관리	Man(사람 질과 양), Material(재료, 품질), Money(자금, 원가) 48
제2차 관리	Method(방법), Minute(시간, 공정), Machine(기계, 시설), Market(시장)

❷ 생산계획의 개요

수요 예측에 따라 생산의 여러 활동을 계획하는 일을 생산계획이라 하며, 상품의 종류, 수량, 품질, 생산시기, 실행 예산 등을 구체적이고 과학적으로 계획·수립하는 것을 말한다.

① **원가의 구성요소** 49
- 직접비(직접원가) = 직접재료비 + 직접노무비 + 직접경비
- 제조원가 = 직접비 + 제조간접비
- 총원가 = 제조원가 + 판매비 + 일반관리비

② **원가를 계산하는 목적**
- 이익을 산출하기 위해서
- 판매가격을 결정하기 위해서
- 원가관리를 위해서

48 다음 중 제과 생산관리에서 제1차 관리의 3대 요소가 아닌 것은?
① 사람(Man)
② 재료(Material)
❸ 방법(Method)
④ 자금(Money)

49 원가의 구성에서 직접원가에 해당되지 않는 것은?
① 직접재료비
② 직접노무비
③ 직접경비
❹ 직접판매비

③ 손익분기점

일정기간 매출액이 총비용과 일치하여 이익도 손실도 생기지 않는 지점으로 매출액이 그 이하로 감소하면 손실이 나며 그 이상으로 증대하면 이익을 가진다.

$$\text{손익분기점 매출액} = \text{고정비} \div \left(1 - \frac{\text{변동비}}{\text{매출액}}\right)$$

$$\text{손익액} = \text{매출액} \times \left(1 - \frac{\text{변동비}}{\text{매출액}}\right) - \text{고정비}$$

3 원가를 절감하는 방법

① 원료비의 원가절감

- 구매 관리는 철저히 하고 가격과 결제방법을 합리화한다.
- 원재료의 배합설계와 제조 공정 설계를 최적 상태로 하여 생산 수율(원료 사용량 대비 제품 생산량)을 향상시킨다.
- 원료의 선입선출 관리로 불량품 감소 및 재료 손실을 최소화한다.
- 공정별 품질관리를 철저히 하여 불량률을 최소화한다.

② **작업관리를 개선하여 불량률을 감소시켜 원가절감**

- 작업자 태도의 점검 : 작업표준이나 작업 지시 등의 내용기준을 설정하여 수시로 점검한다.
- 기술 수준 향상과 숙련도 제고 : 적정 기술 보유자를 필요공정에 배치하거나 교육기관을 통해 교육을 실시한다.
- 작업 여건의 개선 : 작업 표준화를 실시하고 작업장의 정리, 정돈과 적정 조명을 설치한다.

③ **노무비의 절감** 50

- 표준화와 단순화를 계획한다.
- 생산의 소요시간, 공정시간을 단축한다.
- 생산기술 측면에서 제조방법을 개선한다.
- 설비관리를 철저히 하여 기계가 멈추는 일이 없도록 신경을 써서 가동률을 높인다.

50 노무비를 절감하는 방법으로 바람직하지 않은 것은?
① 표준화
② 단순화
❸ 설비 휴무
④ 공정시간 단축

02 설비 및 기기

1 설비 및 기기의 종류

1 제과제빵용 설비기기

1) 믹서의 종류

① **수평형 믹서** : 많은 양의 빵 반죽을 만들 때 사용한다. 다른 종류의 믹

서처럼 반죽의 양은 전체 반죽통 용적의 30~60%가 적당하다.

② **수직형 믹서(버티컬 믹서)** : 소규모 제과점에서 제빵, 제과 반죽을 동시에 만든다. **51**

③ **스파이럴 믹서** : 나선형 훅이 내장되어 있어 프랑스빵, 독일빵, 토스트 브레드와 같이 된 반죽이나 글루텐 형성능력이 다소 떨어지는 밀가루로 빵을 만들 때 적합하다.

④ **에어믹서** : 과자반죽에 일정한 기포를 형성시키는 제과 전용 믹서이다.

⑤ **믹서 부속 기구** **52**
- 믹서 볼 : 반죽을 하기 위해 재료들을 섞는 원통형의 기구
- 반죽날개 : 믹서 볼에서 여러 재료를 섞어 반죽을 만드는 역할을 하는 기구

반죽날개의 종류	반죽날개의 특징
휘퍼(whipper)	계란이나 생크림을 거품 내는 기구
비터(beater)	반죽을 교반하거나 혼합하고 유연한 크림으로 만드는 기구
훅(hook)	밀가루 단백질들을 글루텐으로 생성, 발전시키는 기구

2) 파이롤러 **53**

반죽의 두께를 조절하면서 반죽을 밀어 펼 수 있는 기계이다. 제조 가능한 제품들에는 스위트 롤, 퍼프 페이스트리, 데니시 페이스트리, 케이크 도넛 등이 있다.

3) 오븐

반죽을 넣고 온도를 설정하여 익히고 색을 내어 제품으로 만드는 기계를 말한다.

종류	특징
데크 오븐	반죽을 넣는 입구와 제품을 꺼내는 출구가 같은 "단 오븐"으로 소규모 제과점에서 많이 사용된다.
터널 오븐 **54**	반죽이 들어가는 입구와 제품이 나오는 출구가 서로 다른 오븐으로 대량 생산 공장에서 많이 사용된다.
컨백션 오븐	팬으로 열을 강제 순환시켜 반죽을 균일하게 착색시켜 제품으로 만든다.

4) 튀김기 : 자동온도조절장치로 일정한 온도를 유지해 가며 빵류·과자류 제품을 튀길 수 있다.

5) 데포지터 : 크림이나 과자반죽을 일정한 모양짜기로 성형하여 팬닝한다.

6) 도우 콘디셔너 : 빵류의 반죽을 냉장, 냉동, 해동, 발효하는데 이용하며 전자식 프로그램에 의하여 자동으로 온도 및 시간 조절이 가능하다.

51 일반적으로 작은 규모의 제과점에서 사용하는 믹서는?
❶ 수직형 믹서
② 수평형 믹서
③ 스파이럴 믹서
④ 커터 믹서

52 믹서의 부속 기구가 아닌 것은?
① 훅
❷ 스크래퍼
③ 비터
④ 휘퍼

53 다음 중 파이롤러를 사용하기에 부적합한 제품은?
① 데니시 페이스트리
② 케이크 도넛
③ 퍼프 페이스트리
❹ 브리오슈

54 대량 생산 공장에서 많이 사용하는 오븐으로 반죽이 들어가는 입구와 제품이 나오는 출구가 서로 다른 오븐은?
① 데크 오븐
❷ 터널 오븐
③ 컨백션 오븐
④ 로터리 래크 오븐

7) 발효기 : 빵류 반죽을 발효시키는데 사용되며 온도, 습도 조절이 가능하다. 건조 발효기, 습윤 발효기, 건조 습윤 혼합 발효기 등이 있다.

2 제과제빵용 도구

① **스크래퍼(scraper)** : 반죽을 분할하고 한데 모으며, 작업대에 들러붙은 반죽을 떼어낼 때 사용하는 도구 **55**

② **스쿱(scoop)** : 밀가루나 설탕 등을 손쉽게 퍼내기 위한 도구

③ **고무주걱(rubber scraper)** : 믹싱볼이나 비터, 거품기에 붙어 있는 반죽을 긁어내거나 반죽 윗면을 평평하게 고를 때, 반죽을 짤주머니로 옮길 때 쓰는 도구

④ **스패튤라(spatula)** : 케이크 등을 아이싱하기 위한 도구

⑤ **케이크 회전 작업대(돌림판)** : 둥그런 케이크류를 올려놓고 아이싱 작업을 할 때 사용

⑥ **스파이크 롤러(spiked roller)** : 롤러에 가시가 박힌 것으로서 비스킷이나 밀어 편 퍼프 페이스트리, 도우 등을 골고루 구멍을 낼 때 사용하는 기구

⑦ **디핑포크** : 초코릿 필링이 굳은 후 초콜릿에 담갔다가 건져내며 초콜릿 코팅을 만들 때 쓰는 포크모양의 도구 **56**

⑧ **동 그릇** : 시럽이나 커스터드 크림을 끓일 때 눌러붙지 않는 냄비

⑨ **모양깍지** : 짤주머니에 넣고 여러 가지 모양을 짜는 도구

⑩ **짤주머니** : 다양한 반죽이나 크림을 넣고 짜내는 도구

⑪ **팬** : 다양한 형태의 과자를 만들기 위한 틀, 철판

⑫ **기타** : 퍼프 페이스트리나 파이 반죽 등을 자르는 데 사용하는 도르래 칼, 기름을 발라주는 붓 등

55 제빵용으로 주로 사용되는 도구는?
① 모양깍지
② 돌림판(회전판)
③ 짤주머니
❹ 스크래퍼

56 초콜릿 제품을 생산하는 데 필요한 기구는?
❶ 디핑포크
② 파리샨 나이프
③ 파이 롤러
④ 워터 스프레이

2 설비 및 기기의 위생, 안전 관리

작업장, 제조설비 및 제조도구 등에 존재하는 식중독균은 제품에 교차오염될 수 있기 때문에, 종사자는 대상별로 주기적인 세척, 소독을 실시한다.

대상	방법	주기
작업장(바닥, 벽, 천장, 환기시설 등)	찌꺼기, 이물 등을 제거 → 세제로 세척 → 건조 → 소독제를 분무하여 소독	바닥 : 일1회 벽 : 주1회 이외 : 월1회
위생복	세제를 사용하여 세탁하고 건조	주1회
제조설비제품 접촉면 내부 및 도구	찌꺼기, 이물 등을 제거 → 세제로 세척 → 건조 → 식품이 접촉하는 부분은 소독제를 분무하여 소독	제품접촉면 : 일1회 내·외부 : 주1회
냉장·냉동고	성애, 이물 등을 제거 → 냉각기 팬을 세제로 세척 → 건조 → 소독제를 분무하여 소독	내부 : 주1회 냉각기 : 년1회
온도계 등	깨끗이 닦아낸 후 건조 → 소독제를 분무하여 소독	사용 전후

제과기능사 제빵기능사 공통과목

★ Part 3 ★

빵류 · 과자류제품 저장관리

냉동 저장은 장기 보존을 목적으로 사용되며, 장기 보관 시 냉해, 탈수, 오염, 부패 등 품질 저하가 발생하므로 냉해 방지와 수분 증발을 억제하기 위해서 포장하기 나 밀봉하여 저장·관리한다. 또한, 운반 동선을 고려하여 가능한 단거리에 배치 하고, 가까이에 검수 지역, 생산 지역이 있는 것이 바람직하다.

NCS 과자류제품 저장 유통

제품의 냉각 및 포장

01 제품의 냉각방법 및 특징

1 냉각의 정의

① 냉각이란 갓 구워낸 제품을 식혀 상온의 온도로 낮추는 것을 말한다.

② 냉각 후 내부의 **온도와 수분 함량** 57 : 온도 35~40℃, 수분 함량 38%

③ **냉각 손실률** : 2%

④ **냉각실의 온도와 상대습도** : 20~25℃, 75~85%

2 냉각실의 온도와 상대습도 조건

① 냉각실의 습도가 지나치게 낮으면 껍질에 잔주름이 생기며 갈라지는 현상이 생긴다.

② 냉각실의 공기흐름이 지나치게 빠르면 껍질에 잔주름이 생기며 빵 모양의 붕괴와 옆면이 끌려들어가는 키홀링현상이 생긴다.

3 냉각을 하는 목적

① 곰팡이, 세균의 피해를 막는다.

② 빵의 절단 및 포장을 용이하게 한다.

4 냉각을 시키는 방법 58

① **자연냉각** : 상온에서 냉각하는 것으로 소요시간은 3~4시간이 걸린다.

② **터널식 냉각** : 공기 배출기를 이용한 냉각으로 소요시간은 2~2.5시간이 걸린다.

③ **공기 조절식 냉각(에어컨디션식 냉각)** : 온도 20~25℃, 습도 85%의 공기에 통과시켜 90분간 냉각하는 방법이며, 식빵을 냉각하는 제일 빠른 방법이다.

57 빵을 포장하려 할 때 가장 적합한 빵의 중심온도와 수분 함량은?
① 30℃, 30%
❷ 35℃, 38%
③ 42℃, 45%
④ 48℃, 55%

58 빵의 냉각방법으로 적합하지 않은 것은?
❶ 급속냉각
② 자연냉각
③ 터널식 냉각
④ 에어컨디션식 냉각

02 포장재별 특성

1 제품포장의 목적

① 포장은 제품의 유통과정에서 제품의 가치 및 상태를 보호하기 위하여 적절한 포장재에 담는 것을 말한다.

② 미생물에 의한 오염을 방지해 제품을 보호한다.

③ 수분손실을 막아 노화를 지연시켜 저장성을 좋게 한다.
④ 상품의 가치를 향상시킨다.

2 포장재별 특성과 포장방법

■ 포장재별 특성 [53]

① **폴리에틸렌(PE:polyethylene)** : 수분차단성이 좋으며 내화학성 및 가격이 저렴한 장점이 있는 반면 기체투과성이 큰 특징이 있다. 식빵 이외의 과자나 빵 등 1주간 이내를 목표로 하는 저지방식품의 간이포장에 사용된다.

② **폴리프로필렌(PP:polypropylene)** : 투명성 및 표면광택도, 기계적강도가 좋아 각종 스낵류, 빵류, 라면류 등 각종 유연포장의 인쇄용으로 사용된다.

③ **폴리스티렌(PS:polystyrene)** : 가볍고 단단한 투명 재료이나 충격에 약한 포장재이다. 발포성 폴리스티렌(EPS)은 용기면 및 계란용기, 육류와 생선류의 트레이로 사용된다.

④ **오리엔티드 폴리프로필렌(OPP:oriented polypropylene)** : 가열접착을 할 수 없고 가열에 의해 수축하지만 투명성, 방습성, 내유성이 우수한 특징이 있다.

② 포장용기의 선택 시 고려사항 [54]

① 용기와 포장지에 유해 물질이 없는 것을 선택해야 한다.
② 포장재의 가소제나 안정제 등의 유해물질이 용출되어 식품에 전이되어서는 안 된다.
③ 세균 곰팡이가 발생하는 오염 포장이 되어서는 안 된다.
④ 방수성이 있고 통기성이 없어야 한다.
⑤ 포장했을 때 상품의 가치를 높일 수 있어야 한다.
⑥ 단가가 낮고 포장에 의하여 제품이 변형되지 않아야 한다.
⑦ 공기의 자외선 투과율, 내약품성, 내산성, 내열성, 투명성, 신축성 등을 고려하여 포장한다.

③ 포장방법

① **용기충전포장방법** : 액체식품 포장법으로 종이용기나 플라스틱용기 등에 충전 후 밀봉하는 방식

② **제대충전포장방법** : 캔디, 스낵식품의 과자류, 분말식품이나 유제품, 식육가공품의 포장법으로 포장재료를 제대하여 만든 봉지에 식품을 충전한 후 밀봉하는 방식

③ **성형충전포장방법** : 의약품 정제의 PTP 포장, 우유의 포션팩이나 슬라이스햄 등의 진공포장법으로 플라스틱시트를 가열하면서 포장내용품에 맞춰 성형해서 그 성형용기에 식품을 채우고 덮개로 밀봉하는 방식

53 제과용 포장지로 적합하지 않은 것은?
① P.E(poly ethylene)
② O.P.P(oriented poly propylene)
③ P.P(poly propylene)
❹ 흰색의 형광종이

54 다음 중 케이크용 포장 재료의 구비 조건이 아닌 것은?
① 방수성일 것
② 상품 가치를 높일 수 있을 것
③ 원가가 낮을 것
❹ 통기성일 것

④ **진공포장방법** : 포장기내부의 공기가 진공펌프로 빠져나가 진공상태가 된 후 히터로 완전히 열 접착하는 방식

⑤ **가스충전포장방법** : 유제품이나 식육가공품, 유제품 내부의 공기를 불활성가스로 치환하는 방법으로 식품의 종류에 따라 질소가스나 탄산가스로 충전하는 방식

4 포장온도 : 35~40℃

높은 온도에서의 포장	낮은 온도에서의 포장 <small>35</small>
– 썰기가 어려워 찌그러지기 쉽다. – 포장지에 수분과다로 곰팡이가 생기기 쉽다.	– 수분손실이 많아 노화가 가속된다. – 껍질이 건조된다.

65 포장 전 빵의 온도가 너무 낮을 때는 다음 중 어떤 현상이 일어나는가?
❶ 노화가 빨라진다.
② 썰기가 나쁘다.
③ 포장지에 수분이 응축된다.
④ 곰팡이, 박테리아의 번식이 용이하다.

03 불량제품 관리

1 빵류·과자류 제품의 노화

빵·과자의 껍질과 속에서 일어나는 물리·화학적 변화로 제품의 맛, 향기가 변화하며 딱딱해지는 현상을 노화라고 하는데 오븐에서 나온 직후부터 노화가 시작되므로 이를 최대한 지연시키도록 관리하여야 한다.

1) 빵·과자 껍질과 속의 노화 구분

껍질의 노화	빵·과자 속의 노화
– 빵·과자 속 수분이 표면으로 이동하고, 공기 중의 수분이 껍질에 흡수된다. – 표피는 눅눅해지고 질겨진다.	– 빵·과자 속 수분의 껍질 이동으로 생긴다. – 알파 전분의 퇴화(β화)가 주원인이다. – 빵·과자 속이 건조해지고 탄력을 잃으며 향미가 떨어진다.

2) 노화에 영향을 주는 조건들

저장 시간	– 오븐에서 꺼낸 직후부터 노화가 시작된다. – 전체 4일의 노화 과정 중 최초 1일 동안 노화의 절반이 이루어진다. – 신선할수록 노화가 빠르게 진행한다.
온도	– 노화 정지 : −18℃(냉동온도), 21~35℃(노화지연의 현실적인 온도) – 노화 최적 온도 : −6.6~10℃(냉장온도) <small>66</small> – 미생물에 의한 변질 : 43℃
배합률	– 계면활성제 : 빵·과자 속을 부드럽게 하고 수분 보유량을 높이므로 노화를 지연한다. – 펜토산 : 탄수화물의 일종으로 수분의 보유도가 높아 노화를 지연한다. – 단백질 : 밀가루 단백질의 양이 많고 질이 높을수록 노화가 지연된다. – 물 : 수분이 38% 이상되면 노화가 지연된다.

66 빵의 노화가 가장 빠른 온도는?
① −18~−1℃
❷ 0~10℃
③ 20~30℃
④ 35~45℃

3) 노화를 지연시키는 방법 <small>67</small>

① 반죽에 알파−아밀라아제를 첨가한다.

② 저장 온도를 −18℃ 이하 또는 35℃로 유지한다.

③ 모노−디글리세리드 계통의 유화제를 사용한다.

④ 물의 사용량을 높여 반죽의 수분 함량을 증가시킨다.

67 빵의 노화를 지연시키는 방법 중 잘못된 것은?
① −18℃에서 밀봉보관한다.
❷ 2~10℃에서 보관한다.
③ 당류를 첨가한다.
④ 방습 포장지로 포장한다.

⑤ 탈지분유와 계란에 의해 단백질을 증가시킨다.

⑥ 낭류를 첨가하여 수분 보유력을 높인다.

⑦ 방습포장 재료로 포장한다.

> **TIP 빵류 제품에서 노화와 부패의 차이**
> – 노화한 빵 : 수분이 이동·발산 → 껍질이 눅눅해지고 빵 속이 푸석해진다.
> – 부패한 빵 : 미생물 침입 → 단백질 성분의 파괴 → 악취

2 제품평가

완성된 제품의 외관이나 내부를 평가하여 상품적인 가치를 평가하는 것을 말한다.

1) 제품평가의 기준

평가 항목		세부사항
외부평가 68	터짐성	옆면에 적당한 터짐(break), 찢어짐(shred)이 나타나는 것이 좋다.
	외형의 균형	좌·우, 앞·뒤 대칭인 것이 좋다.
	부피	분할 무게에 대한 완제품의 부피로 평가한다.
	굽기의 균일화	전체가 균일하게 구워진 것이 좋다.
	껍질색	식욕을 돋우는 황금 갈색이 가장 좋다.
	껍질형성	두께가 일정하고 너무 질기거나 딱딱하지 않아야 한다.
내부평가 69	조직	탄력성이 있으면서 부드럽고 실크와 같은 느낌이 있어야 한다.
	기공	균일한 작은 기공과 얇은 기공벽으로 이루어진 길쭉한 기공들로 이루어져야 한다.
	속결 색상	크림색을 띤 흰색이 가장 이상적이다.
식감평가	냄새	이상적인 빵은 상쾌하고 고소한 냄새가 난다.
	맛	빵에 있어 가장 중요한 평가 항목이다. 제품 고유의 맛이 나면서 유쾌하고 만족스러운 식감이 있어야 바람직하다.

2) 어린 반죽과 지친 반죽으로 만든 제품 비교

항목	어린 반죽 (발효, 반죽이 덜 된 것) 70	지친 반죽 (발효, 반죽이 많이 된 것) 71
구운 상태	위, 옆, 아랫면이 모두 검다	연하다
기공	거칠고 열린 두꺼운 세포벽	거칠고 열린 얇은 세포벽 → 두꺼운 세포벽
브레이크와 슈레드	찢어짐과 터짐이 아주 적다	거친 뒤에 적어진다
부피	작다	크다 → 작다
외형의 균형	예리한 모서리, 매끄럽고 유리같은 옆면	둥근 모서리, 움푹 들어간 옆면
껍질 특성	두껍고 질기고 기포가 있을 수 있다	두껍고 단단해서 잘 부서지기 쉽다
껍질색	어두운 적갈색(잔당이 많기 때문)	밝은 색깔
조직	거칠다	거칠다

68 빵의 품질 평가에 있어서 외부평가 기준이 아닌 것은?
① 굽기의 균일함
❷ 조직의 평가
③ 터짐과 광택부족
④ 껍질의 성질

69 빵의 품질평가 방법 중 내부적 특성에 대한 평가항목이 아닌 것은?
① 기공
② 조직
③ 속색
❹ 껍질의 특성

70 어린 반죽(발효부족)으로 만든 빵 제품의 특징이 아닌 것은?
① 기공이 고르지 않고 내상의 색깔이 검다.
❷ 신 냄새가 난다.
③ 세포벽이 두껍고 결이 거칠다.
④ 껍질의 색상이 진하다.

71 발효가 지나친 반죽으로 빵을 구웠을 때 제품 특성이 아닌 것은?
① 빵 껍질색이 밝다.
② 신 냄새가 난다.
③ 체적이 작다.
❹ 제품의 조직이 고르다.

속색	무겁고 어두운 속색 숙성이 안된 색	색이 희고 윤기가 부족하다
맛	덜 발효된 맛	더욱 발효된 맛
향	생밀가루 냄새가 난다	신 냄새가 난다

❸ 각 재료에 따른 제품의 결과

1) 설탕

설탕은 이스트의 먹이로 식빵에서 스트레이트법의 최저 설탕량은 3%
정도 첨가한다(식빵에서 설탕량을 3% 정도 사용하면 완제품의 부피가
커진다). 설탕이 5% 이상이 되면 가스 발생력이 약해져 발효시간은 길
어진다.

항목	정량보다 많은 경우 72	정량보다 적은 경우
부피	작다	작다
껍질색	어두운 적갈색(잔당이 많기 때문)	연한 색
외형의 균형	• 발효가 느리고 팬의 흐름성이 많다 • 완만한 윗부분 • 모서리가 각이 지고 찢어짐이 적다	• 모서리가 둥글다 • 팬의 흐름이 적다
껍질 특성	두껍고 질기다	얇고 부드러워진다
기공	발효가 제대로 되면 세포는 좋아진다	가스 생성 부족으로 세포가 파괴된다
속색	발효만 잘 지키면 좋은 색이 난다	회색 또는 황갈색을 띤다
향	정상 발효되면 향이 좋다	향미가 적으며 맛이 적당하지 않다
맛	달다	발효에 의한 맛을 못 느낀다

2) 쇼트닝

쇼트닝은 가스 발생력에는 영향력이 없고 수분 보유력에 있어서는 보존
기간을 연장시킨다. 3% 첨가 시 가스 보유력에는 좋은 효과가 생긴다.

항목	정량보다 많은 경우	정량보다 적은 경우
부피	작아진다	작아진다
껍질색	진한 어두운색에 약간 윤이 난다	껍질색이 얇고 표면에 윤기가 없다
외형의 균형	• 흐름성이 좋다 • 각진 모서리 • 브레이크와 슈레드가 작다	• 둥근 모서리 • 브레이크와 슈레드가 크다
껍질 특성	거칠고 두껍다	얇고 건조해진다
기공	세포가 거칠어진다	세포가 파괴되어 기공이 열리고 거칠다
속색	황갈색	엷은 황갈색
향	불쾌한 냄새	발효가 미숙한 냄새
맛	기름기가 느껴진다	발효가 미숙한 맛

3) 소금

소금의 일반적인 사용량은 2%가 평균적이나 그 이상 사용하면 소금의
삼투압에 의하여 이스트의 발효력이 저하되며 최저 사용량은 1.7%이고,
소금을 넣지 않으면 반죽이 끈적거리며 쳐진다.

72 식빵에서 설탕을 정량보다
많이 사용했을 때 나타나는 현상
은?
① 껍질이 얇고 부드러워진다.
❷ 발효가 느리고 팬의 흐름성이
많다.
③ 껍질색이 연하며 둥근 모서리
를 보인다.
④ 향미가 적으며 속색이 회색 또
는 황갈색을 보인다.

항목	정량보다 많은 경우	정량보다 적은 경우 73
부피	작다	크다
껍질색	검은 암적색	흰색
외형의 균형	• 예리한 모서리 • 약간 터지고 윗면이 편편하다	• 둥근 모서리 • 브레이크와 슈레드가 크다
껍질 특성	거칠고 두껍다	얇고 부드러워진다
기공	두꺼운 세포벽 거친 기공	얇은 세포벽
속색	진한 암갈색	회색
향	향이 없다	향이 많다
맛	짠맛	부드러운 맛

4) 우유

우유 단백질인 카세인과 락토 알부민, 락토 글로불린이 밀가루의 단백질을 강화시키며 우유의 양이 많으면 우유 단백질의 완충작용으로 발효시간이 길어진다.

항목	정량보다 많은 경우 74	정량보다 적은 경우
부피	커진다	발효가 빠르고 부피가 감소한다
껍질색	진하다	연하다
외형의 균형	• 예리한 모서리 • 브레이크와 슈레드가 적다	• 둥근 모서리 • 브레이크와 슈레드가 크다
껍질 특성	거칠고 두껍다	얇고 건조해진다
기공	세포가 거칠어진다	세포가 강하지 않아 기공이 점차적으로 열려진다
속색	황갈색	흰색
향	미숙한 발효 냄새와 껍질 탄내	지나친 발효로 약한 신내
맛	우유 맛이 나고 약간 달다	단맛이 적고 약간 신맛이 난다

5) 밀가루

밀가루 단백질 함량과 질은 밀가루의 강도를 나타내며 제빵 적성을 나타낸다. 밀가루의 질이 양보다 더 중요하다.

항목	정량보다 많은 경우	정량보다 적은 경우
부피	커진다	작아진다
껍질색	진하다	연하다
외형의 균형	• 예리한 모서리 • 브레이크와 슈레드가 적다	• 둥근 모서리 • 브레이크와 슈레드가 크다
껍질 특성	거칠고 두껍다	얇고 건조해진다
기공	세포가 좋아진다	세포가 파괴되고 얇은 껍질이 된다
속색	황갈색	흰색
향	밀의 향	약한 향
맛	맛이 좋다	맛이 좋지 않다

73 식빵 제조 시 과도한 부피의 제품이 되는 원인은?
❶ 소금량 부족
② 오븐온도가 높음
③ 배합수의 부족
④ 미숙성 소맥분 사용

74 제빵 시 적정량보다 많은 분유를 사용했을 때의 결과가 아닌 것은?
① 껍질색은 캐러멜화에 의하여 검어짐
② 모서리가 예리하고 터지거나 슈레드가 적음
③ 세포벽이 두꺼우므로 황갈색을 나타냄
❹ 양 옆면과 바닥이 움푹 들어가는 현상이 생김

4 빵류제품의 결함과 원인

1) 식빵류의 결함과 원인

결점	원인	
껍질이 질김	• 약한 밀가루 사용 • 지나치게 강한 밀가루 사용 • 저질 밀가루 사용 • 저배합 비율 • 성형 때 거칠게 다룸 • 지친 반죽	• 발효 부족 • 2차 발효 과다 • 2차 발효실 습도 높음 • 낮은 오븐 온도 • 오븐 속 증기 과다
부피가 작음 75	• 이스트 사용량 부족 • 오래되거나 온도가 높은 이스트 사용 • 약한 밀가루 사용 • 소금, 설탕, 쇼트닝, 분유 사용량 과다 • 효소제 사용량 과다 • 오래된 밀가루 사용 • 이스트 푸드의 사용량 부족 • 알칼리성 물 사용 • 부족한 믹싱 • 미성숙 밀가루 사용 • 물 흡수량이 적음	• 반죽 속도가 빠를 때 • 너무 차가운 믹서, 틀의 온도 • 팬의 크기에 비해 부족한 반죽량 • 반죽이 지나치거나 부족할 때 • 성형 시 주위의 낮은 온도 • 2차 발효 부족 • 지나친 발효 • 오븐에서 거칠게 다룸 • 오븐의 온도가 초기에 높을 때 • 오븐의 증기가 많거나 적을 때
표피에 수포 발생	• 진 반죽 • 성형기의 취급 부주의 • 발효부족	• 2차 발효실 습도 높음 • 오븐의 윗불 온도가 높음
껍질에 반점 발생	• 배합 재료가 고루 섞이지 않음 • 분유가 녹지 않음 • 덧가루 사용 과다	• 2차 발효실의 수분 응축 • 설탕의 용출
빵의 바닥이 움푹 들어감 76	• 믹싱부족 • 진 반죽 • 팬에 기름칠을 하지 않음 • 2차 발효실 습도 높음	• 초기 굽기의 지나친 온도 • 뜨거운 틀·철판 사용 • 팬 바닥에 구멍이 없음 • 팬 바닥에 수분이 있음
윗면이 납작하고 모서리가 날카로움	• 미숙성한 밀가루 사용 • 소금 사용량 과다 • 지나친 믹싱	• 진 반죽 • 발효실의 높은 습도
곰팡이 발생	• 제품 냉각 부족 • 작업 도구 오염 • 먼지에 의한 오염	• 굽기 부족 • 취급자의 비위생 • 식품 용기의 비위생
껍질이 두꺼움	• 쇼트닝, 소금, 설탕, 분유 사용량 과다 • 질 좋은 단백질 밀가루 사용량 과다 • 이스트 푸드, 효소제 사용량 과다 • 너무 강한 밀가루	• 지친 반죽 • 2차 발효실 습도 부족과 온도 낮음 • 과도한 굽기 • 낮은 오븐 온도 • 오븐 스팀량 부족
거친 기공과 좋지 않은 조직	• 약한 밀가루 사용 • 이스트 푸드 사용량 부족 • 경수 사용 / 알칼리성 물 사용 • 된 반죽 / 진 반죽	• 낮은 오븐 온도 • 오븐에서 거칠게 다룸 • 뜨거운 틀·철판 사용
껍질이 갈라짐	• 효소제 사용량 부족 • 지치거나 어린 반죽 • 2차 발효실 습도 부족	• 높은 윗불 온도 • 급속한 제품 냉각

75 **빵의 부피가 너무 작은 경우 어떻게 조치하면 좋은가?**
❶ 발효시간을 증가시킨다.
② 1차 발효를 감소시킨다.
③ 분할무게를 감소시킨다.
④ 팬 기름칠을 넉넉하게 증가시킨다.

76 **식빵이 바닥이 움푹 들어가는 원인이 아닌 것은?**
① 2차 발효실의 습도가 높을 때
② 팬의 바닥에 수분이 있을 때
❸ 오븐의 바닥열이 약할 때
④ 팬에 기름칠을 하지 않을 때

결점	원인	
껍질색이 옅음 77	• 설탕 사용량 부족 • 연수 사용 • 오래된 밀가루 사용 • 효소제 사용량 과다 • 부적당한 믹싱	• 1차 발효시간의 초과 • 2차 발효실 습도 낮음 • 굽기 시간의 부족 • 오븐 속의 습도와 온도가 낮음 • 오븐에서 거칠게 다룸
껍질색이 짙음	• 설탕, 분유 사용량 과다 • 지나친 믹싱 • 1차 발효시간 부족 • 2차 발효실 습도 높음	• 높은 오븐 온도 • 높은 윗불 온도 • 과도한 굽기
부피가 큼	• 우유, 분유 사용량 과다 • 소금 사용량 부족 • 과다한 1차 발효와 2차 발효 • 팬의 크기에 비해 많은 반죽	• 부적합한 성형 • 스펀지의 양이 많을 때 • 낮은 오븐 온도 • 팬 기름을 너무 칠한 경우
브레이크와 슈레드 부족 (터짐과 찢어짐) 78	• 이스트 푸드 사용량 부족 • 연수 사용 • 효소제 사용량 과다 • 진 반죽 • 발효 부족	• 지나친 2차 발효 • 2차 발효실 온도 높음 • 2차 발효실 습도 낮음 • 너무 높은 오븐 온도 • 오븐 증기 부족
빵 속 색깔이 어두움	• 맥아, 이스트 푸드 사용량 과다 • 저질 밀가루 사용 • 과다한 표백제가 사용된 밀가루 사용 • 반죽의 신장성 부족	• 지나친 2차 발효 • 낮은 오븐 온도 • 뜨거운 틀·철판 사용
빵 속 줄무늬 발생 79	• 덧가루 사용량 과다 • 재료의 고른 혼합 부족 • 된 반죽	• 표면이 마른 스펀지 사용 • 건조한 중간발효 • 과다한 기름 사용
빵의 옆면이 찌그러짐 80	• 지친 반죽 • 팬 용적보다 넘치는 반죽량	• 지나친 2차 발효 • 오븐열이 고르지 못함

2) 과자빵류의 결함 원인

결점	원인	결점	원인
빵 속이 건조함	• 설탕 사용량 부족 • 지나친 스펀지 발효 시간 • 된 반죽 • 낮은 오븐 온도	껍질에 반점 발생 81	• 낮은 반죽 온도 • 숙성 덜 된 반죽 사용 • 발효 중 반죽이 식음 • 굽기 전 찬 공기를 오래 접촉
껍질 색이 옅음	• 배합재료 부족 • 지친 반죽 • 발효시간 과다 • 반죽의 수분 증발 • 덧가루 사용 과다	껍질 색이 짙음	• 질 낮은 밀가루 사용 • 낮은 반죽 온도 • 식은 반죽 • 높은 습도 • 어린 반죽
풍미 부족	• 저율배합표 사용 • 낮은 반죽 온도 • 과숙성 반죽 사용 • 2차 발효실의 높은 온도 • 낮은 오븐 온도	노화가 빠름	• 박력 밀가루 사용 • 설탕, 유지의 사용량 부족 • 반죽 정도 부족 • 가수율 부족 • 보관 중 바깥 공기와 접촉
빵 바닥이 거침	• 이스트 사용량 과다 • 부족한 반죽 정도 • 2차 발효실의 높은 온도	껍질이 두껍고 탄력이 적음	• 박력 밀가루 사용 • 설탕, 유지의 사용량 부족 • 된 반죽 • 덧가루 사용과다 • 낮은 오븐 온도

77 다음 중 식빵의 껍질색이 너무 옅은 결점의 원인은?
❶ 연수 사용
② 설탕 사용 과다
③ 과도한 굽기
④ 과도한 믹싱

78 빵의 제품평가에서 브레이크와 슈레드 현상이 부족한 이유가 아닌 것은?
① 발효시간이 짧거나 길었다.
② 오븐의 온도가 높았다.
③ 2차 발효실의 습도가 낮았다.
❹ 오븐의 증기가 너무 많았다.

79 빵 속의 줄무늬가 생기는 원인으로 옳은 것은?
❶ 덧가루 사용이 과다한 경우
② 반죽개량제의 사용이 과다한 경우
③ 밀가루를 체로 치지 않은 경우
④ 너무 되거나 진 반죽인 경우

80 식빵의 옆면이 쑥 들어간 원인으로 옳은 것은?
① 믹서의 속도가 너무 높았다.
❷ 팬 용적에 비해서 반죽량이 많았다.
③ 믹싱시간이 너무 길었다.
④ 2차 발효가 부족했다

81 단과자빵의 껍질에 흰 반점이 생긴 경우 그 원인에 해당되지 않는 것은?
① 발효하는 동안 반죽이 식었다.
② 2차 발효 후 찬 공기를 오래 쐬었다.
❸ 반죽 온도가 높았다.
④ 숙성이 덜 된 반죽을 그대로 정형하였다.

01 저장방법의 종류 및 특징

완성된 제품의 외관이나 내부를 평가하여 상품적인 가치를 평가하는 것을 말한다.

1 식품의 저장

변질요인을 가능한 한 제거함으로써 식품의 양적 손실, 영양가 파손, 안전성과 기호성의 저하를 최소화하려는 수단이며 제품의 품질, 저장수명과 경비를 감안한 최적의 저장기술이 요구된다.

2 냉장, 냉동 저장

① 냉장, 냉동식품은 온도관리가 원활하지 않을 경우 식품에 존재하는 식중독균이 증식하여 식중독이 발병할 수 있다.

② 냉장고가 2개 이상인 경우에는 생식품과 조리된 식품을 서로 다른 냉장고에 보관하여 교차오염을 원천적으로 차단한다.

02 제품의 유통·보관방법

① **실온유통제품** : 실온은 1~35℃를 말하며, 원칙적으로 35℃를 포함하되 제품의 특성에 따라 봄, 가을, 여름, 겨울을 고려하여 선정하여야 한다.

② **상온유통제품** : 상온은 15~25℃를 말하며, 25℃를 포함하여 선정하여야 한다.

③ **냉장유통제품** : 냉장은 0~10℃를 말하며, 원칙적으로 10℃를 포함한 냉장온도를 선정하여야 한다.

④ **냉동유통제품** : 냉동은 −18℃ 이하를 말하며 품질변화가 최소화 될 수 있도록 냉동온도를 선정하여야 한다.

03 제품의 저장·유통 중의 변질 및 오염원 관리방법

1 유통기한

유통업체 입장에서 식품 등의 제품을 소비자에게 판매해도 되는 최종시한을 말하며, 유통 중의 변질 및 오염원을 관리하여야 한다.

2 식품의 변질

1) 변질의 종류 32

① **부패** : 단백질 식품에 혐기성 세균이 증식한 생물학적 요인에 의하여 분해되어 악취와 유해물질 등(아민류, 암모니아, 페놀, 황화수소 등)을 생성하는 현상이다.

② **변패** : 탄수화물을 많이 함유하는 식품이 미생물의 분해 작용으로 맛이나 냄새가 변화하는 현상이다.

③ **산패** : 지방의 산화 등에 의해 악취나 변색이 일어나는 현상이다.

④ **발효** : 식품에 미생물이 번식하여 식품의 성질이 변화를 일으키는 현상으로, 그 변화가 인체에 유익할 경우를 말한다. 빵, 술, 간장, 된장 등은 모두 발효를 이용한 식품이다.

2) 식품 변질에 영향을 미치는 미생물의 증식조건 33

식품 변질에 영향을 미치는 미생물의 증식조건에는 온도, 수소이온농도(pH), 수분, 산소, 영양소, 삼투압 등이 있다.

> **온도**

일반적으로 0℃ 이하, 80℃ 이상에서는 발육이 억제된다.

① **저온균** : 0~20℃ / 최적 온도 10~15℃

② **중온균** : 20~40℃ / 병원성 세균이나 식품 부패 세균

③ **고온균** : 50~70℃

> **pH(수소이온농도)** 34

미생물의 종류에 따른 증식에 최적인 pH조건

pH 4~6(산성)	효모, 곰팡이
pH 6.5~7.5(약산성에서 중성)	일반 세균
pH 8.0~8.6(알칼리성)	콜레라균

> **수분**

① 미생물의 몸체의 주성분이며, 생리기능을 조절하는 데 필요하다.

② 미생물은 수분활성도가 낮으면 증식이 억제되며, 곡류나 건조식품은 육류, 과일, 채소류보다 수분활성도가 낮다.

③ 증식 촉진 수분 함량은 60~65%, 증식 억제 수분 함량은 13~15%이다.

32 미생물에 의해 주로 단백질이 변화되어 악취, 유해물질을 생성하는 현상은?
① 발효
❷ 부패
③ 변패
④ 산패

33 식품의 변질에 관여하는 요인과 거리가 먼 것은?
① pH
❷ 압력
③ 수분
④ 산소

34 일반세균이 잘 자라는 pH 범위는?
① 2.0 이하
② 2.5~3.5
③ 4.5~5.5
❹ 6.5~7.5

④ 수분활성도(Aw : Activity water)가 세균 Aw 0.95, 효모 Aw 0.87, 곰팡이 Aw 0.80 █85█일 때 증식이 억제된다.

산소 █86█

산소 요구에 따른 미생물의 구분

① **편성호기성균** : 산소가 존재하는 상태에서만 증식하는 균

② **편성혐기성균** : 산소가 있으면 생육에 지장을 받고 없어야 증식되는 균

③ **통성호기성균** : 산소가 없어도 증식이 가능하지만 산소가 있으면 더욱 활발한 증식을 하는 균

④ **통성혐기성균** : 산소가 있을 때나 없을 때나 둘 다 살아갈 수 있는 균

영양소

① **탄소원** : 탄수화물, 포도당, 유기산, 알코올, 지방산에서 주로 에너지원으로 이용된다.

② **질소원** : 단백질 식품에서 구성하는 기본 단위인 아미노산을 통해 질소원을 얻기 위해서 균 체외로 단백질 분해 효소를 분비하여 단백질을 아미노산까지 분해한 후 균 체내로 흡수하여 질소원을 얻는다. 세포 구성 성분에 필요하다.

③ **무기염류** : 황(S) 및 인(P)을 다량 요구하며, 세포 구성 성분, 조절작용에 필요하다.

④ **발육소** : 세포 내에서 합성되지 않아 세포 외에서 흡수하여야 하며, 미량 필요하다. 주로 비타민 B군이다.

삼투압

① 식염, 설탕에 의한 삼투압은 일반적으로 세균 증식을 억제한다.

② 일반세균은 3% 식염에서 증식 억제, 호염 세균은 3%의 식염에서 증식, 내염성 세균은 8~10% 식염에서 증식한다.

█85█ 다음 중 식중독 관련 세균의 생육에 최적인 식품의 수분활성도는?

① 0.30~0.39
② 0.50~0.59
③ 0.70~0.79
❹ 0.90~1.00

█86█ 절대적으로 공기와의 접촉이 차단된 상태에서만 생존할 수 있어 산소가 있으면 사멸되는 균은?

① 통성호기성균
② 편성호기성균
③ 통성혐기성균
❹ 편성혐기성균

제과기능사

과자류 제품의 반죽정형 공정은 빵류 제품과 달리
분할과 동시에 팬닝이 이루어지는 것이 일반적이며,
다음과 같은 다양한 방법을 이용한다.

NCS 과자류제품 반죽정형

제과기능사

★ Part 4 ★

과자류 제조

01 반죽 및 반죽관리

1 반죽법의 종류 및 특징

판매형태, 소비자의 기호, 과자의 생산량, 보유한 기계설비, 노동력에 따라 가장 합리적인 반죽법을 선택한다.

1 반죽형 반죽

크림성과 유화성을 갖고 있는 유지를 사용하고 화학 팽창제를 이용해 부풀린 반죽으로 밀가루, 유지, 설탕, 계란을 기본으로 하여 만든다.

1) 블렌딩법 1

① 유지와 밀가루를 파슬파슬하게 혼합한 뒤 건조 재료와 액체 재료를 섞는다.

② **장점** : 제품의 조직을 부드럽고 유연하게 만든다.

2) 크림법 2

① 유지와 설탕을 넣고 균일하게 혼합한 후 계란을 나누어 넣으면서 부드러운 크림상태로 만든 다음 밀가루와 베이킹파우더를 체에 쳐서 가볍게 섞는다.

② **장점** : 제품의 부피가 큰 케이크를 만들 수 있다.

③ **단점** : 스크랩핑(믹서 볼의 옆면과 바닥을 긁어 주는 동작)을 자주 해야 한다.

3) 1단계법

① 모든 재료를 한꺼번에 넣고 반죽하는 방법

② **전제조건** : 유화제와 베이킹파우더를 첨가하고, 믹서의 성능이 좋아야 한다.

③ **장점** : 노동력과 제조시간이 절약된다.

4) 설탕/물법

① 설탕물(비율은 2 : 1로 만든 용액)을 넣고 균일하게 혼합한 후 건조 재료를 넣고 섞은 다음 계란을 넣고 반죽한다.

② **장점** : 계량의 편리성으로 대량 생산이 용이하다. 껍질색이 균일한 제품을 생산할 수 있다. 스크랩핑이 필요 없다.

---

1 밀가루와 유지를 섞어 밀가루가 유지에 쌓이도록 한 후 건조 재료와 액체 재료를 넣어 케이크를 제조하는 방법은?
❶ 블렌딩법(blending method)
② 크림법(creaming method)
③ 설탕/물법(sugar/water method)
④ 1단계법(single stage method)

2 반죽형 케이크를 제조할 때 크림법으로 믹싱하는 방법은?
❶ 설탕 + 쇼트닝
② 밀가루 + 쇼트닝
③ 설탕 + 계란
④ 설탕 + 밀가루

2 거품형 반죽

계란 단백질의 기포성과 열에 대한 응고성(변성)을 이용한 반죽으로 전란(흰자 + 노른자)을 사용하는 스펀지 반죽과 흰자만 사용하는 머랭 반죽이 있다.

1) 머랭법

① 흰자에 설탕을 넣고 거품을 낸 반죽이다.

② 설탕과 흰자의 비율은 2 : 1이다.

③ 머랭 제조 시 지방 성분이 들어가면 거품이 안 올라오므로 기름기나 노른자가 들어가지 않도록 주의한다. **3**

2) 스펀지법

① 전란(흰자 + 노른자)에 설탕을 넣고 거품을 낸 후 다른 재료와 섞은 반죽이다.

② 노른자가 흰자 단백질에 신장성과 부드러움을 부여하여 부피 팽창과 연화 작용을 향상시킨다.

스펀지법의 분류		제조 및 특성
공립법	더운 믹싱법	• 계란과 설탕을 43℃까지 중탕하여 거품을 내는 방법이다. **4** • 온도가 높아져서 기포성이 좋아지고 믹싱시간이 짧아진다. • 설탕입자가 다 녹아서 껍질색이 균일하다.
	찬 믹싱법	• 중탕하지 않고 계란에 설탕을 넣고 거품 내는 방법이다. • 기포성은 떨어지나 거품체가 치밀하고 안정적이다. • 베이킹파우더를 사용할 수 있다.
별립법		전란을 흰자와 노른자로 분리하여 각각에 설탕을 넣고 거품을 낸 후 다른 재료와 함께 흰자 머랭, 노른자 반죽을 섞어주는 방법이다.

> **TIP** 스펀지 케이크 반죽에 용해버터를 넣을 경우 50~70℃로 중탕하여 가루재료를 넣어 섞은 다음 마지막 단계에 넣어 가볍게 섞는다. **5**

3 시폰형 반죽

1) 시폰형 반죽의 특성

① 시폰형 반죽은 비단같이 부드러운 식감의 제품을 의미한다.

② 별립법처럼 흰자로 머랭은 만들지만, 노른자는 거품을 내지 않는다.

③ 거품낸 흰자와 화학 팽창제로 부풀린 반죽을 말하며, 시폰 케이크가 있다.

④ 시폰형 반죽은 거품형 반죽의 머랭법과 반죽형 반죽의 블렌딩법을 함께 사용하는 시폰법을 많이 사용한다.

2) 시폰법

① 식용유와 노른자를 섞은 다음, 설탕과 건조 재료를 넣고 섞는다. **6**

② 물을 조금씩 넣으면서 매끄러운 상태로 만든다. − 블렌딩법(반죽형 반죽)

3 흰자를 이용한 머랭 제조 시 좋은 머랭을 얻기 위한 방법이 아닌 것은?
① 사용 시 용기 내에 유지가 없어야 한다.
② 머랭의 온도를 따뜻하게 한다.
❸ 노른자를 첨가한다.
④ 주석산 크림을 넣는다.

4 스펀지 케이크 제조 시 덥게 하는 방법으로 사용할 때 계란과 설탕은 몇 도로 중탕하는 것이 좋은가?
① 10℃
② 25℃
③ 30℃
❹ 43℃

5 비디 스펀지 게이크를 만들 때 중탕한 버터를 넣는 시기는?
① 맨 처음부터 넣는다.
② 밀가루를 넣을 때 섞어 넣는다.
③ 설탕과 함께 넣는다.
❹ 맨 나중에 넣는다.

6 밀가루, 설탕, 노른자, 식용유 및 물을 같이 혼합한 후 머랭을 투입하는 제법으로 맞는 것은?
① 별립법
② 공립법
❸ 시폰법
④ 단단계법

③ 따로 흰자에 설탕을 넣어 머랭을 만든 뒤 노른자 반죽과 섞어준다.
– 머랭법(거품형 반죽)

2 반죽의 결과온도

1 온도의 정의
온도는 열의 양을 측정하는 것이 아니라 열의 강도(intensity)를 측정하는 상대적 개념으로 단위는 섭씨(celsius, ℃)를 사용한다.

2 제품에 미치는 영향
① 반죽의 온도는 제품의 부피와 조직에 영향을 준다.
② 반죽의 비중과 반죽의 온도는 상관관계에 놓여 있다.
- 온도가 낮으면 기공이 조밀해 부피가 작고, 식감이 나쁘며, 굽는 시간이 더 필요하다.
- 온도가 높으면 기공이 열리고 큰 공기구멍이 생겨 조직이 거칠고 노화가 빨리 일어난다.
- 반죽형 반죽의 반죽 온도가 너무 높아 유지가 고체의 성질을 잃어버리면 오히려 반죽 안에 유입되는 공기가 적어져 조직이 조밀하고 부피가 작아질 수 있다.

3 반죽 온도 계산법

> **TIP 용어설명**
> – 실내 온도 : 작업장의 온도
> – 수돗물 온도 : 반죽에 사용한 물의 온도
> – 마찰계수 : 반죽을 만드는 동안 발생하는 마찰열에 의해 상승한 온도를 실질적 수치로 환산한 값
> – 결과 온도 : 반죽을 만든 후의 반죽 온도
> – 희망 온도 : 만들고자 하는 반죽의 원하는 결과 온도

① **마찰계수**

> 마찰계수 = (결과 온도 × 6) – (실내 온도 + 밀가루 온도 + 설탕 온도 + 쇼트닝 온도 + 계란 온도 + 수돗물 온도)

② **사용할 물 온도**

> 사용할 물 온도 = (희망 반죽 온도 × 6) – (실내 온도 + 밀가루 온도 + 설탕 온도 + 쇼트닝 온도 + 계란 온도 + 마찰계수)

③ **얼음 사용량**

> $$얼음 사용량 = \frac{사용할 물량 \times (수돗물 온도 - 사용할 물 온도)}{(80 + 수돗물 온도)}$$

> **TIP** – 수온을 구하는 공식은 경우에 따라 (희망 온도 × 6)일 경우도 있고 (희망 온도 × 3)일 경우도 있는데, 실내 온도 + 밀가루 온도 + 설탕 온도 + 쇼트닝 온도 + 계란 온도 + 마찰계수가 제시되면 '6'으로 하고 실내 온도 + 밀가루 온도 + 수돗물 온도가 제시되면 '3'으로 한다.
> – 얼음량 계산 공식 중 '80'은 얼음이 녹아 액체로 변할 때 생기는 융해열을 나타낸 것이다.

❹ 제품별 반죽 희망온도

① 일반적인 과자 반죽의 온도 : 22~24℃

② 희망 반죽 온도가 가장 낮은 제품 : 퍼프 페이스트리(20℃) 🔟

③ 희망 반죽 온도가 가장 높은 제품 : 슈(40℃)

3 반죽의 비중

❶ 비중의 정의

① 같은 용적의 물의 무게에 대한 반죽의 무게를 소수로 나타낸 값으로 0~1까지의 값으로 나타낸다.

② 수치가 작을수록 비중이 낮고, 비중이 낮을수록 반죽 속에 공기가 많다.

❷ 제품에 미치는 영향

제품에 영향을 미치는 항목	비중이 높으면	비중이 낮으면
부피	작다	크다
기공	작다	열린다
조직	조밀하다	거칠다

❸ 비중 측정법

① 반죽과 물을 같은 비중컵에 차례로 담아 무게를 측정한 뒤 비중컵의 무게를 빼고 반죽의 무게를 물의 무게로 나누면 된다.

② 비중 🔟

$$비중 = \frac{(반죽\ 무게 - 컵\ 무게)}{(물\ 무게 - 컵\ 무게)} = \frac{같은\ 부피의\ 반죽\ 무게}{같은\ 부피의\ 물\ 무게}$$

❹ 제품별 비중 🔟

제품명	반죽의 비중	제품명	반죽의 비중
파운드 케이크	0.8 ± 0.05	레이어 케이크	0.8 ± 0.05
스펀지 케이크	0.5 ± 0.05	롤 케이크	0.45 ± 0.05

🔟 다음 중 반죽 온도가 가장 낮은 제품은?
❶ 퍼프 페이스트리
② 레이어 케이크
③ 파운드 케이크
④ 스펀지 케이크

🔟 40g의 계량컵에 물을 가득 채웠더니 240g이었다. 과자반죽을 넣고 달아보니 220g이 되었다면 이 반죽의 비중은 얼마인가?
① 0.85 　　 ❷ 0.9
③ 0.92 　　 ④ 0.95

해설 $\dfrac{(220-40)}{(240-40)}$

🔟 다음 중 일반적으로 비중이 가장 낮은 것은?
① 파운드 케이크
② 레이어 케이크
❸ 스펀지 케이크
④ 과일케이크

4 고율배합과 저율배합

설탕 사용량이 밀가루 사용량보다 많고, 전체 액체가 설탕량보다 많으면 고율배합이다. 고율배합으로 만든 제품은 신선도가 높고 부드러움이 지속되어 저장성이 좋은 특징이 있다.

1 고율배합과 저율배합의 비교 🔢

항목	고율배합 🔢	저율배합
믹싱 중 공기 혼입 정도	많다	적다
반죽의 비중	낮다	높다
화학 팽창제 사용량	줄인다	늘린다
굽기 온도	저온 장시간 굽는 오버 베이킹 (over baking)	고온 단시간 굽는 언더 베이킹 (under baking)

2 배합률 조절 공식의 비교

고율배합	저율배합
설탕 ≧ 밀가루	설탕 ≦ 밀가루
전체 액체(계란 + 우유) 〉밀가루	전체 액체(계란 + 우유) ≦ 밀가루
전체 액체 〉설탕	전체 액체 = 설탕
계란 ≧ 쇼트닝	계란 ≧ 쇼트닝

5 반죽의 pH

1 pH의 의미

① 용액의 수소이온농도를 나타내며 범위는 pH 1~14로 표시한다.

② pH 7을 중성으로 하여 수치가 pH 1에 가까워지면 산도가 커진다.

③ pH 14에 가까워지면 알칼리도가 커진다.

④ pH 1의 차이는 수소이온농도가 10배 차이가 난다. 그러므로 pH의 수치가 1 상승할 때마다 10배가 희석된다.

2 제품의 적정 pH

① 제품마다 최상의 제품을 만들기 위한 적정 pH가 있다.

② 제품의 pH 🔢

제품명	반죽의 pH	제품명	반죽의 pH
데블스 푸드 케이크	8.5~9.2	초콜릿 케이크	7.8~8.8
화이트 레이어 케이크	7.4~7.8	스펀지 케이크	7.3~7.6
옐로 레이어 케이크	7.2~7.6	파운드 케이크	6.6~7.1
엔젤 푸드 케이크	5.2~6.0	과일케이크	4.4~5.0

🔢 다음 설명 중 저율배합에 대한 고율배합의 상대적 비교로 틀린 것은?
❶ 고율배합은 믹싱 중 공기 혼입이 적은 편이다.
② 고율배합의 비중은 낮아진다.
③ 고율배합에는 화학 팽창제의 사용량을 감소한다.
④ 고율배합의 제품은 상대적으로 낮은 온도에서 오래 굽는다.

🔢 고율배합에 대한 설명으로 틀린 것은?
① 화학 팽창제를 적게 쓴다.
② 굽는 온도를 낮춘다.
❸ 비중이 높다.
④ 반죽 시 공기 혼입이 많다.

🔢 다음의 케이크 반죽 중 일반적으로 pH가 가장 낮은 것은?
① 스펀지 케이크
❷ 엔젤 푸드 케이크
③ 파운드 케이크
④ 데블스 푸드 케이크

❸ pH가 제품에 미치는 영향 16

산은 글루텐을 응고시켜 부피 팽창을 방해하므로 기공은 조밀하고 당의 열 반응도를 방해하므로 껍질색은 여리다. 반대로 알칼리는 글루텐을 용해시켜 부피 팽창을 유도하므로 기공이 거칠고 당의 열 반응도를 유도하므로 색이 어둡다.

산이 강한 경우	알칼리가 강한 경우
너무 고운 기공	거친 기공
여린 껍질색	어두운 껍질색과 속색
연한 향	강한 향
톡 쏘는 신맛	소다맛
빈약한 제품의 부피	정상보다 제품의 부피가 크다

❹ pH 조절

① 향과 색을 진하게 하려면 pH가 높아야 하므로 중조를 넣어 알칼리성으로 조절한다.

② 향과 색을 연하게 하려면 pH가 낮아야 하므로 주석산 크림, 레몬즙, 식초를 넣어 산성으로 조절한다.

❺ 가장 많이 쓰는 재료의 pH 17

박력분	pH 5.2	치즈	pH 4.0~4.5
설탕	pH 6.5~7.0	증류수	pH 7.0
흰자	pH 8.8~9.0	우유	pH 6.6
베이킹파우더	pH 6.5~7.5	베이킹소다	pH 8.4~8.8

16 케이크 반죽의 pH가 적정 범위를 벗어나 알칼리일 경우 제품에서 나타나는 현상은?
① 부피가 작다.
② 향이 약하다.
③ 껍질색이 여리다.
❹ 기공이 거칠다.

17 제과 재료와 pH의 연결이 틀린 것은?
① 설탕 : pH 6.5~7.0
❷ 베이킹파우더 : pH 4.5~5.5
③ 치즈 : pH 4.0~4.5
④ 박력분 : pH 4.9~5.8

01 팬닝

1 분할 팬닝 방법

1 팬닝 방법

팬에 적정량의 반죽을 팬닝하는 방법에는 틀의 부피를 기준으로 반죽량을 채우는 방법과 틀의 부피를 비용적으로 나누어 반죽량을 산출하여 채우는 방법이 있다.

2 팬닝 시 주의사항

① 팬에 반죽양이 많으면 윗면이 터지거나 흘러 넘친다.

② 팬에 반죽양이 적으면 모양이 좋지 않다.

③ 비용적(반죽 1g당 굽는 데 필요한 팬의 부피)을 알고 팬의 부피를 계산한 후 팬닝을 하여야 알맞은 제품을 얻을 수 있다.

3 제품별 팬닝 정도(팬 높이에 대한 팬닝량)

파운드 케이크	70% 18	스펀지 케이크	50~60%
레이어 케이크	55~60%	커스터드 푸딩	95%

4 반죽의 비용적

① 반죽 무게 19

$$반죽\ 무게 = \frac{틀부피(용적)}{비용적}$$

② **비용적** : 반죽을 구울 때 1g당 차지하는 부피(cm³/g) 20

$$비용적 = \frac{틀부피(용적)}{반죽\ 무게}$$

5 틀 부피 계산법

옆면을 가진 원형 팬	밑넓이 × 높이 = 반지름 × 반지름 × 3.14 × 높이
옆면이 경사진 원형 팬	평균 반지름 × 평균 반지름 × 3.14 × 높이

18 파운드 케이크 반죽을 팬에 넣을 때 적당한 팬닝비(%)는?
① 50%
② 55%
❸ 70%
④ 100%

19 반죽 무게를 구하는 식은?
① 틀부피 × 비용적
② 틀부피 + 비용적
❸ 틀부피 ÷ 비용적
④ 틀부피 − 비용적

20 비용적의 단위로 옳은 것은?
❶ cm³/g
② cm²/g
③ cm³/ml
④ cm²/ml

옆면이 경사지고 중앙에 경사진 관이 있는 원형 팬	전체 둥근틀 부피 – 관이 차지한 부피
경사면을 가진 사각 팬	평균 가로 × 평균 세로 × 높이
정확한 치수를 측정하기 어려운 팬	유채씨나 물을 담은 후 메스실린더로 부피를 구한다

6 제품별 비용적

엔젤 푸드 케이크	4.70cm³/g	산형 식빵	3.36cm³/g
파운드 케이크	2.40cm³/g **21**	스펀지 케이크	5.08cm³/g **22**

02 성형

1 성형방법

1 짜내기

짤주머니에 모양 깍지를 끼우고 철판에 짜 놓는 방법이다.

2 찍어내기

반죽을 일정한 두께로 밀어 펴기를 한 후 원하는 모양의 틀을 사용하여 찍어내어 평철판에 팬닝을 한다.

3 접어 밀기

유지를 밀가루 반죽으로 감싼 뒤 밀어 펴고 접는 일을 되풀이하는 방법으로 퍼프 페이스트리 반죽 등의 모양내기에 사용한다.

2 제품별 성형 방법 및 특징

1 파운드 케이크

밀가루, 설탕, 유지, 계란 4가지를 각각 1파운드씩 같은 양을 넣어 만든 것에서 유래되었다고 한다.

1) 기본 배합률

재료	밀가루	설탕	유지	계란
배합률(%)	100	100	100	100

2) 사용재료의 특성

① 부드러운 제품을 만들고자 할 경우에는 박력분을, 쫄깃한 제품을 만들고자 할 경우는 중력분이나 강력분을 혼합해 사용한다.
② 맛의 변화를 위해 옥수수 가루나 보리 가루를 섞을 수 있으나 찰옥수수 가루는 제품의 내상을 차지게 하기에 사용하지 않는다.
③ 크림성과 유화성이 좋은 유지를 사용해야 한다.

21 같은 용적의 팬에 같은 무게의 반죽을 팬닝하였을 경우 부피가 가장 작은 제품은?
① 시폰 케이크
② 레이어 케이크
❸ 파운드 케이크
④ 스펀지 케이크

22 다음 제품 중 비용적이 가장 큰 제품은?
① 파운드 케이크
② 옐로 레이어 케이크
❸ 스펀지 케이크
④ 식빵

④ 유지는 쇼트닝, 마가린, 버터, 라드 순으로 크림성과 유화성이 뛰어나 사용하기 좋다.

⑤ 케이크 제조에서 유지는 팽창기능, 유화기능, 윤활기능(흐름성) 등 3가지 기능을 한다.

3) 제조 공정

> **믹싱**

파운드는 반죽형 반죽을 만들 수 있는 제법을 모두 이용할 수 있으나 크림법이 가장 일반적이다.

① 유지(버터, 마가린, 쇼트닝)의 품온인 18~25℃에 소금과 설탕을 넣으면서 크림을 만든다. **23**

② 계란을 서서히 넣으면서 부드러운 크림을 만든다.

③ 밀가루와 나머지 액체 재료도 넣고 균일한 반죽을 만든다.

④ 밀가루를 혼합할 때 가볍게 하여 글루텐 발전을 최소화해야 부드러운 조직이 된다.

⑤ 반죽의 온도는 20~24℃가 적당하며 비중은 0.75~0.85가 일반적이다.

> **팬닝**

① 파운드 틀을 사용하여 안쪽에 종이를 깔고 틀 높이의 70% 정도만 채운다.

② 파운드 케이크는 반죽 1g당 2.4cm³를 차지한다.

> **굽기**

① 반죽량이 많은 제품은 170~180℃에서 굽고, 적은 제품은 180~190℃에서 굽는다.

② 윗면을 자연스럽게 터트려 굽거나, 균일한 터짐을 위하여 칼집을 내준다.

③ 파운드 케이크를 구운 직후 광택제 효과, 착색효과, 보존기간 개선, 맛의 개선 등을 하기 위해서 노른자에 설탕을 넣고 칠한다. **24**

> **⌇TIP** 파운드 케이크를 구울 때 윗면이 자연적으로 터지는 원인 **25**
> – 반죽에 수분이 불충분
> – 설탕입자가 다 녹지 않음
> – 오븐 온도가 높아 껍질이 빨리 생김
> – 팬닝 후 장시간 방치하여 표면이 마름

---

4) 응용 제품

> **마블 케이크**

초콜릿과 코코아를 첨가해 전체 반죽의 1/4을 코코아 반죽으로 만든 후 나머지 흰 반죽과 섞어 대리석 무늬를 만든 케이크이다.

과일 파운드 케이크

① 파운드 케이크 반죽에 첨가하는 과일양은 전체 반죽의 25~50%이다.

② 과일은 건조과일을 쓰거나 시럽에 담근 과일을 사용한다. 시럽에 담근 과일은 사용 전에 물을 충분히 뺀 뒤 사용한다.

③ 과일을 밀가루에 묻혀 사용하면 과일이 밑바닥에 가라앉는 것을 방지할 수 있다. 26

④ 과일류는 믹싱 최종단계에 넣는다.

2 스펀지 케이크

거품형 반죽 과자의 대표적인 제품으로 전란을 사용하여 만드는 스펀지 반죽으로 만든 제품이다.

1) 기본 배합률 27

재료	밀가루	계란	설탕	소금
배합률(%)	100	166	166	2

2) 사용재료의 특성

① 부드러운 제품을 만들고자 할 경우에는 박력분을 사용한다.

② 박력분이 없어 중력분을 사용할 때 전분(12% 이하)을 섞어 사용할 수 있다.

③ 계란과 밀가루는 부피를 결정하고 제품의 구조를 형성한다.

④ 계란은 수분을 공급해 주며 내상에 색을 낸다.

⑤ 소금은 맛을 내는데 중요한 역할을 한다.

> **TIP 계란 사용량을 1% 감소시킬 때의 조치사항** 28
> - 밀가루 사용량을 0.25% 추가한다.
> - 물 사용량을 0.75% 추가한다.
> - 베이킹파우더를 0.03% 사용한다.
> - 유화제를 0.03% 사용한다.

3) 제조 공정

① 스펀지 케이크 제조에 사용되는 믹싱법은 공립법, 별립법 중에서 선택한다.

② 팬닝 : 철판, 원형틀에 60% 정도 반죽을 채운다.

③ 스펀지는 계란을 많이 사용하는 제품이므로 굽기가 끝나면 즉시 팬에서 꺼내야 냉각 중 과도한 수축을 막을 수 있다.

④ 스펀지 케이크를 굽는 공정 중에 공기의 팽창, 전분의 호화, 단백질의 응고 등의 물리적 현상들이 일어난다.

---

26 과일케이크를 만들 때 과일이 가라앉는 이유가 아닌 것은?
① 강도가 약한 밀가루를 사용한 경우
② 믹싱이 지나치고 큰 공기방울이 반죽에 남는 경우
❸ 시럽에 담근 과일의 시럽을 배수시켜 사용한 경우
④ 진한 속색을 위한 탄산수소나트륨을 과다로 사용한 경우

27 밀가루 100%, 계란 166%, 설탕 166%, 소금 2%인 배합률은 어떤 케이크 제조에 적당한가?
① 파운드 케이크
② 옐로 레이어 케이크
❸ 스펀지 케이크
④ 엔젤 푸드 케이크

28 스펀지 케이크에서 계란 사용량을 감소시킬 때의 조치사항이 잘못된 것은?
① 베이킹파우더를 사용하기도 한다.
② 물 사용량을 추가한다.
❸ 쇼트닝을 첨가한다.
④ 양질의 유화제를 병용한다.

4) 응용 제품

아몬드 스펀지 케이크

스펀지 케이크에 지방이 50%로 구성된 아몬드 분말을 넣어 노화를 지연시키고 풍미를 증진시킬 수 있는 아몬드 스펀지 케이크를 만들 수 있다.

카스텔라 29

① 반죽의 건조를 방지하고 옆면 및 밑면의 껍질이 두꺼워지는 것을 방지하기 위해 나무틀을 사용하여 굽는다.
② 굽기 온도는 180~190℃가 적합하다.

3 롤 케이크

기본 배합인 스펀지 케이크보다 수분이 많아야 말 때 표피가 터지지 않게 된다. 그러므로 계란 사용량이 많아진다.

1) 제조 공정 30

믹싱

스펀지 케이크 제법인 공립법, 별립법, 일단계법에서 선택한다.

팬닝

① 철판에 팬 높이 정도로 종이를 깔고 반죽을 넣은 후 평평하게 정리한다.
② 기포가 꺼지므로 팬닝은 가능한 빨리하고 남긴 반죽에 캐러멜 소스를 섞은 후 무늬를 그린다.

굽기

① 양이 적은 반죽은 높은 온도에서 굽고 양이 많은 반죽은 비교적 낮은 온도에서 굽는다. 단, 수분 손실이 많으면 말 때 터질 수 있으므로 오버 베이킹 되지 않도록 주의한다.
② 수축 방지를 위해 구운 직후 팬에서 바로 분리한다.

말기

열이 좀 빠지면 압력을 가해 수평을 맞추어 잼을 바르고 말아준다.

2) 롤 케이크 말기를 할 때 표면의 터짐을 방지하는 방법 31

① 설탕의 일부는 물엿과 시럽으로 대치한다.
② 배합에 덱스트린을 사용하여 점착성을 증가시키면 터짐이 방지된다.
③ 팽창이 과도한 경우 팽창제 사용을 감소하거나 믹싱 상태를 조절한다.
④ 노른자의 비율이 높은 경우에도 부서지기 쉬우므로 노른자를 줄이고 전란을 증가시킨다.
⑤ 굽기 중 너무 건조시키면 말기를 할 때 부러지기 때문에 오버 베이킹을 하지 않는다.

29 다음 제품 중 건조방지를 목적으로 나무틀을 사용하여 굽기를 하는 제품은?
① 슈
② 밀푀유
❸ 카스텔라
④ 퍼프 페이스트리

30 젤리 롤 케이크 반죽 굽기에 대한 설명으로 틀린 것은?
① 두껍게 편 반죽은 낮은 온도에서 굽는다.
❷ 구운 후 철판에서 꺼내지 않고 냉각시킨다.
③ 양이 적은 반죽은 높은 온도에서 굽는다.
④ 열이 식으면 압력을 가해 수평을 맞춘다.

31 젤리 롤 케이크를 말 때 터지는 경우가 발생하면 조치할 사항이 아닌 것은?
❶ 계란에 노른자를 추가시켜 사용한다.
② 설탕(자당)의 일부를 물엿으로 대치한다.
③ 덱스트린의 점착성을 이용한다.
④ 팽창이 과도한 경우에는 팽창제 사용량을 감소시킨다.

⑥ 밑불이 너무 강하지 않도록 하여 굽는다.

⑦ 반죽의 비중이 너무 높지 않게 믹싱을 한다.

⑧ 반죽 온도가 낮으면 굽는 시간이 길어지므로 온도가 너무 낮지 않도록 한다.

⑨ 배합에 글리세린을 첨가해 제품에 유연성을 부여한다.

4 엔젤 푸드 케이크 📄

계란의 거품을 이용한다는 측면에서 스펀지 케이크와 유사한 거품형 제품이나 전란 대신에 흰자를 사용하는 것이 다르다.

1) 기본 배합률(True %)

재료명	밀가루	흰자	주석산 크림	소금	설탕
비율(%)	15~18	40~50	0.5~0.625	0.375~0.5	30~42

2) 배합률 조절공식

① 밀가루 15% 선택 시 흰자 50%를, 밀가루 18% 선택 시 흰자 40%를 교차 선택한다.

② 주석산 크림과 소금의 합이 1%가 되게 선택한다.

③ 설탕 = 100 − (흰자 + 밀가루 + 주석산 크림 + 소금의 양)

④ 정백당 = 설탕×2/3, 분설탕 = 설탕×1/3

3) 사용재료의 특성

① 표백이 잘된 특급 박력분을 사용한다.

② 주석산 크림은 흰자의 알칼리성을 중화시켜 튼튼한 거품을 만든다.

③ 머랭과 함께 주석산 크림을 섞는 산 전처리법은 튼튼하고 탄력 있는 제품을 만들 때 사용한다.

④ 밀가루와 함께 주석산 크림을 섞는 산 후처리법은 부드러운 기공과 조직을 가진 제품을 만들 때 사용한다.

⑤ 전체 설탕량에서 머랭을 만들 때에는 2/3를 정백당의 형태로 넣고 밀가루와 함께 넣을 때는 1/3을 분설탕의 형태로 넣는다.

> **TIP** 주석산 크림(주석산 칼슘)은 흰자의 알칼리성을 낮추어 산성으로 만드는 산 작용제(산염제)이다. 등전점에 가까울 때 흰자는 탄력성이 커지며 흰자가 만든 머랭도 튼튼해서 사그라지지 않는다. pH가 낮아지면(산성화되면) 당의 캐러멜화 반응이 늦어져 제품의 색이 흰색으로 밝아진다. 식초, 레몬즙, 과일즙 등으로 대신할 수도 있다. 📄

4) 제조 공정

① 머랭 반죽 만들기의 제조법으로 제조가 가능하며 주석산 크림의 넣는 시기에 따라 산 전처리법, 산 후처리법으로 부른다.

② 팬닝 : 틀에 이형제로 물을 분무한 후 60~70% 정도 반죽을 채운다.

③ 오버 베이킹(over baking) 시 제품의 수분 손실량이 많다.

32 다음 중 계란 노른자를 사용하지 않은 케이크는?
① 파운드 케이크
❷ 엔젤 푸드 케이크
③ 소프트 롤 케이크
④ 옐로 레이어 케이크

33 흰자를 사용하는 제품에 주석산 크림과 같은 산을 넣는 이유가 아닌 것은?
① 흰자의 알칼리성을 중화한다.
② 흰자의 거품을 강하게 만든다.
③ 머랭의 색상을 희게 한다.
❹ 전체 흡수율을 높여 노화를 지연시킨다.

TIP 이형제란 반죽을 구울 때 달라붙지 않게 하고 모양을 그대로 유지하기 위하여 사용하는 재료를 가리킨다. 시폰 케이크와 엔젤 푸드 케이크는 이형제로 물을 사용한다. 34

5 퍼프 페이스트리

유지층 반죽 과자의 대표적인 제품으로 프렌치 파이라고도 한다.

1) 기본 배합률 35

재료	밀가루	유지	물	소금
배합률(%)	100	100	50	1~3

2) 재료의 특성

① 이스트를 사용하지 않는 제품이지만 양질의 강력분을 사용한다.

② 강력분을 사용하는 이유는 많은 양의 유지를 지탱하고 여러 차례에 걸친 접기와 밀기 공정에도 반죽과 유지의 층을 분명하게 형성해야 하기 때문이다.

③ 박력분을 사용하면 글루텐 강도가 약해서 반죽이 잘 찢어지고 균일한 유지층을 만들기 어렵다.

④ 유지는 본 반죽에 넣는 것과 충전용으로 나누는데 충전용이 많을수록 결이 분명해지고 부피도 커진다. 그러나 밀어 펴기가 어려워진다. 36

⑤ 본 반죽에 넣는 유지를 증가시킬수록 밀어 펴기는 쉽게 되지만 결이 나빠지고 부피가 줄게 되므로 총 반죽량을 기준으로 50% 미만으로 사용한다.

⑥ 특히 충전용 유지는 가소성 범위가 넓어야 한다.

3) 제조 공정

> **반죽 만들기**

① **반죽형(스코틀랜드식)** : 유지를 깍두기 모양으로 잘라 물, 밀가루와 섞어 반죽한다. 작업이 편리한 대신 덧가루가 많이 들고, 제품이 단단하다.

② **접기형(프랑스식)** : 밀가루, 유지, 물로 반죽을 만든 후 여기에 유지를 싸서 밀어 편다. 결이 균일하고 부피가 커진다.

> **정형 시 주의사항**

① 반죽 후 휴지를 시킬 때 휴지의 완료점은 손가락으로 살짝 눌렀을 때 누른 자국이 남아있다. 37

② 전체적으로 똑같은 두께로 밀어 편다.

③ 예리한 칼을 이용해 파치가 최소한이 되도록 원하는 모양으로 자른다.

④ 굽기 전 20분 정도 실온휴지시킨다.

34 엔젤 푸드 케이크 제조 시 팬에 사용하는 이형제로 가장 적절한 것은?
① 쇼트닝
② 밀가루
③ 라드
❹ 물

35 전통적인 퍼프 페이스트리의 기본 배합률로 강력분 : 유지 : 냉수 : 소금의 비율로 가장 적당한 것은?
❶ 100 : 100 : 50 : 1
② 100 : 50 : 100 : 1
③ 100 : 50 : 50 : 1
④ 100 : 50 : 25 : 1

36 퍼프 페이스트리 제조 시 충전용 유지가 많을수록 어떤 결과가 생기는가?
① 밀어 펴기가 쉽다.
❷ 부피가 커진다.
③ 제품이 부드럽다.
④ 오븐 스프링이 적다.

37 퍼프 페이스트리의 휴지가 종료되었을 때 손으로 살짝 누르게 되면 다음 중 어떤 현상이 나타나는가?
❶ 누른 자국이 남아있다.
② 누른 자국이 원상태로 올라온다.
③ 누른 자국이 유동성 있게 움직인다.
④ 내부의 유지가 흘러나온다.

굽기

① 굽기할 때 색이 날 때까지 오븐 문을 열지 않는다. 전에 열면 주저앉기 쉽다.

② 굽는 온도가 낮으면 글루텐이 말라 신장성이 줄고 증기압이 발생해 부피가 작고 묵직해진다.

③ 굽는 온도가 높으면 껍질이 먼저 생겨 글루텐의 신장성이 작은 상태에서 팽창이 일어나 제품이 갈라진다.

> **TIP** **퍼프 페이스트리 반죽을 냉장고에서 휴지시키는 목적** 38
>
> – 반죽을 연화 및 이완시켜 밀어 펴기를 용이하게 한다.
> – 밀가루가 수화를 완전히 하여 글루텐을 안정시킨다.
> – 믹싱과 밀어 펴기로 손상된 글루텐을 재 정돈시킨다.
> – 반죽과 유지의 되기를 같게 하여 층을 분명히 한다.
> – 정형을 하기 위해 반죽을 절단 시 수축을 방지한다.

38 퍼프 페이스트리 반죽의 휴지 효과에 대한 설명으로 틀린 것은?
① 글루텐을 재 정돈시킨다.
② 밀어 펴기가 용이해진다.
❸ CO₂가스를 최대한 발생시킨다.
④ 절단 시 수축을 방지한다.

4) 결함과 원인

굽는 동안 유지가 흘러나오는 이유

① 밀어펴기를 잘못했다.

② 박력분을 썼다.

③ 오븐의 온도가 지나치게 높거나 낮았다.

④ 오래된 반죽을 사용했다.

불규칙하거나 팽창이 부족한 이유 39 40

① 휴지시간이 부족하였다.

② 예리하지 못한 칼을 사용하였다.

③ 덧가루를 많이 사용하였다.

④ 수분이 없는 경화쇼트닝을 사용하였다.

⑤ 오븐 온도가 너무 높거나 낮았다.

⑥ 밀어펴기를 잘못하였다.

6 케이크 도넛

화학 팽창제를 사용하여 팽창시키며 도넛의 껍질 안쪽 부분이 보통의 케이크와 조직이 비슷하여 붙여진 이름이다.

1) 사용재료의 특성

① 밀가루는 중력분을 쓰며 팽창제, 설탕, 분유 등을 섞는다.

② 계란 노른자의 레시틴은 유화제 역할을 한다.

③ 계란은 구조 형성 재료로, 도넛을 튼튼하게 하며 수분을 공급한다.

39 퍼프 페이스트리 제조 시 팽창이 부족하여 부피가 빈약해지는 결점의 원인에 해당하지 않는 것은?
❶ 반죽의 휴지가 길었다.
② 밀어펴기가 부적절하였다.
③ 부적절한 유지를 사용하였다.
④ 오븐의 온도가 너무 높았다.

40 퍼프 페이스트리에서 불규칙한 팽창이 발생하는 원인이 아닌 것은?
① 덧가루를 과량으로 사용하였다.
② 밀어펴기 사이에 휴지시간이 불충분하였다.
③ 예리하지 못한 칼을 사용하였다.
❹ 쇼트닝이 너무 부드러웠다.

2) 제조 공정

① 공립법으로 제조하며, 크림법으로 반죽을 만들기도 한다.

② 반죽 온도 : 22~24℃

③ 실온 휴지 후 정형한다.

> **TIP 휴지의 효과**
> – 이산화탄소가 발생하여 반죽이 부푼다.
> – 각 재료에 수분이 흡수된다.
> – 표피가 쉬 마르지 않는다.
> – 밀어펴기가 쉬워진다.

④ **튀김온도** : 185~195℃ **41**

⑤ **적정 기름의 깊이** : 12~15cm 정도

⑥ 마무리로는 충전과 아이싱을 한다.

- 도넛이 식기 전에 도넛 글레이즈를 49℃로 중탕하여 토핑한다. **42**
- 초콜릿이나 퐁당을 아이싱한 후 굳기 전에 코코넛, 호두가루, 땅콩, 오색 당의정을 묻히거나 뿌리기도 한다.
- 도넛 설탕이나 계피 설탕은 점착력이 큰 온도에서 뿌린다.
- 커스터드 크림은 냉각 후 충전하고 냉장고에 보관한다.
- 초콜릿은 중탕으로 녹인 후에 퐁당은 40℃ 정도로 가온하여 아이싱한다.

3) 결함과 원인

도넛에 묻힌 설탕이나 글레이즈가 수분에 녹아 시럽처럼 변하는 발한현상이 생길 수 있다.

발한현상에 대한 대처 **43**

① 설탕 사용량을 늘린다.

② 40℃ 전후로 충분히 식히고 나서 설탕을 묻힌다.

③ 튀김시간을 늘려 도넛의 수분 함량을 줄인다.

④ 튀김기름에 스테아린을 3~6% 첨가하여 기름이 배어나오는 것을 막는다.

⑤ 도넛의 수분 함량을 21~25%로 한다.

도넛에 기름이 많다 **44**

① 설탕, 유지, 팽창제의 사용량이 많았다.

② 튀김시간이 길었다.

③ 지친반죽이나 어린반죽을 썼다.

④ 묽은 반죽을 썼다.

⑤ 튀김온도가 낮았다.

41 도넛의 튀김온도로 가장 적당한 범위는?
① 140~150℃
② 160~175℃
❸ 180~195℃
④ 220~236℃

42 도넛 글레이즈의 사용온도로 적당한 것은?
❶ 49℃
② 39℃
③ 29℃
④ 19℃

43 도넛의 설탕이 수분을 흡수하여 녹는 현상을 방지하기 위한 방법으로 잘못된 것은?
① 도넛에 묻는 설탕량을 증가시킨다.
② 튀김시간을 증가시킨다.
❸ 포장용 도넛의 수분은 38% 전후로 한다.
④ 냉각 중 환기를 더 많이 시키면서 충분히 냉각한다.

44 도넛의 흡유량이 높았을 때 그 원인은?
❶ 고율배합 제품이다.
② 튀김시간이 짧다.
③ 휴지시간이 짧다.
④ 튀김온도가 높다.

☑ 레이어 케이크

반죽형 반죽 과자의 대표적인 제품으로 설탕 사용량이 밀가루 사용량보다 많은 고율배합 제품이다.

1) 재료 사용 범위

재료	화이트 레이어 케이크	옐로 레이어 케이크	데블스 푸드 케이크	초콜릿 케이크
	사용범위(%)	사용범위(%)	사용범위(%)	사용범위(%)
밀가루 (박력분)	100	100	100	100
설탕	100~160	100~140	100~180	100~180
쇼트닝	30~70	30~70	30~70	30~70
계란 흰자	흰자 =쇼트닝×1.43	계란 =쇼트닝×1.1	계란 =쇼트닝×1.1	계란 =쇼트닝×1.1
탈지분유	변화	변화	변화	변화
물	변화	변화	변화	변화
베이킹 파우더	2~6	2~3	2~6	2~6
소금	1~3	1~3	2~3	2~3
주석산 크림	0.5	–	–	–
향료	0.5~1.0	0.5~1.0	0.5~1.0	0.5~1.0
유화제	6~8	6~8	2~6	2~6
배합률 조정 순서 1. 설탕 및 쇼트닝 사용량을 결정 2. 계란의 양 산출 3. 우유의 양 산출 4. 분유의 양 산출 5. 물의 양 산출	• 흰자=쇼트닝×1.43 • 우유=설탕 + 30 –흰자 • 분유=우유×0.1 • 물=우유×0.9 • 주석산 크림=0.5% • 설탕:110~160%	• 계란=쇼트닝×1.1 • 우유=설탕 + 25 –계란 • 분유=우유×0.1 • 물=우유×0.9 • 설탕:110~140%	• 계란=쇼트닝×1.1 • 우유=설탕 + 30 + (코코아×1.5)–계란 • 분유=우유×0.1 • 물=우유×0.9 • 설탕:110~180% • 중조=천연코코아 ×7% • 베이킹파우더 =원래 사용하던 양 –(중조×3)	• 계란=쇼트닝×1.1 • 우유=설탕 + 30 + (코코아×1.5)–계란 45 • 분유=우유×0.1 • 물=우유×0.9 • 설탕:110~180% • 초콜릿=코코아 + 카카오 버터 • 코코아=초콜릿량× 62.5%($\frac{5}{8}$) • 카카오 버터=초콜릿 량×37.5%($\frac{3}{8}$) • 조절한 유화 쇼트 닝=원래 유화 쇼트 닝–(카카오 버터× 1/2) 46

45 초콜릿 케이크에서 우유 사용량을 구하는 공식은?
① 설탕+30+(코코아×1.5)+전란
② 설탕-30-(코코아×1.5)-전란
③ 설탕+30-(코코아×1.5)+전란
❹ 설탕+30+(코코아×1.5)-전란

46 유화 쇼트닝을 60% 사용해야 할 옐로우 레이어 케이크 배합에 32%의 초콜릿을 넣어 초콜릿 케이크를 만든다면 원래의 쇼트닝 60%는 얼마로 조절해야 하는가?
① 48%
❷ 54%
③ 60%
④ 72%

해설 카카오 버터
$=32\% \times \frac{3}{8} = 12\%$
조절한 유화 쇼트닝
$=60\% - \left(12\% \times \frac{1}{2}\right) = 54\%$

2) 제조 공정

믹싱

① 반죽형 반죽을 만들 수 있는 제법 모두를 이용할 수 있으나 크림법이 가장 일반적이다. 단, 데블스 푸드 케이크는 블렌딩법으로 제조한다.

② 반죽 온도 24℃, 반죽 비중 0.85~0.9

팬닝

팬의 55~60% 정도 반죽을 채운다.

굽기 47

온도 180℃, 시간 25~35분

8 사과파이

미국을 대표하는 음식으로 일명 아메리칸 파이라고도 하고 쇼트(바삭한) 페이스트리라고도 한다.

1) 사용재료의 특성

① 밀가루는 비표백 중력분을 쓰거나 박력분 60%와 강력분 40%를 섞어 쓰기도 한다.

② 유지는 가소성이 높은 쇼트닝 또는 파이용 마가린을 쓴다. 유지의 사용량은 밀가루를 기준으로 40~80%이다.

③ 착색제로는 설탕, 포도당, 물엿, 분유, 버터, 계란칠 등을 사용할 수 있는데 그 중 가장 적은 양으로 착색효과를 낼 수 있는 재료는 탄산수소나트륨(중조, 소다)이다.

2) 제조 공정

반죽 만들기

① 밀가루와 유지를 섞어 유지의 입자가 콩알 크기가 될 때까지 다진다 (유지의 입자 크기에 따라 파이의 결이 결정된다). 48

② 소금, 설탕, 분유 등을 찬물에 녹여 ①에 넣고 물기가 없어질 때까지 반죽한다.

③ 15℃ 이하의 온도에서 4~24시간 휴지시킨다.

> **TIP 파이반죽을 냉장고에서 휴지시키는 이유** 49
> – 반죽을 연화 및 이완시킨다.　　– 유지와 반죽의 굳은 정도를 같게 한다.
> – 전 재료의 수화 기회를 준다.　　– 끈적거림을 방지하여 작업성을 좋게 한다.

필링 준비

① 사과는 껍질, 씨, 속을 제거하고 알맞게 잘라 설탕물에 담갔다가 건져 둔다.

47 옐로 레이어 케이크의 적당한 굽기 온도는?
① 140℃
② 150℃
③ 160℃
❹ 180℃

48 사과파이 껍질의 결의 크기는 어떻게 조절되는가?
❶ 쇼트닝의 크기로 조절한다.
② 쇼트닝의 양으로 조절한다.
③ 접기 수로 조절한다.
④ 밀가루 양으로 조절한다.

49 파이를 냉장고 등에서 휴지시키는 이유와 가장 거리가 먼 것은?
① 모든 재료의 수화 기회를 준다.
② 유지와 반죽의 굳은 정도를 같게 한다.
❸ 반죽을 경화 및 긴장시킨다.
④ 끈적거림을 방지하여 작업성을 좋게 한다.

② 버터를 제외한 전 재료를 가열하여 풀 상태가 되도록 전분을 호화시킨다.

③ 적절한 되기가 되면 버터를 넣어 혼합한다.

④ 잘라둔 사과를 버무린다.

⑤ 파이 껍질에 담을 때까지 20℃ 이하로 식힌다.

성형

① 휴지된 반죽을 파이 팬에 맞게 알맞은 두께로 밀어서 팬에 깐다.

② 사과 충전물을 평평하게 고르며 팬에 담는다.

③ 윗껍질을 밀어서 구멍을 낸 후 가장자리에 잘 붙게 물을 묻혀서 덮고 테두리는 모양을 잡아준다.

④ 윗면에 계란 노른자를 풀어서 발라 껍질색을 좋게 한다.

⑤ **파이 껍질 성형** : 성형하기 전에 15℃ 이하에 적어도 4~24시간 저장

굽기

윗불 220℃/밑불 180℃, 시간 25~30분

> 📑TIP **충전물이 끓어 넘치는 원인** 50
> - 껍질에 수분이 많았다.
> - 껍질에 구멍을 뚫지 않았다.
> - 충전물의 온도가 높다.
> - 위·아래 껍질을 잘 붙이지 않았다.
> - 오븐의 온도가 낮다.
> - 바닥 껍질이 얇다.

9 쿠키

케이크 반죽에 밀가루의 양을 증가시켜 수분이 5% 이하로 적고 크기가 작은 건과자와 케이크 반죽을 그대로 사용하여 만든 수분이 30% 이상으로 많고 크기가 작은 생과자를 말한다.

1) 쿠키의 특성

① **쿠키의 반죽 온도** : 18~24℃

② **포장과 보관 온도** : 10℃ 정도

2) 쿠키의 퍼짐

쿠키의 퍼짐을 좋게 하기 위한 조치 51	쿠키의 퍼짐이 큰 원인	쿠키의 퍼짐이 작은 원인
• 팽창제를 사용한다. • 입자가 큰 설탕을 사용한다. • 알칼리 재료의 사용량을 늘린다. • 오븐 온도를 낮게 한다.	• 묽은 반죽 • 유지 과다 사용 • 팽창제 과다 사용 • 알칼리성 반죽 • 설탕 과다 사용 • 낮은 오븐 온도	• 된 반죽 • 유지 적게 사용 • 믹싱 과다 • 산성 반죽 • 설탕 적게 사용 • 높은 오븐 온도

50 파이를 만들 때 충전물이 끓어 넘쳤다. 그 원인으로 틀린 것은?
① 배합이 적합하지 않았다.
❷ 충전물의 온도가 낮았다.
③ 바닥 껍질이 너무 얇다.
④ 껍질에 구멍이 없다.

51 반죽형 쿠키의 굽기 과정에서 퍼짐성이 나쁠 때 퍼짐성을 좋게 하기 위해서 사용할 수 있는 방법은?
❶ 입자가 굵은 설탕을 사용한다.
② 반죽을 오래한다.
③ 오븐의 온도를 높인다.
④ 설탕의 양을 줄인다.

3) 반죽의 특성에 따른 분류

① 반죽형 반죽 쿠키

드롭(소프트) 쿠키 52	· 계란의 사용량이 많아 반죽형 쿠키 중에서 수분이 가장 많은 부드러운 쿠키이다. · 짤주머니로 짜서 성형한다.
스냅(슈가) 쿠키	· 계란 사용량이 적으며, 설탕 사용량이 많다. · 밀어펴서 성형기로 찍어 제조한다. · 단단하고 바삭하다.
쇼트 브레드 쿠키	· 유지 사용량이 많다. · 밀어펴서 성형기로 찍어 제조한다. · 식감은 부드럽고 바삭하다.

② 거품형 반죽 쿠키

스펀지 쿠키 53	· 계란의 전란을 사용하며 모든 쿠키 중에서 수분이 가장 많은 쿠키이다. · 짤주머니로 짜서 성형한다. · 종류에는 핑거 쿠키(길이 5~6cm)가 있다.
머랭 쿠키	· 흰자와 설탕을 휘핑한 머랭으로 만든 쿠키로 낮은 온도(100℃ 이하)에서 건조시키는 정도로 굽는다. · 성형은 짤주머니로 짜서 성형한다. · 종류에는 마카롱이 있다.

4) 제조 특성에 따른 분류

① **밀어 펴서 정형하는 쿠키** : 스냅 쿠키나 쇼트 브레드 쿠키처럼 밀어 펴는 쿠키로 충분히 휴지시킨 후 균일한 두께로 밀어펴 정형기로 찍어 낸다.

② **짜는 형태의 쿠키** : 드롭 쿠키나 거품형 반죽 쿠키처럼 짤주머니로 모양과 크기를 균일하게 짠다.

③ **냉동 쿠키** : 유지가 많은 배합의 쿠키 반죽을 냉동고에서 굳혀 자른다.

④ **판에 등사하는 쿠키** 54 : 아주 묽은 반죽을 철판에 올려놓은 틀에 흘려 넣어 모양을 만들어 굽는다. 일명 스텐실 쿠키라고 한다.

10 슈

모양이 양배추 같다고 해서 슈라고 부르며, 텅빈 내부에 크림을 넣으므로 슈크림이라고 한다. 다른 반죽과 달리 밀가루를 먼저 익힌 뒤 굽는 것이 특징이다. 물, 유지, 밀가루, 계란을 기본재료로 해서 만들고 기본재료에는 설탕이 들어가지 않는다. 55

> ⚙TIP **슈 반죽에 설탕이 들어가면 일어나는 현상**
> - 상부가 둥글게 된다.
> - 내부에 구멍형성이 좋지 않다.
> - 표면에 균열이 생기지 않는다.

---

52 반죽형 쿠키 중 수분을 가장 많이 함유하는 쿠키는?
① 쇼트 브레드 쿠키
❷ 드롭 쿠키
③ 스냅 쿠키
④ 스펀지 쿠키

53 거품형 쿠키로서 전란을 사용하여 만드는 쿠키는?
① 드롭 쿠키
② 스냅 쿠키
❸ 스펀지 쿠키
④ 머랭 쿠키

54 다음 쿠키 중 가장 묽은 반죽은?
① 밀어 펴서 정형하는 쿠키
❷ 판에 등사하는 쿠키
③ 냉동쿠키
④ 짜는 형태의 쿠키

55 슈의 필수재료가 아닌 것은?
① 중력분
② 계란
③ 물
❹ 설탕

1) 제조 공정

반죽 만들기

① 물에 소금과 유지를 넣고 센 불에서 끓인다.

② 밀가루를 넣고 완전히 호화될 때까지 젓는다.

③ 60~65℃로 냉각시킨 다음, 계란을 소량씩 넣으면서 매끈한 반죽을 만든 후 베이킹파우더를 넣고 균일하게 혼합한다.

④ 평철판 위에 충분한 간격을 두어(팽창이 큼) 짠 후 굽기 중에 껍질이 너무 빨리 형성되는 것을 막기 위해 분무·침지시킨다. 56

굽기

① 초기에는 밑불을 높여 굽다가 표피가 거북이 등처럼 되고 밝은 갈색이 나면 밑불을 줄이고 윗불을 높여 굽는다.

② 찬 공기가 들어가면 슈가 주저앉게 되므로 팽창 과정 중에 오븐 문을 자주 여닫지 않도록 한다. 57

⑪ 냉과

냉장고에서 마무리하는 모든 과자를 뜻하며 바바루아, 무스, 푸딩, 젤리, 블라망제 등이 있다.

1) 바바루아

우유, 설탕, 계란, 생크림, 젤라틴을 기본재료로 해서 만든 제품으로, 과실 퓌레를 사용하여 맛을 보강한다. 독일 바바리아 지방의 음료를 19세기 초에 현재와 같은 모양으로 만들었다.

2) 무스

프랑스어로 거품이란 뜻으로 커스터드 또는 초콜릿, 과일 퓌레에 생크림, 젤라틴 등을 넣고 굳혀 만든 제품이다. 바바루아기 발전된 것이 무스이고 바바루아와 무스에 공통적으로 사용하는 안정제는 젤라틴이다.

3) 푸딩

계란, 설탕, 우유 등을 혼합하여 중탕으로 구운 제품으로 육류, 과일, 야채, 빵을 섞어 만들기도 한다. 계란의 열변성에 의한 농후화 작용을 이용한 제품이다. 푸딩을 만들 때 설탕과 계란의 비는 1:2 58로 배합을 작성하며 팬닝은 95%로 거의 팽창하지 않는다. 너무 온도가 높으면 푸딩 표면에 기포가 생긴다. 59

4) 젤리

과즙, 와인 같은 액체에 펙틴, 젤라틴, 한천, 알긴산 등의 안정제를 넣어 굳힌 제품이다.

5) 블라망제

흰(blanc) 음식(manger)을 뜻하는 용어로서 아몬드를 넣은 희고 부드러운 냉과를 가리킨다.

56 다음 제품 중 성형하여 팬닝할 때 반죽의 간격을 가장 충분히 유지하여야 하는 제품은?
① 오믈렛
② 쇼트 브레드 쿠키
③ 핑거 쿠키
❹ 슈

57 슈(choux)의 제조 공정상 구울 때 주의할 사항 중 잘못된 것은?
① 220℃ 정도의 오븐에서 바삭한 상태로 굽는다.
② 너무 빠른 껍질 형성을 막기 위해 처음에 윗불을 약하게 한다.
❸ 굽는 중간 오븐문을 자주 여닫아 수증기를 제거한다.
④ 너무 빨리 오븐에서 꺼내면 찌그러지거나 주저앉기 쉽다.

58 커스터드 푸딩(custard pudding)을 제조할 때 설탕 : 계란의 사용비율로 적합한 것은?
① 1 : 1
❷ 1 : 2
③ 2 : 1
④ 3 : 2

59 푸딩 표면에 기포 자국이 많이 생기는 경우는?
❶ 가열이 지나친 경우
② 계란의 양이 많은 경우
③ 계란이 오래된 경우
④ 오븐 온도가 낮은 경우

01 반죽 익히기

1 반죽 익히기 방법의 종류 및 특징

1 굽기

1) 굽기 방법

① 고율배합 반죽과 다량의 반죽일수록 낮은 온도에서 장시간 구워야 한다.

② 저율배합 반죽과 소량의 반죽일수록 높은 온도에서 단시간 구워야 한다.

2) 온도의 부적당으로 생긴 현상 60

| 오버 베이킹(over baking) | 너무 낮은 온도에서 오래 구워서 윗면이 평평하고 조직이 부드러우나 수분 손실이 크다. |
| 언더 베이킹(under baking) | 너무 높은 온도에서 구워 설익고 중심 부분이 갈라지고 조직이 거칠며 주저앉기 쉽다. |

3) 굽기 손실률

$$굽기\ 손실률 = \frac{(굽기\ 전\ 반죽\ 무게 - 굽기\ 후\ 반죽\ 무게)}{굽기\ 전\ 반죽\ 무게} \times 100$$

2 튀기기

1) 튀김기름

① **튀김기름의 표준온도** : 180~195℃

② 튀김기름의 온도가 낮으면 너무 많이 부풀어 껍질이 거칠고 기름이 많이 흡수된다.

③ **튀김기름의 4대 적** : 온도(열), 수분(물), 공기(산소), 이물질로써 튀김 기름의 가수분해나 산화를 가속시켜 산패를 가져온다.

④ **튀김기름이 갖추어야 할 조건** 61

• 부드러운 맛과 엷은 색을 띤다.

• 가열 시 푸른 연기가 나며 발연점이 높아야 한다.

• 이상한 맛이나 냄새가 나지 않아야 한다.

60 **오버 베이킹에 대한 설명 중 옳은 것은?**
① 높은 온도에서 짧은 시간 동안 구운 것이다.
❷ 제품의 노화가 빨리 진행된다.
③ 수분 함량이 많다.
④ 가라앉기 쉽다.

61 **튀김기름의 조건으로 틀린 것은?**
① 발연점이 높아야 한다.
② 산패에 대한 안정성이 있어야 한다.
❸ 여름철에 융점이 낮은 기름을 사용한다.
④ 산가가 낮아야 한다.

- 산패에 대한 안정성이 있어야 한다.
- 산가가 낮아야 한다.
- 여름에는 융점이 높고 겨울에는 융점이 낮아야 한다.

3 찌기

① 찜의 전달방식은 수증기가 움직이면서 열이 전달되는 현상인 대류열이다.

② 가압하지 않은 찜기의 내부온도는 99℃ 정도이다.

③ **찜 과자류** : 푸딩, 찜케이크, 찐빵, 찜만주 등

2 익히기 중 성분 변화의 특징

① **캐러멜화 반응** : 설탕 성분이 높은 온도(160~180℃)에서 껍질이 갈색으로 변하는 반응 62

② **마이야르 반응** : 당에서 분해된 환원당과 단백질에서 분해된 아미노산이 결합하여 껍질이 갈색으로 변하는 반응으로 낮은 온도에서 진행되며 캐러멜화에서 생성되는 향보다 중요한 역할을 한다.

③ **메일라드(마이야르, 아미노 카르보닐) 반응에 영향을 주는 요인** : 온도, 수분, pH, 당의 종류, 반응물질의 농도 등으로 pH가 알칼리성으로 기울수록 갈색화반응 속도가 빨라진다.

3 관련 기계 및 도구

1 오븐

공장 설비 중 제품의 생산능력을 나타내는 기준으로 오븐 안에 들어가는 철판의 매수로 계산한다.

종류	특징
데크 오븐 63	반죽을 넣는 입구와 제품을 꺼내는 출구가 같은 "단 오븐"으로 소규모 제과점에서 많이 사용된다.
터널 오븐	반죽이 들어가는 입구와 제품이 나오는 출구가 서로 다른 오븐으로 대량생산공장에서 많이 사용된다.
컨벡션 오븐	팬으로 열을 강제 순환시켜 반죽을 균일하게 착색시켜 제품으로 만든다.

2 튀김기

자동온도조절장치로 일정한 온도를 유지하면서 빵류·과자류 제품을 튀길 수 있다.

62 캐러멜화를 일으키는 것은?
① 비타민
② 지방
③ 단백질
❹ 당류

63 소규모 제과점용으로 가장 많이 사용되며 반죽을 넣는 입구와 제품을 꺼내는 출구가 같은 오븐은?
① 킨벡선 오븐
② 터널 오븐
③ 릴 오븐
❹ 데크 오븐

과자 반죽의 비중이란 같은 부피의 물의 무게에 대한 반죽의 무게를
단위가 없이 나타낸 값이다. 비중의 수치가 낮으면 반죽에 공기가 많이 들어있다는
뜻으로, 제품의 특성에 따라 적정 비중이 있으며, 제품별 비중을 유지시키는 일은
상당히 중요하다. 같은 부피의 제품을 구울 때 비중이 높으면 부피가 작고 단단해지고,
비중이 낮으면 포장의 어려움이나 굽기 후 식히는 과정에서 부피가 줄어들 수 있어
제품을 균일하게 유지하는 데 문제가 될 수 있다. 또한 비중은 외부의 영향뿐만 아니라
내부에도 영향을 주어 비중이 높으면 기공이 조밀하여 무거운 제품이 되며,
너무 낮으면 거칠고 큰 기포가 형성되어 거친 조직이 된다.

NCS 과제류제품 재료혼합

★ Part 5 ★

모의고사 5회

제과기능사 필기 모의고사 1회

수험번호 :

수험자명 :

제한 시간 : 60분
남은 시간 : 60분

QR코드를 스캔하면 스마트폰을 활용한
모바일 모의고사를 이용할 수 있습니다.

전체 문제 수 : 60
안 푼 문제 수 :

답안 표기란
1 ① ② ③ ④
2 ① ② ③ ④
3 ① ② ③ ④
4 ① ② ③ ④
5 ① ② ③ ④

1 다음 중 데코레이션 케이크와 공예과자의 가장 뚜렷한 차이점으로 알맞은 것은?

① 미각 효과
② 시각적 효과
③ 다양한 장식 효과
④ 먹을 수 없는 재료의 사용

2 반죽형 케이크 반죽을 부피위주로 만들 때 사용할 믹싱방법은?

① 1단계법
② 설탕물법
③ 블렌딩법
④ 크림법

3 커스터드 크림의 농후화제로 알맞지 않은 것은?

① 버터
② 박력분
③ 전분
④ 계란

4 아이싱(icing)이란 설탕 제품이 주요 재료인 피복물로 빵·과자 제품을 덮거나 피복하는 것을 말한다. 다음 중 크림 아이싱(creamed icing)이 아닌 것은?

① 퍼지 아이싱(fudge icing)
② 퐁당 아이싱(fondant icing)
③ 단순 아이싱(flat icing)
④ 마시멜로 아이싱(marshmallow icing)

5 핑거 쿠키 성형 시 가장 적정한 길이는?

① 3cm
② 5cm
③ 9cm
④ 12cm

답안 표기란

6	① ② ③ ④
7	① ② ③ ④
8	① ② ③ ④
9	① ② ③ ④
10	① ② ③ ④

6 흰자를 거품내면서 뜨겁게 끓인 시럽을 부어 만든 머랭은?

① 냉제 머랭   ② 온제 머랭

③ 스위스 머랭   ④ 이탈리안 머랭

7 다음 중 케이크용 포장 재료의 구비 조건이 아닌 것은?

① 방수성일 것

② 상품 가치를 높일 수 있을 것

③ 원가가 낮을 것

④ 통기성일 것

8 일반적으로 반죽 1g당 팬용적을 기준으로 할 때 팽창이 가장 큰 케이크는?

① 파운드 케이크   ② 스펀지 케이크

③ 레이어 케이크   ④ 엔젤 푸드 케이크

9 다음 중 건조방지를 목적으로 나무틀을 사용하여 굽기를 하는 제품은?

① 슈   ② 밀푀유

③ 카스텔라   ④ 퍼프 페이스트리

10 기공, 조직이 스펀지 케이크와 유사하며 흰자만으로 제조되는 거품형 반죽 케이크는?

① 파운드 케이크

② 화이트 레이어 케이크

③ 옐로 레이어 케이크

④ 엔젤 푸드 케이크

답안 표기란

11 ① ② ③ ④
12 ① ② ③ ④
13 ① ② ③ ④
14 ① ② ③ ④
15 ① ② ③ ④

11 거품형 케이크(foam-type cake)를 만들 때 녹인 버터는 언제 넣는 것이 가장 좋은가?

① 처음부터 다른 재료와 함께 넣는다.

② 밀가루와 섞어 넣는다.

③ 설탕과 섞어 넣는다.

④ 반죽이 거의 다 만들어졌을 때 넣는다.

12 아이싱의 안정제로 사용되는 것 중 동물성인 것은?

① 한천   ② 젤라틴

③ 로커스트빈검   ④ 카라야검

13 파이를 냉장고 등에서 휴지시키는 이유와 가장 거리가 먼 것은?

① 전 재료의 수화 기회를 준다.

② 유지와 반죽의 굳은 정도를 같게 한다.

③ 반죽을 경화 및 긴장 시킨다.

④ 끈적거림을 방지하여 작업성을 좋게 한다.

14 제과반죽이 너무 산성에 치우쳐 발생하는 현상과 거리가 먼 것은?

① 연한 향   ② 여린 껍질색

③ 빈약한 부피   ④ 거친 기공

15 설탕 300g 대신 전량을 고형질 75%인 물엿으로 대체하려면 물엿의 사용량은?

① 50g   ② 150g

③ 400g   ④ 600g

답안 표기란

16 ① ② ③ ④
17 ① ② ③ ④
18 ① ② ③ ④
19 ① ② ③ ④
20 ① ② ③ ④
21 ① ② ③ ④

16 수분 함량이 제일 많은 쿠키는?

① 드롭 쿠키   ② 스펀지 쿠키

③ 스냅 쿠키   ④ 쇼트 브레드 쿠키

17 다음 중 반죽형 케이크가 아닌 것은?

① 옐로 레이어 케이크   ② 스펀지 케이크

③ 과일 케이크   ④ 파운드 케이크

18 어떤 케이크를 제조하기 위하여 조건을 조사한 결과 계란 온도 25℃, 밀가루 온도 25℃, 설탕 온도 25℃, 쇼트닝 온도 25℃, 실내 온도 25℃, 사용수 온도 20℃, 결과 온도가 28℃가 되었다. 마찰계수는?

① 13   ② 18

③ 23   ④ 28

19 아이싱에 사용되는 재료 중 조성이 나머지 세 가지와 다른 하나는?

① 버터크림   ② 스위스 머랭

③ 로열 아이싱   ④ 이탈리안 머랭

20 퍼프 페이스트리 제조 시 충전용 유지가 많을수록 어떤 결과가 생기는가?

① 밀어펴기가 쉽다.   ② 부피가 커진다.

③ 제품이 부드럽다.   ④ 오븐 스프링이 적다.

21 오버 베이킹(over baking)에 대한 설명 중 틀린 것은?

① 높은 온도의 오븐에서 굽는다.

② 윗부분이 평평해진다.

③ 굽기 시간이 길어진다.

④ 제품에 남는 수분이 적다.

답안 표기란

22	①	②	③	④
23	①	②	③	④
24	①	②	③	④
25	①	②	③	④
26	①	②	③	④
27	①	②	③	④

22 커스터드 크림에서 계란은 어떤 역할을 하는가?

① 영양가   ② 결합제

③ 팽창제   ④ 저장성

23 흰자를 사용하는 제품에 주석산 크림과 같은 산을 넣는 이유가 아닌 것은?

① 흰자의 알칼리성을 중화한다.

② 흰자의 거품을 강하게 만든다.

③ 머랭의 색상을 희게 한다.

④ 전체 흡수율을 높여 노화를 지연시킨다.

24 스펀지 케이크 반죽을 팬에 담을 때 팬 용적의 어느 정도가 가장 적당한가?

① 10~20%   ② 20~30%

③ 40~50%   ④ 50~60%

25 퐁당 크림을 부드럽게 하고 수분 보유력을 높이기 위해 일반적으로 첨가하는 것은?

① 물, 레몬   ② 한천, 젤라틴

③ 소금, 크림   ④ 물엿, 전화당 시럽

26 전통적인 퍼프 페이스트리의 기본 배합률로, 강력분 : 유지 : 냉수 : 소금의 비율로 가장 적당한 것은?

① 100 : 100 : 50 : 1   ② 100 : 50 : 100 : 1

③ 100 : 50 : 50 : 1   ④ 100 : 50 : 25 : 1

27 정형한 파이 반죽에 구멍자국을 내주는 가장 주된 이유는?

① 제품을 부드럽게 하기 위해

② 제품의 수축을 막기 위해

③ 제품의 원활한 팽창을 위해

④ 제품에 기포나 수포가 생기는 것을 막기 위해

답안 표기란

28	① ② ③ ④
29	① ② ③ ④
30	① ② ③ ④
31	① ② ③ ④
32	① ② ③ ④
33	① ② ③ ④

28 슈 껍질 굽기 후 밑면이 좁고 공과 같은 형태를 가졌다. 실패 원인은?

① 밑불이 윗불보다 강하고 팬에 기름칠이 적다.

② 반죽이 되거나 윗불이 강하다.

③ 온도가 낮고 팬에 기름칠이 적다.

④ 반죽이 질고 글루텐이 형성된 반죽이다.

29 다음 제품 중 성형하여 팬닝할 때 반죽의 간격을 충분히 유지하여야 하는 제품은?

① 오믈렛   ② 쇼트 브레드 쿠키

③ 핑거 쿠기   ④ 슈

30 과자제품의 평가 시 내부적 평가 요인으로 알맞지 않은 것은?

① 맛   ② 방향

③ 기공   ④ 부피

31 밀 단백질에 대한 설명 중 틀린 것은?

① 글루텐은 글리아딘과 글루테닌이 결합된 것이다.

② 글리아딘은 점성이 있고 유동적이다.

③ 글루테닌은 매우 질기고 탄력성이 있다.

④ 글루텐은 응집성, 탄력성, 점성이 없다.

32 흰자 사용 시 주석산을 첨가하는 이유가 아닌 것은?

① 산도를 강하게 하기 위해   ② 흰자를 강하게 하기 위해

③ 껍질색을 진하게 하기 위해   ④ 속색을 희게 하기 위해

33 다당류에 속하는 것은?

① 이눌린   ② 맥아당

③ 포도당   ④ 설탕

답안 표기란

34 ① ② ③ ④
35 ① ② ③ ④
36 ① ② ③ ④
37 ① ② ③ ④
38 ① ② ③ ④

34 밀가루 반죽을 끊어질 때까지 늘여서 끊음으로써 그때의 힘과 반죽의 신장성을 알아보는 기계는?

① 아밀로그래프
② 패리노그래프
③ 익스텐소그래프
④ 믹소그래프

35 소맥분의 패리노그래프를 그려 보니 믹싱타임(mixing time)이 매우 짧은 것으로 나타났다. 이 소맥분을 빵에 사용할 때 보완법으로 옳은 것은?

① 이스트 양을 증가시킨다.
② 탈지분유를 첨가한다.
③ 소금량을 줄인다.
④ 설탕량을 늘린다.

36 제빵에서 쇼트닝의 주요 기능은 윤활작용이다. 다음 중 쇼트닝을 몇 % 사용했을 때 제품의 부피가 최대가 되겠는가?

① 0~1%
② 3~5%
③ 8~10%
④ 12~14%

37 빵 반죽이 발효되는 동안 이스트는 무엇을 생성하는가?

① 물, 초산
② 산소, 알데히드
③ 수소, 젖산
④ 탄산가스, 알코올

38 전분입자를 물에 불리면 물을 흡수하여 팽윤하고 가열하면 입자의 미셀구조가 파괴되는 현상을 무엇이라고 하는가?

① 노화
② 호정화
③ 호화
④ 당화

답안 표기란

39 ① ② ③ ④
40 ① ② ③ ④
41 ① ② ③ ④
42 ① ② ③ ④
43 ① ② ③ ④
44 ① ② ③ ④

39 설탕류가 갖는 제과에서의 주요 기능이 아닌 것은?

① 감미제
② 수분 보유제
③ 물의 경도 조절
④ 껍질색 제공

40 모노글리세리드(monoglyceride)와 디글리세리드(diglyceride)는 제과에 있어 주로 어떤 역할을 하는가?

① 필수영양제
② 감미제
③ 항산화제
④ 유화제

41 이스트 푸드의 기능과 거리가 먼 것은?

① water conditioner(물 조절제)
② yeast conditioner(이스트 조절제)
③ crust conditioner(껍질 조절제)
④ dough conditioner(반죽 조절제)

42 우유의 주요 단백질 중 75~80%를 차지하는 것은?

① 시스데인
② 글리아딘
③ 카세인
④ 락토알부민

43 식빵용 밀가루의 습부량(젖은 글루텐 함량)으로 가장 적당한 것은?

① 15%
② 25%
③ 35%
④ 45%

44 이스트에 거의 들어있지 않은 효소로 일명 디아스타제라고도 불리는 것은?

① 인베르타아제
② 아밀라아제
③ 프로테아제
④ 말타아제

답안 표기란				
45	①	②	③	④
46	①	②	③	④
47	①	②	③	④
48	①	②	③	④
49	①	②	③	④

45 술에 관한 설명 중 틀린 것은?

① 제과·제빵에서 술을 사용하는 이유 중의 하나는 바람직하지 못한 냄새를 없애주는 것이다.

② 양조주란 곡물이나 과실을 원료로 하여 효모로 발효시킨 것으로 알코올 농도가 낮다.

③ 증류주란 발효시킨 양조주를 증류한 것으로 알코올 농도가 높다.

④ 혼성주란 증류주를 기본으로 하여 정제당을 넣고 과실 등의 추출물로 향미를 내게 한 것으로 알코올 농도가 낮다.

46 굽기 과정 중 일어나는 마이야르 반응(maillard reaction)은 첨가되는 당의 종류에 따라서 갈색화 속도가 달라진다. 같은 조건의 반죽에 각각 설탕, 포도당, 과당을 같은 농도로 첨가했다고 가정할 때 마이야르 반응속도를 촉진시키는 순서로 나열된 것은?

① 설탕 〉 포도당 〉 과당 　　② 과당 〉 설탕 〉 포도당

③ 과당 〉 포도당 〉 설탕 　　④ 포도당 〉 과당 〉 설탕

47 다음 설명 중 옳은 것은?

① 이스트는 전분을 분해할 수 있다.

② 소맥분이 숙성하는 동안 β-아밀라아제 활성은 증가하나 α-아밀라아제 활성은 낮다.

③ 리파아제는 손상되지 않은 전분에도 작용한다.

④ 말타아제에 의해 분해된 당은 이스트를 이용하기 어렵다.

48 탄수화물 식품은 어디에서 소화되기 시작하는가?

① 입 　　　　　　　② 위

③ 소장 　　　　　　④ 십이지장

49 유당이 가수분해되면 무엇이 생성되는가?

① 과당 + 포도당 　　② 포도당 + 맥아당

③ 과당 + 갈락토오스 　④ 갈락토오스 + 포도당

답안 표기란

50 ① ② ③ ④
51 ① ② ③ ④
52 ① ② ③ ④
53 ① ② ③ ④
54 ① ② ③ ④
55 ① ② ③ ④

50 필수지방산을 가장 많이 함유하고 있는 식품은?

① 달걀   ② 식물성 유지

③ 마가린   ④ 버터

51 다음 중에서 필수아미노산이 아닌 것은?

① 리신(lysine)   ② 류신(leucine)

③ 메티오닌(methionine)   ④ 세린(serine)

52 각 식품별 부족한 영양소의 연결이 틀린 것은?

① 콩류 – 트레오닌   ② 곡류 – 리신

③ 채소류 – 메티오닌   ④ 옥수수 – 트립토판

53 지용성 비타민과 관계있는 물질은?

① L–ascorbic acid   ② β–carotene

③ niacin   ④ thiamin

54 다음 중 독소형 세균성 식중독균은?

① 아리조나균(arizona)

② 살모넬라균(salmonella)

③ 장염 비브리오균(vibrio)

④ 보툴리누스균(clostridium botulinum)

55 팥앙금류, 잼, 케첩, 식육 가공품에 사용하는 보존료는?

① 소르빈산(염)   ② 디히드로초산(염)

③ 프로피온산(염)   ④ 파라옥시 안식향산 부틸

답안 표기란

56 ① ② ③ ④
57 ① ② ③ ④
58 ① ② ③ ④
59 ① ② ③ ④
60 ① ② ③ ④

56 요소수지 용기에서 이행될 수 있는 대표적인 유독 물질은?

① 에탄올 ② 포름알데히드
③ 알루미늄 ④ 주석

57 어패류의 생식과 관계 깊은 식중독 세균은?

① 프로테우스균 ② 장염 비브리오균
③ 살모넬라균 ④ 바실러스균

58 화농성 질병이 있는 사람이 만든 제품을 먹고 식중독을 일으켰다면 가장 관계 깊은 원인균은?

① 장염 비브리오균 ② 살모넬라균
③ 보툴리누스균 ④ 포도상구균

59 다음 경구 감염병 중 원인균이 세균이 아닌 것은?

① 이질 ② 폴리오
③ 장티푸스 ④ 콜레라

60 다음 중 허용되지 않는 감미료는?

① 에틸렌글리콜 ② 사카린 나트륨
③ 아스파탐 ④ 스테비오시드

1	④	2	④	3	①	4	③	5	②	6	④	7	④	8	②	9	③	10	④
11	④	12	②	13	③	14	④	15	③	16	②	17	②	18	③	19	①	20	②
21	①	22	②	23	④	24	④	25	②	26	①	27	④	28	③	29	④	30	④
31	④	32	③	33	①	34	③	35	②	36	②	37	④	38	③	39	③	40	④
41	③	42	③	43	③	44	②	45	④	46	②	47	②	48	①	49	④	50	②
51	④	52	①	53	②	54	④	55	①	56	②	57	②	58	④	59	②	60	①

1 데코레이션 케이크는 먹을 수 있는 재료만 사용하나 공예과자는 먹을 수 없는 재료도 사용할 수 있다.

2 크림법은 유지의 크림성(믹싱 중 공기를 혼입하는 성질)을 이용하여 만드는 제법으로 제품의 부피가 큰 케이크를 만들 수 있다.

3 농후화제란 액체에 걸쭉한 농도를 내주는 재료로 달걀, 전분, 박력분 등이 있다.

4 아이싱은 단순 아이싱과 크림 아이싱으로 나뉠 수 있다.
- 단순 아이싱
- 크림 아이싱 : 퍼지 아이싱, 퐁당 아이싱, 마시멜로 아이싱

5 핑거 쿠키는 스펀지 반죽을 짤주머니에 담아 5~6cm 정도로 짜는 손가락 모양의 쿠키이다.

6 **이탈리안 머랭** : 흰자를 거품내면서 114~118℃로 끓인 설탕시럽을 부어 만든 머랭

7 **포장용기 선택 시 고려사항**
- 용기와 포장지의 유해물질이 없는 것을 선택해야 한다.
- 포장재에 가소제나 안정제 등의 유해물질이 용출되어 식품에 전이되어서는 안 된다.
- 세균, 곰팡이가 발생하는 오염포장이 되어서는 안 된다.
- 방수성이 있고 통기성이 없어야 한다.
- 포장했을 때 상품의 가치를 높일 수 있어야 한다.
- 단가가 낮고 포장에 의하여 제품이 변형되지 않아야 한다.

8 **비용적** : 반죽 1g당 차지하는 부피
- 파운드 케이크 : 2.40cm³

- 레이어 케이크 : 2.96cm³
- 엔젤 푸드 케이크 : 4.71cm³
- 스펀지 케이크 : 5.08cm³

9 카스텔라는 설탕 사용량과 반죽량이 많아서 장시간 굽기를 해야 하므로 두꺼운 나무틀을 이용하여 굽는다.

10 엔젤 푸드 케이크는 계란의 거품을 이용한다는 측면에서 스펀지 케이크와 유사한 거품형 제품으로 전란 대신에 흰자를 사용하여 속색이 하얗다고 붙여진 이름이다.

11 버터 스펀지 케이크는 용해 버터를 가장 마지막에 투입한다.

12 젤라틴은 동물의 껍질이나 연골조직 속의 콜라겐을 정제한 것이다.

13 **휴지의 효과**
- 이산화탄소가 발생하여 반죽이 부푼다.
- 각 재료에 수분이 흡수된다.
- 표피가 쉽게 마르지 않는다.
- 밀어 펴기가 쉬워진다.

14 제과반죽이 너무 산성에 치우치면 연한 향, 여린 껍질색, 빈약한 부피가 된다.

15 물엿의 사용량 × 75% = 300

$$300 \div 75\% = 300 \times \frac{100}{75} = 400$$

16 스펀지 쿠키는 모든 쿠키 중에서 수분이 가장 많은 쿠키이다.

17 스펀지 케이크는 거품형 케이크이다.

18 마찰계수 = (결과 반죽 온도 × 6) − (실내 온도 + 밀가루 온도 + 설탕 온도 + 쇼트닝 온도 + 계란 온도 + 수돗물 온도) = (28 × 6) − (25 +25+ 25 + 25 + 25 + 20) = 23

19 버터크림은 버터에 시럽이나 이탈리안 머랭을 넣고 크림상태를 만드는 것으로 유지가 주재료인 점이 다르다.

20 퍼프 페이스트리 제조 시 충전용 유지가 많을수록 부피가 커진다.

21 오버 베이킹은 낮은 온도로 장시간 굽는 것으로 제품에 남는 수분이 적고 노화가 빠르다.

22 커스터드 크림에서 계란 노른자는 결합제 역할을 하여 재료를 섞어준다.

23 주석산 크림은 계란 흰자의 단백질을 강화시키고, 알칼리성인 흰자의 pH를 낮추므로 중화하여 색을 희게하고자 첨가한다.

24 스펀지 케이크의 팬닝량 : 50~60%

25 물엿이나 전화당 시럽은 점성이 있는 액체 재료들로 수분 보유력을 높인다.

26 강력분과 유지는 같은 비율이다.

27 정형한 파이 반죽은 제품에 기포나 수포가 생기는 것을 막기 위해 파이 반죽에 구멍자국을 낸다.

28 온도가 낮고 팬에 기름칠이 적으면 슈 껍질 굽기 후 밑면이 좁고 공과 같은 형태가 된다.

29 보기의 제품 중 슈가 가장 크게 팽창을 한다.

30 내부 평가로는 기공, 조직, 속색, 입 안의 감촉, 향, 맛이 있다.

31 글루텐은 응집성, 탄력성, 점성이 있다.

32 주석산 크림은 알칼리성인 흰자의 pH를 낮추어 강하게 해주며 색을 희게 하고자 첨가한다.

33 ② 맥아당 : 이당류
③ 포도당 : 단당류
④ 설탕 : 이당류

34 **익스텐소그래프** : 반죽의 신장성에 대한 저항 측정

35 탈지분유와 같은 유제품을 첨가할 경우 우유 단백질이 밀가루의 단백질을 강화시켜 믹싱내구성을 향상시킨다.

36 최대 부피의 쇼트닝 사용량 : 3~5%

37 이스트는 당을 먹고 이산화탄소와 알코올을 생성한다.

38 호화란 전분에 물을 넣고 열을 가할 때 부피가 늘어나고 점성이 생겨서 풀처럼 끈적거리는 상태로 쌀이 밥이 되는 원리와 같다.

39 제과에서 설탕은 감미제로서 캐러멜화 작용과 수분을 보유하며, 밀가루 단백질을 부드럽게 하고 방부제 역할을 한다.

40 **모노글리세리드** : 안정적인 $α$−결정구조를 하고 있는 내산성이 강한 비교적 친수성의 유화제로 마가린, 쇼트닝, 휘핑크림, 커피화이트너 등의 유화제, 튐 방지제, 마요네즈, 드레싱 등의 유화 안정제, 밀가루 개량제와 유지의 항산화제 등의 넓은 용도로 사용되고 있다.

41 이스트 푸드는 반죽 조절제, 물 조절제, 이스트의 영양소인 질소 공급, 노화 방지제 역할을 한다.

42 우유의 주요 단백질은 카세인으로 75~80%를 차지한다.

43 **젖은 글루텐 함량** : 33~39%

44 **디아스타제** : 엿기름이나 누룩곰팡이를 조제한 효소제로 아밀라아제를 주성분으로 하고 그밖에 단백질, 지질 등의 가수 분해 효소를 함유하고 있다. 발효 공업이나 소화제로 사용되고 있으며 아밀라아제의 옛 이름이기도 하다.

45 혼성주는 주류(spirit)에 향, 색, 감미를 첨가한 술로 알코올 농도가 높은 것이 많다.

46 마이야르(maillard) 반응은 당에서 분해된 환원당과 단백질에서 분해된 아미노산이 결합하여 껍질이 갈색으로 변하는 반응이다. 단당류가 이당류보다 열 반응이 빠르고 같은 단당류에서는 감미도가 높은 것이 빨리 일어난다.
단당류
포도당, 과당 갈락토오스
감미도 순서(과전자포맥갈유)
과당 〉 전화당 〉 자당 〉 포도당 〉 맥아당, 갈락토오스 〉 유당

47 소맥분의 숙성 시 $β$−아밀라아제 활성은 증가, $α$−아밀라아제 활성은 감소한다.
① 전분을 분해하는 효소 아밀라아제는 밀가루에 있다.
③ 리파아제는 지방분해효소이다.

④ 말타아제는 이스트에 들어있는 맥아당 분해효소이다.

48 탄수화물은 입에서부터 소화가 시작된다.

49 갈락토오스(galactose)는 포도당과 결합하여 유당을 이룬다.

50 필수지방산(비타민 F)은 식물성 유지(옥수수기름, 대두유, 면실유 등)에 들어있다.

51 필수아미노산은 트립토판, 발린, 트레오닌, 이소류신, 류신, 리신, 페닐알라닌, 메티오닌 등 8가지가 있다.

52 콩은 메티오닌이 부족하다.

53 카로틴(비타민 A)은 지용성 비타민으로 지방에 녹는다.

54 보툴리누스균은 통조림 속에서 번식하는 독소형 세균성 식중독균이다.

55 **소르빈산** : 보존료 중 가장 안정하고 독성이 낮아 좋으며 팥앙금류, 잼, 케첩, 식육 가공품에 사용한다.

56 **포름알데히드(포르말린)** : 방부력이 강하고 맹독성이며 요소수지 식기에서 용출된다.

57 장염 비브리오균은 호염성균으로 어패류의 생식과 관련이 깊다.

58 포도상구균은 화농성 질환과 관련이 있다.

59 폴리오는 바이러스성 감염병이다.

60 **유해 감미료** : 시클라메이트, 둘신, 페릴라틴, 에틸렌글리콜

QR코드를 스캔하면 스마트폰을 활용한 모바일 모의고사를 이용할 수 있습니다.

전체 문제 수 : 60

안 푼 문제 수 :

답안 표기란

1 ① ② ③ ④

2 ① ② ③ ④

3 ① ② ③ ④

4 ① ② ③ ④

5 ① ② ③ ④

1 일반적으로 사용하는 밀가루의 종류가 다른 것과 같지 않은 제품은?

① 식빵

② 엔젤 푸드 케이크

③ 소프트 롤 케이크

④ 스펀지 케이크

2 다음 쿠키 반죽 중 유지 사용량이 가장 많은 것은?

① 마카롱 쿠키

② 핑거 쿠키

③ 머랭 쿠키

④ 쇼트 브레드 쿠키

3 다음 중 버터크림에 사용하기 알맞은 향료는?

① 오일 타입

② 에센스 타입

③ 농축 타입

④ 분말 타입

4 제품의 유연성을 우선으로 할 목적으로 밀가루와 유지를 먼저 믹싱하는 방법은?

① 크림법

② 1단계법

③ 블렌딩법

④ 설탕/물법

5 설탕 공예용 당액 제조 시 설탕의 재결정을 막기 위해 첨가하는 재료는?

① 중조

② 주석산

③ 포도당

④ 베이킹파우더

답안 표기란

6	①	②	③	④
7	①	②	③	④
8	①	②	③	④
9	①	②	③	④
10	①	②	③	④
11	①	②	③	④

6 파이(pie) 껍질을 만들 때 유지의 입자가 크면?

① 결의 길이가 길다.

② 결의 길이가 짧다.

③ 매우 미세한 결이 만들어진다.

④ 결의 길이와는 상관이 없다.

7 다음 제품 중 반죽의 비중이 가장 낮은 것은?

① 파운드 케이크 ② 옐로 레이어 케이크

③ 초콜릿 케이크 ④ 버터 스펀지 케이크

8 제과용 밀가루 제조에 사용되는 밀로 가장 좋은 것은?

① 경질동맥 ② 경질춘맥

③ 연질동맥 ④ 연질춘맥

9 열원으로 찜(수증기)을 이용했을 때 열 전달방식은?

① 대류 ② 전도

③ 초음파 ④ 복사

10 사과파이 껍질의 결의 크기는 어떻게 조절되는가?

① 쇼트닝의 크기로 조절한다. ② 쇼트닝의 양으로 조절한다.

③ 접기 수로 조절한다. ④ 밀가루 양으로 조절한다.

11 다음 중 파운드 케이크의 윗면이 자연적으로 터지는 원인이 아닌 것은?

① 반죽 내에 수분이 불충분한 경우

② 오븐 온도가 낮아 껍질형성이 늦은 경우

③ 설탕입자가 용해되지 않고 남아있는 경우

④ 팬닝 후 장시간 방치하여 표피가 말랐을 경우

답안 표기란

12 ① ② ③ ④
13 ① ② ③ ④
14 ① ② ③ ④
15 ① ② ③ ④
16 ① ② ③ ④

12 푸딩에 관한 설명 중 맞는 것은?

① 반죽을 푸딩 컵에 먼저 부은 후에 캐러멜 소스를 붓고 굽는다.

② 계란, 설탕, 우유 등을 혼합하여 직화로 구운 제품이다.

③ 계란의 열변성에 의한 농후화 작용을 이용한 제품이다.

④ 육류, 과일, 야채, 빵을 섞어 만들지는 않는다.

13 데블스 푸드 케이크(devil's food cake)에서 천연 코코아 사용량이 30%일 때 소다의 사용량은?

① 1.2% ② 2.1%

③ 2.8% ④ 5.2%

14 케이크 팬용적 410cm³에 100g의 스펀지 케이크 반죽을 넣어 좋은 결과를 얻었다면 팬용적 1,230cm³에 넣어야 할 반죽 무게는?

① 123g ② 200g

③ 300g ④ 410g

15 쿠키에 있어 퍼짐률은 제품의 균일성과 포장에 중요한 의미를 가진다. 다음 설명 중 퍼짐이 작아지는 원인으로 틀린 것은?

① 반죽에 아주 미세한 입자의 설탕을 사용한다.

② 믹싱을 많이 하여 글루텐을 많이 발달시킨다.

③ 오븐 온도를 낮게 하여 굽는다.

④ 반죽은 유지 함량이 적고 산성이다.

16 쿠키를 구울 때 퍼짐을 좋게 하는 조치가 아닌 것은?

① 일단계 믹싱에서는 설탕 일부를 믹싱 후반에 투입

② 전체 믹싱 시간 늘림

③ 가급적 입자가 고운 설탕 사용

④ 반죽의 알칼리화

답안 표기란

17 ① ② ③ ④
18 ① ② ③ ④
19 ① ② ③ ④
20 ① ② ③ ④
21 ① ② ③ ④

17 찜류 또는 찜만쥬 등에 사용하는 이스트파우더의 특성이 아닌 것은?

① 팽창력이 강하다.

② 제품의 색을 희게 한다.

③ 암모니아 냄새가 날 수 있다.

④ 중조와 산제를 이용한 팽창제이다.

18 무스크림을 만들 때 가장 많이 이용되는 머랭의 종류는?

① 이탈리안 머랭　　　　　② 스위스 머랭

③ 온제 머랭　　　　　　　④ 냉제 머랭

19 젤리 롤 케이크 반죽 굽기에 대한 설명으로 틀린 것은?

① 두껍게 편 반죽은 낮은 온도에서 구워낸다.

② 구운 후 철판에서 꺼내지 않고 냉각시킨다.

③ 양이 적은 반죽은 높은 온도에서 구워낸다.

④ 열이 식으면 압력을 가해 수평을 맞춘다.

20 고율배합 케이크와 비교하여 저율배합 케이크의 특징은?

① 믹싱 중 공기 혼입량이 많다.

② 굽는 온도가 높다.

③ 빈죽의 비중이 낮디.

④ 화학 팽창제 사용량이 적다.

21 핑거 쿠키 성형 방법 중 옳지 않은 것은?

① 원형깍지를 이용하여 일정한 간격으로 짠다.

② 철판에 기름을 바르고 짠다.

③ 5~6cm 정도의 길이로 짠다.

④ 짠 뒤 윗면에 고르게 설탕을 뿌려준다.

답안 표기란				
22	①	②	③	④
23	①	②	③	④
24	①	②	③	④
25	①	②	③	④
26	①	②	③	④

22 과자반죽의 믹싱완료 정도를 파악할 때 사용되는 항목으로 적합하지 않은 것은?

① 반죽의 비중   ② 글루텐의 발전정도

③ 반죽의 점도   ④ 반죽의 색

23 수돗물 온도 20℃, 사용할 물 온도 10℃, 사용 물량 4kg일 때 사용하는 얼음량은?

① 100g   ② 200g

③ 300g   ④ 400g

24 제과에서 설탕의 기능이 아닌 것은?

① 감미제

② 수분 보유력으로 노화 지연

③ 알코올 발효의 탄수화물 급원

④ 밀가루 단백질 연화

25 파이 반죽을 휴지시키는 이유는?

① 유지를 부드럽게 하기 위해

② 밀가루의 수분흡수를 돕기 위해

③ 촉촉하고 끈적거리는 반죽을 만들기 위해

④ 제품의 분명한 결 형성을 방지하기 위해

26 젤리 롤 케이크를 말 때 터지는 경우가 발생할 때 조치할 사항이 아닌 것은?

① 계란에 노른자를 추가시켜 사용한다.

② 설탕(자당)의 일부를 물엿으로 대치한다.

③ 덱스트린의 점착성을 이용한다.

④ 팽창이 과도한 경우에는 팽창제 사용량을 감소시킨다.

27 다음 제품 중 이형제로 팬에 물을 분무하여 사용하는 제품은?

① 슈
② 시폰 케이크
③ 오렌지 케이크
④ 마블 파운드 케이크

27 ① ② ③ ④
28 ① ② ③ ④
29 ① ② ③ ④
30 ① ② ③ ④
31 ① ② ③ ④
32 ① ② ③ ④

28 도넛에서 발한을 제거하는 방법은?

① 도넛에 묻는 설탕의 양을 감소한다.
② 충분히 예열시킨다.
③ 결착력이 없는 기름을 사용한다.
④ 튀김시간을 증가한다.

29 슈(choux)의 제조 공정상 구울 때 주의할 사항 중 잘못된 것은?

① 220℃ 정도의 오븐에서 바삭한 상태로 굽는다.
② 너무 빠른 껍질 형성을 막기 위해 처음에 윗불을 약하게 한다.
③ 굽는 중간 오븐문을 자주 여닫아 수증기를 제거한다.
④ 너무 빨리 오븐에서 꺼내면 찌그러지거나 주저앉기 쉽다.

30 화이트 레이어 케이크에서 설탕 120%, 흰자 78%로 사용한 경우 유화 쇼트닝의 사용량은?

① 50%
② 55%
③ 60%
④ 66%

31 일반적으로 빵의 노화현상에 따른 변화(staling)와 거리가 먼 것은?

① 곰팡이 발생
② 전분의 경화
③ 향의 손실
④ 수분 손실

32 제빵에서 소금의 역할 중 틀린 것은?

① 글루텐을 강화시킨다.
② 방부효과가 있다.
③ 빵의 내상을 희게 한다.
④ 맛을 조절한다.

답안 표기란

33 ① ② ③ ④
34 ① ② ③ ④
35 ① ② ③ ④
36 ① ② ③ ④
37 ① ② ③ ④
38 ① ② ③ ④

33 동물의 가죽이나 뼈 등에서 추출하며 안정제나 제과 원료로 사용되는 것은?

① 젤라틴   ② 한천

③ 펙틴   ④ 카라기난

34 설탕 200g을 물 100g에 녹여 액당(液糖)을 만들었다면 이 액당의 당도는?

① 50%   ② 66.7%

③ 75%   ④ 200%

35 이스트 푸드의 역할이 아닌 것은?

① 빵의 부피를 크게 한다.   ② 빵의 향기를 좋게 한다.

③ 반죽 개량제 역할을 한다.   ④ 빵의 촉감을 좋게 한다.

36 케이크 제조에서 쇼트닝의 기본적인 3가지 기능과 가장 거리가 먼 것은?

① 팽창기능   ② 윤활기능

③ 유화기능   ④ 안정기능

37 탈지분유 구성 중 50% 정도를 차지하는 것은?

① 수분   ② 지방

③ 유당   ④ 회분

38 버터의 독특한 향미와 관계가 있는 물질은?

① 모노글리세리드(monoglyceride)

② 지방산(fatty acid)

③ 디아세틸(diacetyl)

④ 캡사이신(capsaicin)

답안 표기란

39	①	②	③	④
40	①	②	③	④
41	①	②	③	④
42	①	②	③	④
43	①	②	③	④
44	①	②	③	④

39 제과·제빵에서 유화제의 역할 중 틀린 것은?

① 반죽의 수분과 유지의 혼합을 돕는다.

② 반죽의 신전성을 저하시킨다.

③ 부피를 좋게 한다.

④ 노화를 지연시킨다.

40 글루텐을 약화시키는 것이 아닌 것은?

① 환원제　　　　　　　　② 소금

③ 단백질 분해효소　　　　④ 지나친 발효

41 제빵 시 생이스트(효모) 첨가에 가장 적당한 물의 온도는?

① 10℃　　　　　　　　② 20℃

③ 30℃　　　　　　　　④ 50℃

42 안정제를 사용하는 목적으로 적합하지 않은 것은?

① 아이싱의 끈적거림 방지　　② 크림토핑의 거품안정

③ 머랭의 수분배출 촉진　　　④ 포장성 개선

43 우유의 응고에 관여하는 금속이온은?

① Mg^{2+}(마그네슘)　　　　② Mn^{2+}(망간)

③ Ca^{2+}(칼슘)　　　　　　④ Cu^{2+}(구리)

44 유지의 항산화 보완제로 가장 적당하지 못한 것은?

① 염산　　　　　　　　② 구연산

③ 주석산　　　　　　　④ 아스코르빈산

답안 표기란

45 ① ② ③ ④
46 ① ② ③ ④
47 ① ② ③ ④
48 ① ② ③ ④
49 ① ② ③ ④
50 ① ② ③ ④

45 효소를 구성하고 있는 주성분은?

① 탄수화물　　　　　　② 지방
③ 단백질　　　　　　　④ 비타민

46 지방의 소화에 대한 설명 중 올바른 것은?

① 소화는 대부분 위에서 일어난다.
② 소화를 위해 담즙산이 필요하다.
③ 지방은 수용성 물질의 소화를 돕는다.
④ 유지가 소화, 분해되면 단당류가 된다.

47 밀의 제1제한아미노산은 무엇인가?

① 메티오닌(methionine)　② 리신(lysine)
③ 발린(valine)　　　　　④ 류신(leucine)

48 인체의 수분 소요량에 영향을 주는 요인이 아닌 것은?

① 기온　　　　　　　　② 염분의 섭취량
③ 신장의 기능　　　　　④ 활동력

49 괴혈병을 예방하기 위하여 어떤 영양소가 많은 식품을 섭취해야 하는가?

① 비타민 A　　　　　　② 비타민 C
③ 비타민 D　　　　　　④ 무기질

50 다음 중 효소와 기질명이 서로 맞지 않는 것은?

① 리파아제 – 지방질　　② 아밀라아제 – 섬유소
③ 펩신 – 단백질　　　　④ 말타아제 – 맥아당

답안 표기란

51 ① ② ③ ④
52 ① ② ③ ④
53 ① ② ③ ④
54 ① ② ③ ④
55 ① ② ③ ④

51 일반적으로 포화지방산의 탄소수가 다음과 같을 때 융점이 가장 높아서 상온에서 가장 딱딱한 유지가 되는 것은?

① 6개
② 10개
③ 14개
④ 18개

52 밀가루 전분의 아밀로펙틴은 전분의 약 몇 %가 되는가?

① 20~25%
② 30~35%
③ 60~65%
④ 75~80%

53 전분을 덱스트린(dextrin)으로 변화시키는 효소는?

① β -아밀라아제(amylase)
② α -아밀라아제(amylase)
③ 말타아제(maltase)
④ 치마아제(zymase)

54 제2급 감염병으로 소화기계 감염병은?

① 결핵
② 화농성 피부염
③ 장티푸스
④ 독감

55 우유를 살균하는 데는 여러 가지 방법이 있는데 고온 단시간 살균법으로서 가장 적당한 조건은?

① 72℃에서 15초 처리 후 냉각
② 75℃ 이상에서 15분 열처리
③ 130℃에서 2~3초 이내 처리
④ 62~65℃에서 30분 처리

답안 표기란				
56	①	②	③	④
57	①	②	③	④
58	①	②	③	④
59	①	②	③	④
60	①	②	③	④

56 식품을 제조, 가공 또는 보존 시 식품에 첨가, 혼합, 침윤 기타의 방법으로 사용되는 물질은?

① 식품첨가물　　　　　　② 식품
③ 화학적 합성품　　　　　④ 기구

57 다음 중 병원체가 바이러스인 질병은?

① 폴리오　　　　　　　　② 결핵
③ 디프테리아　　　　　　④ 성홍열

58 유해금속과 식품용기의 관계이다. 잘못 연결된 것은?

① 주석 – 유리식기　　　　② 구리 – 놋그릇
③ 카드뮴 – 법랑　　　　　④ 납 – 도자기

59 알레르기(allergy)성 식중독의 주된 원인 식품은?

① 오징어　　　　　　　　② 꽁치
③ 갈치　　　　　　　　　④ 광어

60 유해한 합성 착색료는?

① 수용성 안나토　　　　　② 베타 카로틴
③ 이산화티타늄　　　　　④ 아우라민

1	①	2	④	3	②	4	③	5	②	6	①	7	④	8	③	9	①	10	①
11	②	12	③	13	②	14	③	15	③	16	③	17	④	18	①	19	②	20	②
21	②	22	②	23	④	24	③	25	②	26	①	27	②	28	④	29	③	30	②
31	①	32	③	33	①	34	②	35	②	36	②	37	③	38	③	39	②	40	②
41	③	42	③	43	③	44	①	45	③	46	②	47	②	48	③	49	②	50	②
51	④	52	④	53	②	54	③	55	①	56	①	57	①	58	①	59	②	60	④

1 케이크류는 박력분을 사용하나 식빵은 강력분을 사용한다.

2 **쇼트 브레드 쿠키** : 유지 함량이 가장 높은 제품

3 에센스 타입의 향료는 휘발성이 강한 알코올이 첨가되어 가열 시 모두 증발되므로 굽지 않는 버터크림 제조에 적합하다.

4 블렌딩법은 밀가루와 유지를 섞어 밀가루가 유지에 싸이게 하고 건조 재료와 액체 재료인 계란, 물을 넣어 섞는 방법으로 유연감을 우선으로 한다.

5 설탕의 재결정화를 막아주는 재료에는 주석산, 물엿, 전화당 등이 있다.

6 파이(pie) 껍질을 만들 때 유지의 입자가 크면 결의 길이가 길다.

7 거품형 반죽 제품이 반죽형보다 비중이 더 낮다.
- 거품형 반죽 : 스펀지 케이크, 엔젤 푸드 케이크, 카스텔라, 롤 케이크 등
- 반죽형 반죽 : 레이어 케이크류, 파운드 케이크, 과일케이크, 마들렌, 바움쿠헨 등

8
- 경질춘맥 : 강력분, 빵용
- 연질동맥 : 박력분, 과자용

9 찜기를 가열하여 데워진 액체나 기체의 일부가 위로 올라가고 차가운 것이 아래로 내려오는 순환방식의 대류열에 의해 익는다.

10 유지 입자의 크기에 따라 파이 결의 크기가 달라진다. 크면 긴 결이 만들어지며, 너무 작으면 흡수되어 결이 없어진다.

11 온도가 높으면 껍질형성이 빨라져 반죽이 부풀면서 터지기 쉽다.

12 보통 푸딩은 달걀의 흰자와 노른자가 고루 섞이도록 풀어서 우유를 더해 고운 체에 내린 다음 김이 오른 찜통에 넣고 은근한 불에서 찐다. 달걀이 가열되면 열에 의하여 응고되어 제품을 걸쭉하게 하는 농후화제의 대표적인 품목이다.

13 데블스 푸드 케이크의 소다(탄산수소 나트륨) 사용량 = 천연코코아 사용량 × 0.07 = 2.1%

14 $410cm^3 : 100g = 1,230cm^3 : x$

15 쿠키의 퍼짐이 작아지는 것은 오븐 온도가 높을 때 일어난다.

16 쿠키의 퍼짐을 좋게 하기 위한 조치로는 팽창제를 사용하고 입자가 큰 설탕을 사용하며, 알칼리 재료의 사용량을 늘린다.

17 중조와 산제를 이용한 팽창제는 베이킹파우더이다.

18 **이탈리안 머랭**
- 흰자를 거품내면서 뜨겁게 조린 시럽을 부어 만든 머랭이다.
- 흰자의 일부가 응고되어 기포가 안정된다.
- 무스나 냉과를 만들 때 좋다.

19 젤리 롤 케이크는 구운 후 철판에서 꺼내어 냉각시킨다.

20

현상	고율배합	저율배합
믹싱 중 공기 혼입 정도	많다	적다
반죽의 비중	낮다	높다
화학 팽창제 사용량	줄인다	늘린다
굽기 온도	낮다	높다

21 핑거 쿠키는 평철판에 종이를 깔고, 짤주머니에 모양 깍지를 끼운 후 반죽을 담아 짜서 만든다.

22 글루텐의 발전정도는 빵류 반죽 제조 시 파악하는 항목이다.

23 **얼음 사용량**

$$= 사용할\ 물량 \times \frac{(수돗물\ 온도 - 사용할\ 물\ 온도)}{(80 + 수돗물\ 온도)}$$

$$4000 \times \frac{(20 - 10)}{(80 + 20)} = 400g$$

24 제과에서 설탕의 기능은 감미제로서 캐러멜화 작용과 수분을 보유하며, 밀가루 단백질을 부드럽게 하고, 방부제 역할을 한다.

25 휴지는 밀가루를 비롯한 건조 재료가 수화되고 이산화탄소 가스가 발생되어 반죽을 조절하고 표피가 마르는 현상을 느리게 한다. 밀가루의 수분흡수는 건조 재료의 수화를 의미하며, 수분흡수가 충분히 이루어져야 반죽이 끈적이지 않게 되어 작업성이 좋아진다.

26 노른자의 비율이 높은 경우에는 부서지기 쉬우므로 노른자를 줄이고 전란을 증가시킨다.

27 시폰 케이크는 기름칠한 종이 위에 엎어놓고 이형제로 팬에 물을 분무하여 팬을 급랭시켜 꺼낸다.

28 **발한 대처 방법**
- 도넛 위에 뿌리는 설탕 사용량을 늘린다.
- 40℃ 전·후로 충분히 식히고 나서 아이싱을 한다.
- 튀김시간을 늘려 도넛의 수분 함량을 줄인다.
- 설탕 접착력이 좋은 튀김기름을 사용한다.
- 도넛의 수분 함량을 21~25%로 만든다.

29 슈 굽기 중 오븐문을 자주 여닫으면 제품이 주저앉기 쉽다.

30 흰자 = 쇼트닝 × 1.43
쇼트닝 = 흰자/1.43 = 54.5%
∴ 55%

31 곰팡이 발생은 빵의 부패현상이다.

32 **제빵에서 소금의 역할**
- 빵 중의 설탕의 감미와 작용하여 풍미를 높여준다.
- 이스트 발효 시 잡균의 번식을 억제하고 향을 좋게 한다.
- 반죽의 발효 속도를 늦춘다.
- 글루텐의 힘을 좋게 한다.

33 젤라틴은 동물의 가죽이나 뼈 등에서 추출하며, 안정제나 제과 원료로 사용하며, 한천과 마찬가지로 끓는 물에 용해되고, 냉각되면 단단하게 굳는 성질이 있다.

34

$$당도 = \frac{설탕}{(설탕 + 물)} \times 100$$

$$= \frac{200}{(200 + 100)} \times 100$$

$$≒ 66.7\%$$

35 이스트 푸드는 이스트의 영양소로 발효를 촉진하고 빵 반죽과 빵의 질을 개량하는 역할을 한다. 빵의 질에 촉감은 들어가지만 향은 상관이 없다.

36 **쇼트닝** : 지방이 100%인 가소성 제품으로 크림성(팽창), 가소성, 유화성, 안정성이 있다.
윤활기능은 제빵에서의 기능이다.

37 우유에서 지방과 수분을 건조시킨 것이 탈지분유이다. 탈지분유는 단백질 34%, 유지방 36.5%, 유당 47.5%, 회분 7%가 들어있다.

38 **합성향** : 천연향에 들어있는 향 물질을 합성시킨 것으로 버터의 디아세틸, 바닐라빈의 바닐린, 계피의 시나몬 알데히드 등이 있다.

39 **유화제(계면활성제)의 역할**
- 물과 유지를 잘 혼합되게 하며 균일하게 분산시킨다.
- 제품의 조직을 부드럽게 하고 부피를 좋게 한다.
- 신장성을 부여하여 반죽의 기계 내성을 향상시킨다.
- 흡습성이 증가하여 수분보유로 노화를 지연시킨다.

40 환원제, 단백질 분해효소, 지나친 발효는 글루텐을 약화시킨다.

41 **생이스트** : 잘게 부수어 사용하거나 물에 녹여 사용한다. 이스트를 녹이는 물은 고온이나 저온은 적당하지 않다.

42 머랭에 안정제를 사용하면 수분 보유성이 좋아진다.

43 Ca^{2+}(칼슘)은 우유의 응고에 관여한다.

44 **유지의 항산화 보완제** : 구연산, 주석산, 아스코르빈산

45 효소의 주성분은 단백질이다.

46 지방의 소화를 위해 스테압신이나 리파아제가 필요하다.

47 밀에는 리신이 많이 부족한데 이를 제한아미노산이라 한다.

48 인체의 수분 소요량에는 기온, 염분의 섭취량, 활동력이 영향을 준다.

49 비타민 C가 부족하면 괴혈병에 걸리기 쉽다.

50 아밀라아제 – 전분

51 포화지방산은 탄소수가 증가함에 따라 녹는점이 높아진다. 천연유지 중에 가장 많이 존재하는 지방산은 스테아린산(탄소수 18개)이다.

52 밀가루 전분의 아밀로펙틴 함유량은 75~80% 포함되어 있다.

53 덱스트린은 전부을 180℃ 이상 가열하면 전분을 거쳐 a–아밀라아제(amylase)로 변화한다.

54 • 제2급 감염병 : 결핵, 수두, 홍역, 콜레라, 장티푸스, 파라티푸스, 세균성이질 등
• 장티푸스 : 장티푸스균을 병원체로 하는 법정 감염병으로 특별한 증세가 없는 데도 고열이 4주간 정도 계속되고, 전신이 쇠약해지는 질환이다.

55 고온 단시간 살균법은 72~75℃에서 15초간 살균하는 방법으로 저온 장시간 살균법의 결점 즉, 처리시간이 많이 걸리고 연속작업이 안 되는 것을 보완하여 개발된 방법이다.

56 식품을 제조, 가공 또는 보존함에 있어 식품에 첨가, 혼합, 침윤, 기타 방법으로 사용되는 물질이 식품첨가물이다.

57 **바이러스성 감염병** : 소아마비, 유행성간염, 유행성뇌염, 폴리오

58 주석 – 동조림

59 **알레르기성 식중독** : 세균의 효소작용에 의해 유독 물질로 발생되는 식중독으로 신선도가 저하된 꽁치, 전갱이, 청어 등의 등 푸른 생선이 원인 식품이다.

60 **아우라민** : 이전에는 과자 등 식품의 착색료로 사용되었으나, 유해한 작용이 있기 때문에 현재는 사용이 금지되었다.

수험번호 :

수험자명 :

제한 시간 : 60분
남은 시간 : 60분

QR코드를 스캔하면 스마트폰을 활용한
모바일 모의고사를 이용할 수 있습니다.

전체 문제 수 : 60
안 푼 문제 수 : ☐

답안 표기란

1	① ② ③ ④
2	① ② ③ ④
3	① ② ③ ④
4	① ② ③ ④
5	① ② ③ ④

1 단순 아이싱을 만드는 데 들어가는 재료가 아닌 것은?

① 분당   ② 계란

③ 물   ④ 물엿

2 아이싱에 이용되는 퐁당(fondant)은 설탕의 어떤 성질을 이용하는가?

① 설탕의 보습성

② 설탕의 재결정성

③ 설탕의 용해성

④ 설탕이 전화당으로 변하는 성질

3 다음 제품 중 일반적으로 반죽의 pH가 가장 높은 것은?

① 엔젤 푸드 케이크   ② 스펀지 케이크

③ 초콜릿 케이크   ④ 파운드 케이크

4 다음 제품 중 반죽 희망 온도가 가장 낮은 것은?

① 슈   ② 퍼프 페이스트리

③ 카스텔라   ④ 파운드 케이크

5 반죽형 쿠키 중 수분을 가장 많이 함유하는 쿠키는?

① 쇼트 브레드 쿠키   ② 드롭 쿠키

③ 스냅 쿠키   ④ 스펀지 쿠키

답안 표기란

6 ① ② ③ ④
7 ① ② ③ ④
8 ① ② ③ ④
9 ① ② ③ ④
10 ① ② ③ ④

6 파운드 케이크를 구운 직후 계란 노른자에 설탕을 넣어 칠하는 방법이 있다. 이때 설탕의 역할이 아닌 것은?

① 광택제 효과   ② 보존제 역할
③ 탈색 효과   ④ 맛 개선

7 커스터드 크림의 재료에 속하지 않는 것은?

① 우유   ② 계란
③ 설탕   ④ 생크림

8 일반적으로 우유를 혼합하여 만드는 제품은?

① 디프로매트 크림(diplomat cream)
② 퐁당(fondant)
③ 마시멜로(marshmallow)
④ 퍼지 아이싱(fudge icing)

9 데블스 푸드 케이크를 만들려고 한다. 반죽의 비중을 재기 위하여 필요한 무게가 아닌 것은?

① 비중 컵의 무게
② 코코아를 담은 비중 컵의 무게
③ 물을 담은 비중 컵의 무게
④ 반죽을 담은 비중 컵의 무게

10 스펀지 케이크 400g짜리 완제품을 만들 때 굽기 손실이 20%라면 분할 반죽의 무게는?

① 600g   ② 500g
③ 400g   ④ 300g

답안 표기란

11 ① ② ③ ④
12 ① ② ③ ④
13 ① ② ③ ④
14 ① ② ③ ④
15 ① ② ③ ④

11 슈 제조 시 반죽표면을 분무 또는 침지시키는 이유가 아닌 것은?

① 껍질을 얇게 한다.　　　② 팽창을 크게 한다.

③ 기형을 방지한다.　　　④ 제품의 구조를 강하게 한다.

12 제과용 기계 설비로 알맞지 않은 것은?

① 오븐　　　　　　　　② 라운더

③ 에어믹서　　　　　　④ 데포지터

13 거친 설탕 입자를 마쇄하여 고운 눈금을 가진 체를 통과시킨 후 덩어리 방지제를 첨가한 제품은?

① 액당　　　　　　　　② 분당

③ 전화당　　　　　　　④ 포도당

14 쿠키의 퍼짐이 나빠지는 경우에 대한 설명 중 틀린 것은?

① 높은 오븐 온도

② 과도한 믹싱

③ 입자가 고운 설탕 사용

④ 알칼리성의 반죽

15 고율배합 제품과 저율배합 제품의 비중을 비교해 본 결과 일반적으로 맞는 것은?

① 고율배합 제품의 비중이 높다.

② 저율배합 제품의 비중이 높다.

③ 비중의 차이는 없다.

④ 제품의 크기에 따라 비중은 차이가 있다.

답안 표기란

16 ① ② ③ ④
17 ① ② ③ ④
18 ① ② ③ ④
19 ① ② ③ ④
20 ① ② ③ ④
21 ① ② ③ ④

16 다음 중 크림법에서 가장 먼저 배합하는 재료의 조합은?

① 유지와 설탕
② 계란과 설탕
③ 밀가루와 설탕
④ 밀가루와 계란

17 일반적으로 설탕을 사용하지 않는 제품은?

① 마카롱
② 스펀지 케이크
③ 슈 껍질
④ 엔젤 푸드 케이크

18 케이크 도넛에 적합한 튀김온도는?

① 140~150℃
② 160~170℃
③ 190~196℃
④ 200~210℃

19 케이크 반죽의 pH가 적정 범위를 벗어나 너무 알칼리 쪽에 있는 경우의 제품은?

① 부피가 작다.
② 향이 약하다.
③ 껍질색이 여리다.
④ 기공이 거칠다.

20 퐁당(fondant)을 만들기 위하여 시럽을 끓일 때 시럽의 온도로 적당한 범위는?

① 72~78℃
② 102~105℃
③ 114~118℃
④ 121~126℃

21 반죽의 비중과 관계가 가장 적은 것은?

① 제품의 부피
② 제품의 기공
③ 제품의 조직
④ 제품의 점도

답안 표기란

22	①	②	③	④
23	①	②	③	④
24	①	②	③	④
25	①	②	③	④
26	①	②	③	④
27	①	②	③	④

22 다음 제품 중 비용적이 가장 큰 제품은?

① 파운드 케이크　　　　　　② 옐로 레이어 케이크

③ 스펀지 케이크　　　　　　④ 식빵

23 다음 문항 중 쿠키의 퍼짐성이 작은 이유에 해당되지 않는 것은?

① 믹싱 지나침　　　　　　　② 지나친 크림화

③ 너무 진 반죽　　　　　　　④ 완전한 설탕의 용해

24 무스케이크 제조 시 수분에 대한 젤라틴의 사용 비율로 알맞은 것은?

① 2%　　　　　　　　　　　② 5%

③ 8%　　　　　　　　　　　④ 12%

25 파운드 케이크 반죽을 팬에 넣을 때 적당한 팬닝비(%)는?

① 50%　　　　　　　　　　② 55%

③ 70%　　　　　　　　　　④ 100%

26 껍질을 포함하여 60g의 달걀 1개에서 가식부분은 몇 g 정도인가?

① 35g　　　　　　　　　　② 42g

③ 49g　　　　　　　　　　④ 54g

27 퍼프 페이스트리의 휴지가 종료되었음을 알 수 있는 상태는?

① 누른 자국이 남아 있어야 한다.

② 누른 자국이 원상태로 올라와야 한다.

③ 누른 자국이 유동이 있어야 한다.

④ 눌렀을 때 내부의 유지가 흘러나오지 않아야 한다.

답안 표기란

28 ① ② ③ ④
29 ① ② ③ ④
30 ① ② ③ ④
31 ① ② ③ ④
32 ① ② ③ ④

28 반죽형 케이크의 특성에 해당되지 않는 것은?

① 일반적으로 밀가루가 계란보다 많이 사용된다.

② 많은 양의 유지를 사용한다.

③ 화학 팽창제에 의해 부피를 형성한다.

④ 해면같은 조직으로 입에서의 감촉이 좋다.

29 단백질 분해효소는?

① 치마아제
② 말타아제

③ 프로테아제
④ 인베르타아제

30 데코레이션 케이크 재료인 생크림에 대한 설명이다. 적당하지 않은 것은?

① 크림 100에 대하여 1.0~1.5%의 분설탕을 사용하여 단맛을 낸다.

② 유지방 함량 35~45% 정도의 진한 생크림을 휘핑하여 사용한다.

③ 휘핑시간이 적정시간보다 짧으면 기포가 너무 크게 되어 안정성이 약해진다.

④ 생크림의 보관온도 및 작업온도는 냉장온도(1~10℃)가 좋다.

31 튀김기름의 품질을 저하시키는 요인이 아닌 것은?

① 온도
② 수분

③ 공기
④ 항산화제

32 유지에 있어 어느 한도 내에서 파괴되지 않고 외부 힘에 따라 변형될 수 있는 성질은?

① 가소성
② 연화성

③ 발연성
④ 연소성

답안 표기란

33	①	②	③	④
34	①	②	③	④
35	①	②	③	④
36	①	②	③	④
37	①	②	③	④
38	①	②	③	④

33 계란의 특징적 성분으로 지방의 유화력이 강한 성분은?

① 레시틴(lecithin)   ② 스테롤(sterol)

③ 세팔린(cephalin)   ④ 아비딘(avidin)

34 다음 설명 중 코팅용 초콜릿으로 가장 중요한 것을 바르게 설명한 것은?

① 맛이 좋은 것

② 융점이 항상 높은 것

③ 초콜릿 냄새가 강한 것

④ 융점이 겨울에는 낮고, 여름에는 높은 것

35 제빵 시 소금 사용량이 적량보다 많을 때 나타나는 현상이 아닌 것은?

① 부피가 적다.   ② 세포벽이 얇다.

③ 껍질색이 검다.   ④ 발효 손실이 적다.

36 유지의 산화에 영향을 주는 요인이 아닌 것은?

① 산소   ② 수분

③ 질소   ④ 철

37 전분을 덱스트린(dextrin)으로 변화시키는 효소는?

① β-아밀라아제(amylase)

② α-아밀라아제(amylase)

③ 말타아제(maltase)

④ 치마아제(zymase)

38 반죽의 흡수율에 영향을 미치는 요인으로 적당하지 않은 것은?

① 물의 경도   ② 반죽의 온도

③ 이스트의 사용량   ④ 소금의 첨가시기

답안 표기란

39 ① ② ③ ④
40 ① ② ③ ④
41 ① ② ③ ④
42 ① ② ③ ④
43 ① ② ③ ④
44 ① ② ③ ④

39 밀가루의 단백질에 작용하는 효소는?

① 말타아제   ② 아밀라아제

③ 리파아제   ④ 프로테아제

40 젖은 글루텐의 일반적인 수분 함량은?

① 33%   ② 50%

③ 67%   ④ 80%

41 글루텐의 구성 물질 중 반죽을 질기고 탄력성 있게 하는 물질은?

① 글리아딘   ② 글루테닌

③ 메소닌   ④ 알부민

42 활성 건조이스트를 수화시킬 때 발효력을 증가시키기 위하여 밀가루에 기준하여 1~3%를 물에 풀어 넣을 수 있는 재료는?

① 설탕   ② 소금

③ 분유   ④ 밀가루

43 일반적으로 양질의 빵 속을 만들기 위한 아밀로그래프의 수치는 어느 범위가 가장 적당한가?

① 400~600 B.U   ② 200~300 B.U

③ 0~150 B.U   ④ 800~1,000 B.U

44 과자 제품으로 커스터드 푸딩은 계란의 가공적성 중 무엇을 이용한 것인가?

① 열응고성   ② 기포성

③ 유화성   ④ 변색성

답안 표기란

45	①	②	③	④
46	①	②	③	④
47	①	②	③	④
48	①	②	③	④
49	①	②	③	④

45 단순 단백질이 아닌 것은?

① 알부민   ② 글로불린

③ 글리코프로테인   ④ 글루테닌

46 두 가지 식품을 섞어서 음식을 만들 때 단백질의 상호보완 작용이 가장 큰 것은?

① 우유로 반죽한 빵

② 쌀과 보리를 섞은 잡곡밥

③ 쌀과 밀을 섞은 잡곡밥

④ 밀가루와 옥수수 가루를 섞어서 만든 빵

47 아밀로펙틴에 대하여 잘못 설명한 것은?

① 아밀로오스보다 분자구조가 크고 복잡하다.

② 결합형태가 $\alpha - 1,4$결합과 $\alpha - 1,6$결합으로 되어 있다.

③ 포도당 6개 단위의 나선형 구조로 되어 있다.

④ 노화가 쉽게 일어나지 않는다.

48 비타민 A가 결핍되면 나타나는 주증상은?

① 야맹증, 성장발육 불량

② 각기병, 불임증

③ 괴혈병, 구순구각염

④ 악성빈혈, 신경마비

49 유용한 장내 세균의 발육을 왕성하게 하여 장에 좋은 영향을 미치는 이당류는?

① 설탕(sucross)   ② 유당(lactose)

③ 맥아당(maltose)   ④ 포도당(glucose)

답안 표기란

50 ① ② ③ ④
51 ① ② ③ ④
52 ① ② ③ ④
53 ① ② ③ ④
54 ① ② ③ ④
55 ① ② ③ ④

50 피칸파이를 50g 섭취하였을 때 지방으로부터 얻을 수 있는 열량은 몇 kcal 인가? (100g 피칸파이 – 8.0g 단백질, 17.2g 지질, 41.4g 당질)

① 77.4kcal ② 154.8kcal
③ 34.4kcal ④ 68.8kcal

51 식품의 부패는 주로 어떤 식품성분이 변질되는 것을 말하는가?

① 비타민 ② 단백질
③ 지방질 ④ 무기질

52 다음 호르몬 중 칼슘과 관계가 있는 것은?

① 갑상선 호르몬 ② 부신수질 호르몬
③ 부갑상선 호르몬 ④ 인슐린

53 성장촉진 작용을 하며 피부나 점막을 보호하고 부족하면 구각염이나 설염을 유발시키는 비타민은?

① 비타민 A ② 비타민 B_1
③ 비타민 B_2 ④ 비타민 B_{12}

54 식품과 부패에 관여하는 주요 미생물의 연결이 옳지 않은 것은?

① 곡류 – 곰팡이 ② 육류 – 세균
③ 어패류 – 곰팡이 ④ 통조림 – 포자형성세균

55 식품의 처리, 가공, 저장 과정에서의 오염에 대한 설명으로 바르지 못한 것은?

① 종업원의 철저한 위생 관리만으로 2차 오염을 방지할 수 있다.
② 양질의 원료와 용수로 1차 오염을 방지할 수 있다.
③ 농산물의 재배, 축산물의 성장 과정 중에 1차 오염이 있을 수 있다.
④ 수확, 채취 어획, 도살 등의 처리 과정에서 2차 오염이 있을 수 있다.

답안 표기란

56 ① ② ③ ④
57 ① ② ③ ④
58 ① ② ③ ④
59 ① ② ③ ④
60 ① ② ③ ④

56 아미노산의 분해생성물은?

① 탄수화물   ② 암모니아

③ 글루코오스   ④ 지방산

57 미생물에 의해 주로 단백질이 변화되어 악취, 유해물질을 생성하는 현상은?

① 발효(fermentation)

② 부패(putrefaction)

③ 변패(deterioration)

④ 산패(rancidity)

58 빵 및 생과자에 사용할 수 있는 보존료는?

① 안식향산

② 파라옥시 안식향산 부틸

③ 파라옥시 안식향산 에틸

④ 프로피온산나트륨

59 다음 세균성 식중독 중 섭취 전에 가열하여도 예방하기가 가장 어려운 것은?

① 살모넬라 식중독

② 포도상구균 식중독

③ 클로스트리디움 보툴리늄 식중독

④ 장염 비브리오 식중독

60 식품첨가물에 대한 설명 중 가장 옳은 것은?

① 화학적 합성품만 있다.

② 천연품과 화학적 합성품이 있다.

③ 화학 합성품은 약국에서만 판매할 수 있다.

④ 허용된 것은 어느 식품에나 모두 쓸 수 있다.

제과기능사 필기 모의고사 3회 정답 및 해설

1	②	2	②	3	③	4	②	5	②	6	③	7	④	8	①	9	②	10	②
11	④	12	②	13	②	14	④	15	②	16	①	17	③	18	③	19	④	20	③
21	④	22	③	23	③	24	①	25	③	26	④	27	①	28	④	29	③	30	①
31	④	32	①	33	①	34	④	35	②	36	③	37	②	38	③	39	④	40	③
41	②	42	①	43	①	44	①	45	③	46	①	47	③	48	①	49	②	50	①
51	②	52	③	53	③	54	③	55	①	56	②	57	③	58	④	59	②	60	②

1 **단순 아이싱** : 분설탕, 물, 물엿, 향료를 섞어 43℃의 되직한 페이스트 상태로 만든 것

2 퐁당은 설탕을 물을 끓여 녹인 후 믹싱하여 뿌옇게 재결정화 시킨 것이다.

3 • 초콜릿 케이크 pH 7.8~8.8
• 스펀지 케이크 pH 7.3~7.6
• 파운드 케이크 pH 6.6~7.6
• 엔젤 푸드 케이크 pH 5.2~6.0

4 • 슈 : 40℃
• 퍼프 페이스트리 : 20℃
• 카스텔라, 파운드 케이크 : 22~24℃

5 반죽형 쿠키 중 드롭 쿠키는 계란 사용량이 많아 수분을 가장 많이 함유하고 있다.

6 설탕은 광택을 내며, 보존제 역할과 맛을 개선해준다.

7 우유, 계란, 설탕을 한데 섞고, 안정제로 옥수수 전분이나 박력분을 넣어 끓인 크림이다.

8 디프로매트 크림은 커스터드 크림 1ℓ와 무당 휘핑크림 1ℓ로 만든 크림이다.

9 비중 = 같은 부피의 반죽 무게/같은 부피의 물 무게

10 손실 전 반죽 무게
= 완제품 무게 ÷ (1 - 굽기 손실)
= 400g ÷ (1 - 0.2)
= 400g ÷ 0.8
= 500g

11 제품의 구조를 강하게 하기 위해서 분무하는 제품은 바게트이다.

12 라운더는 분할된 반죽을 둥글리기하는 제빵전용기기이다.

13 분당은 설탕의 분말로 3%의 전분을 혼합하여 덩어리가 생기는 것을 방지한다.

14 **쿠키의 퍼짐을 좋게 하기 위한 조치**
• 팽창제를 사용한다.
• 입자가 큰 설탕을 사용한다.
• 알칼리 재료의 사용량을 늘린다.
• 오븐 온도를 낮게 한다.

15 고율배합 제품과 저율배합 제품의 비중을 비교해 보면 저율배합 제품의 비중이 높다.

16 크림법은 유지와 설탕, 계란을 넣어 크림 상태로 만든 후 밀가루와 건조 재료를 넣어 가볍게 혼합하는 방법이다.

17 슈 껍질은 설탕을 사용하지 않는다.

18 케이크 도넛에 적합한 튀김온도는 180~196℃로 200℃ 이상에서는 튀기지 않는다.

19 반죽의 pH는 5.0 근처에서 가장 가스 보유력이 좋으며 pH 7.0 이상에서는 급격히 저하되어 기공이 거칠어진다.

20 **퐁당** : 설탕 100에 대하여 물 30을 넣고 114~118℃로 끓인다.

21 비중은 제품의 부피, 기공, 조직에 영향을 끼친다.

22　• 파운드 케이크 : 2.40㎤
　　　• 레이어 케이크 : 2.96㎤
　　　• 스펀지 케이크 : 5.08㎤
　　　• 식빵 : 3.36㎤

23 너무 진 반죽은 쿠키를 퍼지게 한다.

24 무스케이크 제조 시 젤라틴의 사용 비율 : 2%

25 파운드 케이크 팬닝량 : 70% 정도

26 구성 비율 : 껍질 10%, 노른자 30%, 흰자 60%
　　　가식부분은 90%이므로 60 × 90/100 = 54g

27 글루텐의 성분이 느슨해져 누른 자국이 남아 있으면 퍼프
　　　페이스트리의 휴지가 종료된 것이다.

28 **반죽형 케이크**
　　　밀가루, 계란, 설탕, 유지에 우유나 물을 넣고 화학 팽창제
　　　(베이킹파우더)를 사용하여 부풀린 반죽 제품으로 각종 레
　　　이어 케이크, 파운드 케이크, 과일케이크, 마들렌, 바움쿠헨
　　　이 이에 해당한다.

29 단백질은 프로테아제에 의해 아미노산으로 변화한다.

30 **생크림**
　　　• 유지방이 40% 이상인 생크림이 거품내기가 알맞다.
　　　• 1~2℃가 거품이 잘 일어난다.
　　　• 크림 100에 대하여 10% 전후의 분설탕을 사용하여 단
　　　　맛을 낸다.
　　　• 보관 시 온도는 3~7℃가 좋다.

31 항산화제는 산화를 지연시키는 물질이다.

32 **가소성** : 유지가 상온에서 고체 모양을 유지하는 성질

33 노른자의 레시틴이 유화작용을 한다.

34 코팅용 초콜릿은 겨울에 융점이 낮고 여름에 융점이 높아야
　　　한다.

35 **소금이 적량보다 많을 경우**
　　　• 부피가 적다.
　　　• 껍질색이 검다.
　　　• 세포벽이 두껍고 기공이 거칠다.
　　　• 발효 손실이 적다.

36 **유지의 산화에 영향을 주는 요인** : 산소, 수분, 금속, 자외선

37 α-아밀라아제는 전분을 덱스트린으로 분해한다.

38 **반죽의 흡수율에 영향을 미치는 요소**
　　　• 반죽의 온도가 5℃ 올라가면 물 흡수율은 3% 감소하고
　　　　온도가 5℃ 내려가면 흡수율은 3% 증가한다.
　　　• 연수를 사용하면 글루텐이 약해지며 흡수량이 적고, 경수
　　　　를 사용하면 글루텐이 강해지며 흡수량이 많다.
　　　• 소금을 픽업단계에 넣으면 글루텐을 단단하게 하여 글루
　　　　텐 흡수량의 약 8%를 감소시키고, 클린업 단계 이후에 넣
　　　　으면 물 흡수량이 많아진다.

39 **프로테아제** : 밀가루 단백질 분해효소

40 젖은 글루텐은 67%의 수분 함량을 갖고 있다.

41　• 글루테닌 : 탄력성
　　　• 글리아딘 : 신장성

42 이스트의 발효력을 증가시키기 위해 1~3%의 설탕을 물에
　　　풀어 사용한다.

43 **아밀로그래프** : 온도 변화에 따라 밀가루의 α-아밀라아제의
　　　효과를 측정하는 기계로 밀가루의 호화정도를 측정한다. 수치
　　　는 400~600B.U가 적당하다.

44 계란의 열응고성을 이용한 제품이 푸딩이다.

45 글리코프로테인은 유도 단백질에 속한다.

46 우유는 완전 단백질 식품으로 밀가루에 부족한 리신을 보충
　　　시켜준다.

47 아밀로펙틴은 포도당의 측쇄 연결이다.

48 비타민 A가 부족하면 야맹증, 안구건조증, 점막 장애가 발생하
　　　며 간, 우유, 난황, 뱀장어에 많이 들어 있다.

49 유당은 유용한 장내 세균의 발육을 왕성하게 하여 장에 좋
　　　은 영향을 미친다.

50 17.2g(지질) × 9kacl/2 = 77.4kcal

51 식품의 부패는 주로 단백질 식품에 일어난다.

52 부갑상선 호르몬은 칼슘과 관계가 깊다.

53 • 비타민 A : 야맹증

　　• 비타민 B$_1$: 각기병

　　• 비타민 B$_{12}$: 악성 빈혈

54 어패류 – 세균

55 종업원의 철저한 위생 관리 뿐만 아니라 모든 과정에 대한 오염도 방지해야 한다.

56 아미노산의 분해생성물은 암모니아다.

57 **부패** : 제품에 곰팡이가 발생하여 썩어서 맛이나 형태가 변질되는 현상을 말한다.

58 빵에 사용하는 보존료는 프로피온산나트륨이다.

59 **포도상구균 식중독** : 포도상구균 자체는 열에 약하나 식중독 원인은 균 자체가 아니고 이 균이 체외로 분비하는 독소(enterotoxin A형 : 장관독)이다. 엔테로톡신은 120℃에서 20분간 가열해도 완전 파괴되지 않으므로 가열된 음식물 섭취에도 발생한다.

60 식품첨가물은 천연품과 화학적 합성품이 있다.

QR코드를 스캔하면 스마트폰을 활용한
모바일 모의고사를 이용할 수 있습니다.

전체 문제 수 : 60
안 푼 문제 수 : ☐

답안 표기란

1 ① ② ③ ④

2 ① ② ③ ④

3 ① ② ③ ④

4 ① ② ③ ④

5 ① ② ③ ④

1 굳어진 설탕 아이싱 크림을 여리게 하는 방법 중 부적당한 것은?

① 중탕으로 가열한다.

② 설탕 시럽을 넣어 여리게 한다.

③ 소량의 물을 넣고 중탕으로 가열한다.

④ 전분이나 밀가루 같은 흡수제를 이용한다.

2 일반적으로 옐로 레이어 케이크의 반죽 온도는 어느 정도가 가장 적당한가?

① 16℃

② 20℃

③ 24℃

④ 30℃

3 언더 베이킹(under baking)이란?

① 낮은 온도에서 장시간 굽는 방법

② 높은 온도에서 단시간 굽는 방법

③ 윗불을 낮게 밑불을 높게 굽는 방법

④ 윗불을 낮게 밑불을 낮게 굽는 방법

4 도넛 튀김용 유지로 가장 적당한 것은?

① 라드

② 유화 쇼트닝

③ 면실유

④ 버터

5 밤과자를 성형한 후 물을 뿌려주는 이유가 아닌 것은?

① 덧가루의 제거

② 소성 후 철판에서 잘 떨어짐

③ 껍질색의 균일화

④ 껍질의 터짐 방지

답안 표기란

6	①	②	③	④
7	①	②	③	④
8	①	②	③	④
9	①	②	③	④
10	①	②	③	④

6 밀가루 100%, 계란 166%, 설탕 166%, 소금 2%인 배합률은 어떤 케이크 제조에 적당한가?

① 파운드 케이크 ② 옐로 레이어 케이크

③ 스펀지 케이크 ④ 엔젤 푸드 케이크

7 반죽형 케이크 제조 시 중심부가 솟는 원인은?

① 달걀 사용량의 증가

② 굽기 시간의 증가

③ 유지 사용량의 감소

④ 오븐 윗불이 약한 경우

8 퍼프 페이스트리(puff pastry) 제조 시 굽기 과정에서 부풀어 오르지 않는 이유로 틀린 것은?

① 밀가루의 사용량이 증가되었다.

② 오븐이 너무 차다.

③ 반죽이 너무 차다.

④ 품질이 나쁜 계란이 사용되었다.

9 중조 1.2%를 사용하는 배합표에서 베이킹파우더로 대체하고자 할 경우 사용량으로 일맞은 것은?

① 1.2% ② 2.4%

③ 3.6% ④ 4.8%

10 다음 중 비터(beater)를 이용하여 교반하는 것이 적당한 제법으로 알맞은 것은?

① 공립법 ② 별립법

③ 복합법 ④ 블렌딩법

답안 표기란

11 ① ② ③ ④

12 ① ② ③ ④

13 ① ② ③ ④

14 ① ② ③ ④

15 ① ② ③ ④

16 ① ② ③ ④

11 스펀지 케이크를 부풀리는 주요 방법은?

① 계란의 기포성에 의한 법

② 이스트에 의한 법

③ 화학 팽창제에 의한 법

④ 수증기 팽창에 의한 법

12 다음 제품 중 오븐에 넣기 전에 약한 충격을 가하여 굽기 하는 제품은?

① 파운드 케이크   ② 젤리 롤 케이크

③ 슈   ④ 피칸 파이

13 다음 중 버터 크림 당액 제조 시 설탕에 대한 물 사용량으로 가장 알맞은 것은?

① 25%   ② 80%

③ 100%   ④ 125%

14 스펀지 케이크의 반죽 1g당 팬용적(cm^3)은 얼마인가?

① 2.40   ② 2.96

③ 4.71   ④ 5.08

15 캔디의 재결정을 막기 위해 사용되는 원료가 아닌 것은?

① 물엿   ② 과당

③ 설탕   ④ 전화당

16 다음 머랭 종류에서 설탕을 끓여 시럽으로 만들어 제조하는 것은?

① 이탈리안 머랭

② 스위스 머랭

③ 따뜻한 물로 중탕하여 제조하는 머랭

④ 얼음물로 차게 하여 제조하는 머랭

답안 표기란

17 ① ② ③ ④
18 ① ② ③ ④
19 ① ② ③ ④
20 ① ② ③ ④
21 ① ② ③ ④
22 ① ② ③ ④

17 반죽 무게를 이용하여 반죽의 비중 측정 시 필요한 것은?

① 밀가루 무게　　　　　　② 물 무게
③ 용기 무게　　　　　　　④ 설탕 무게

18 쿠키를 만들 때 정상적인 반죽 온도는?

① 4~10℃　　　　　　　② 18~24℃
③ 28~32℃　　　　　　　④ 35~40℃

19 완제품이 440g인 스펀지 케이크 500개를 주문받았다. 굽기 손실이 12%라면 전체 반죽은 얼마나 준비하여야 하는가?

① 125kg　　　　　　　　② 250kg
③ 300kg　　　　　　　　④ 600kg

20 케이크 반죽의 비중에 관한 설명으로 맞는 것은?

① 비중이 높으면 제품의 부피가 크다.
② 비중이 낮으면 공기가 적게 포함되어 있음을 의미한다.
③ 비중이 낮을수록 제품의 기공이 조밀하고 조직이 묵직하다.
④ 일정한 온도에서 반죽의 무게를 같은 부피의 물의 무게로 나눈 값이다.

21 비스킷 반죽을 오랫동안 믹싱할 때 일어나는 현상이 아닌 것은?

① 제품의 크기가 작아진다.
② 제품이 단단해진다.
③ 제품이 부드럽다.
④ 성형이 어렵다.

22 푸딩을 제조할 때 경도의 조절은 어떤 재료에 의하여 결정되는가?

① 우유　　　　　　　　　② 설탕
③ 계란　　　　　　　　　④ 소금

답안 표기란				
23	①	②	③	④
24	①	②	③	④
25	①	②	③	④
26	①	②	③	④
27	①	②	③	④
28	①	②	③	④

23 케이크 도넛에 대두분을 사용하는 목적이 아닌 것은?

① 흡유율 증가 ② 껍질 구조 강화

③ 껍질색 강화 ④ 식감의 개선

24 제품의 중앙부가 오목하게 생산되었다. 조치하여야 할 사항이 아닌 것은?

① 단백질 함량이 높은 밀가루를 사용한다.

② 수분의 양을 줄인다.

③ 오븐의 온도를 낮추어 굽는다.

④ 우유를 증가시킨다.

25 비스킷을 구울 때 갈변이 되는 것은 어느 반응에 의한 것인가?

① 마이야르 반응 단독으로

② 마이야르 반응과 캐러멜화 반응이 동시에 일어나서

③ 효소에 의한 갈색화 반응으로

④ 아스코르빈산의 산화반응에 의하여

26 반죽형 쿠키의 굽기 과정에서 퍼짐성이 나쁠 때 퍼짐성을 좋게 하기 위해서 사용할 수 있는 방법은?

① 입자가 굵은 설탕을 사용한다. ② 반죽을 오래한다.

③ 오븐의 온도를 높인다. ④ 설탕의 양을 줄인다.

27 가압하지 않는 찜기의 내부온도로 가장 적당한 것은?

① 65℃ ② 97℃

③ 150℃ ④ 200℃

28 다음 중 1mg과 같은 것은?

① 0.0001g ② 0.001g

③ 0.1g ④ 1000g

답안 표기란

29 ① ② ③ ④
30 ① ② ③ ④
31 ① ② ③ ④
32 ① ② ③ ④
33 ① ② ③ ④
34 ① ② ③ ④

29 반죽형 케이크를 구웠더니 너무 가볍고 부서지는 현상이 나타났다. 그 원인이 아닌 것은?

① 반죽에 밀가루 양이 많았다.
② 반죽의 크림화가 지나쳤다.
③ 팽창제 사용량이 많았다.
④ 쇼트닝 사용량이 많았다.

30 제과 제품을 평가하는 데 있어 외부 특성에 해당되지 않는 것은?

① 기공　　　　　　　② 껍질색
③ 균형　　　　　　　④ 부피

31 기름을 계속 사용했을 때 나타나는 현상은?

① 발연점이 감소한다.　　② 발연점이 증가한다.
③ 안정성이 크다.　　　　④ 산패가 느리다.

32 공장 설비 중 제품의 생산능력은 어떤 설비가 가장 기준이 되는가?

① 오븐　　　　　　　② 발효기
③ 믹서　　　　　　　④ 작업 테이블

33 제빵용 밀가루 선택 시 고려할 사항과 가장 거리가 먼 것은?

① 단백질 양　　　　　② 흡수율
③ 전분 양　　　　　　④ 회분 양

34 제과에서 유지의 기능이 아닌 것은?

① 연화 기능　　　　　② 공기포집 기능
③ 안정 기능　　　　　④ 노화촉진 기능

답안 표기란

35 ① ② ③ ④
36 ① ② ③ ④
37 ① ② ③ ④
38 ① ② ③ ④
39 ① ② ③ ④

35 베이킹파우더가 반응을 일으키면 주로 발생되는 가스는?

① 질소가스   ② 암모니아가스

③ 탄산가스   ④ 산소가스

36 유당에 대한 설명 중 틀린 것은?

① 이당류이다.

② 이스트에 의해 발효되지 않는다.

③ 단맛은 설탕과 비교해서 약하다.

④ 유산균에 의해 발효되어 초산이 된다.

37 제빵 적성에 맞지 않는 밀가루는?

① 글루텐의 질이 좋고 함량이 많은 것

② 프로테아제의 함량이 많은 것

③ 제분 직후 30~40일 정도의 숙성기간이 지난 것

④ 물을 흡수할 수 있는 능력이 큰 것

38 유지의 분해산물인 글리세린에 대한 설명으로 틀린 것은?

① 물에 잘 녹는 감미의 액체로 비중은 물보다 낮다.

② 향미제의 용매로 식품의 색택을 좋게 하는 독성이 없는 극소수 용매 중의 하나이다.

③ 보습성이 뛰어나 빵류, 케이크류, 소프트 쿠키류의 저장성을 연장시킨다.

④ 물-기름의 유탁액에 대한 안정 기능이 있다.

39 향신료에 대한 설명으로 틀린 것은?

① 허브는 주로 온대지방의 향신료로 식물의 잎이나 줄기가 주로 사용된다.

② 향신료는 고대 이집트, 중동 등에서 방부제, 의약품의 목적으로 사용되던 것이 식품으로 이용된 것이다.

③ 스파이스는 주로 열대지방에서 생산되는 향신료로 뿌리, 여래, 꽃, 나무껍질 등 다양한 부위가 이용된다.

④ 향신료는 주로 전분질 식품의 맛을 내는 데 사용된다.

답안 표기란

40 ① ② ③ ④
41 ① ② ③ ④
42 ① ② ③ ④
43 ① ② ③ ④
44 ① ② ③ ④

40 계란 흰자의 조성과 가장 거리가 먼 것은?

① 오브알부민   ② 콘알부민

③ 라이소자임   ④ 카로틴

41 칼슘염의 설명으로 부적당한 것은?

① 글루텐을 강하게 하여 반죽을 되고 건조하게 한다.

② 인산칼슘염은 반응 후 산성이 된다.

③ 곰팡이와 로프(rope) 박테리아의 억제효과가 있다.

④ 이스트 성장을 위한 질소공급을 한다.

42 과자와 빵에서 우유가 미치는 영향 중 틀린 것은?

① 영양 강화이다.

② 보수력이 없어서 쉽게 노화된다.

③ 겉껍질 색깔을 강하게 한다.

④ 이스트에 의해 생성된 향을 착향시킨다.

43 포도당의 설명 중 틀린 것은?

① 포도당은 물엿을 완전히 전화시켜 만든다.

② 설탕에 비해 삼투압이 높으며 감미가 높다.

③ 입에서 용해될 때 시원한 느낌을 준다.

④ 효모의 영양원으로 발효를 촉진시킨다.

44 수용성 향료(essence)에 관한 설명 중 틀린 것은?

① 수용성 향료(essence)에는 조합향료를 에탄올로 추출한 것이 있다.

② 수용성 향료(essence)는 고농도 제품을 만들기 어렵다.

③ 수용성 향료(essence)에는 천연물질을 에탄올로 추출한 것이 있다.

④ 수용성 향료(essence)는 내열성이 강하다.

답안 표기란				
45	①	②	③	④
46	①	②	③	④
47	①	②	③	④
48	①	②	③	④
49	①	②	③	④
50	①	②	③	④

45 이스트 푸드의 충전제로 사용되는 것은?

① 설탕   ② 산화제

③ 분유   ④ 전분

46 밀가루 중 밀기울의 혼합률을 측정하는 기준 성분은?

① 섬유질   ② 회분

③ 지방   ④ 비타민 B_1

47 음식물을 통해서만 얻어야 하는 아미노산과 거리가 먼 것은?

① 메티오닌(methionine)   ② 글루타민(glutamine)

③ 트립토판(tryptophan)   ④ 리신(lysine)

48 필수아미노산이 아닌 것은?

① 리신(lysine)

② 메티오닌(methionine)

③ 페닐알라닌(phenylalanine)

④ 아라키도닉산(arachidonic acid)

49 다음 중 수용성 비타민은?

① 비타민 D   ② 비타민 A

③ 비타민 E   ④ 비타민 C

50 포화지방산과 불포화지방산에 대한 설명 중 옳은 것은?

① 포화지방산은 이중결합을 함유하고 있다.

② 포화지방산은 할로겐이나 수소첨가에 따라 불포화될 수 있다.

③ 코코넛 기름에는 불포화지방산이 더 높은 비율로 들어 있다.

④ 식물성 유지에는 불포화지방산이 더 높은 비율로 들어 있다.

답안 표기란

51 ① ② ③ ④
52 ① ② ③ ④
53 ① ② ③ ④
54 ① ② ③ ④
55 ① ② ③ ④
56 ① ② ③ ④

51 탄수화물이 소장에서 흡수되어 문맥계로 들어갈 때의 형태는 무엇인가?

① 단당류
② 이당류
③ 다당류
④ 이상 모두의 혼합형태

52 소장에서 저장작용을 하는 이당류는?

① 자당
② 유당
③ 맥아당
④ 포도당

53 산과 알칼리 및 열에서 비교적 안정하고 칼슘의 흡수를 도우며 골격 발육과 관계가 깊은 비타민은?

① 비타민 A
② 비타민 B_1
③ 비타민 C
④ 비타민 E

54 도넛에 뿌리는 도넛 설탕을 만드는 재료와 거리가 먼 것은?

① 포도당
② 쇼트닝
③ 소금
④ 레시틴

55 비병원성 미생물에 속하는 세균은?

① 결핵균
② 이질균
③ 젖산균
④ 살모넬라균

56 클로스트리디움 보툴리눔 식중독과 관련 있는 것은?

① 화농성 질환의 대표균
② 저온살균 처리 및 신속한 섭취로 예방
③ 내열성 포자 형성
④ 감염성 식중독

57 미나마타병의 원인물질은?

① 카드뮴(Cd) ② 구리(Cu)

③ 수은(Hg) ④ 납(Pb)

58 뉴로톡신(neurotoxin)이라는 균체의 독소를 생산하는 식중독균은?

① 보툴리누스균 ② 포도상구균

③ 병원성 대장균 ④ 장염 비브리오균

59 세균성 식중독 중 일반적으로 잠복기가 가장 짧은 것은?

① 살모넬라 식중독

② 포도상구균 식중독

③ 장염 비브리오 식중독

④ 클로스트리디움 보툴리늄 식중독

60 다음 중 치명률이 가장 높은 것은?

① 보툴리누스균에 의한 식중독

② 살모넬라 식중독

③ 황색포도상구균 식중독

④ 장염 비브리오 식중독

제과기능사 필기 모의고사 4회 정답 및 해설

1	④	2	③	3	②	4	③	5	②	6	③	7	③	8	①	9	③	10	④
11	①	12	②	13	①	14	④	15	③	16	①	17	②	18	②	19	②	20	④
21	③	22	③	23	①	24	④	25	②	26	①	27	②	28	②	29	①	30	①
31	①	32	①	33	③	34	④	35	③	36	④	37	②	38	①	39	④	40	④
41	④	42	②	43	②	44	④	45	④	46	②	47	②	48	④	49	④	50	④
51	①	52	②	53	③	54	④	55	③	56	②	57	③	58	①	59	②	60	①

1 **굳은 아이싱을 풀어주는 조치**
- 아이싱에 최소의 액체를 넣는다.
- 35~43℃로 중탕한다.
- 굳은 아이싱은 데우는 정도로 안 되면 설탕 시럽(설탕2: 물1)을 넣는다.

2 **옐로 레이어 케이크** : 반죽형 반죽 과자의 대표적인 제품으로 설탕 사용량이 밀가루 사용량보다 많은 고율배합 제품이다. 반죽 온도는 22~24℃가 적당하다.

3 **언더 베이킹(under baking)** : 너무 높은 온도에서 구워 설익고 중심 부분이 갈라지고 조직이 거칠며 주저앉기 쉽다.

4 도넛 튀김용 유지는 발연점이 높은 면실유(목화씨 기름)가 적당하다. 면실유 발연점은 약 238℃ 정도로 가장 높다.

5 밤과자를 성형한 후 물을 뿌려주는 이유는 덧가루의 제거, 껍질색의 균일화, 껍질의 터짐 방지를 위해서이다.

6 **스펀지 케이크** : 거품형 반죽과자의 대표적인 제품으로 계란에 들어있는 단백질의 신장성과 변성에 의해 거품을 형성하고 팽창하는 제품이다.

7 수분이나 유지의 사용량이 적어 반죽이 되거나 윗불이 높은 경우 케이크의 중심부가 솟는 현상이 일어난다.

8 **퍼프 페이스트리 제조 시 굽기 과정 중 작은 부피의 결점** : 부적절한 오븐 온도, 너무 낮은 반죽 온도, 품질이 좋지 않은 계란 사용

9 베이킹파우더 = 중조 × 3

10 블렌딩법은 밀가루와 유지를 섞어 밀가루가 유지에 싸이게 하고 건조 재료와 액체 재료인 계란, 물을 넣어 섞는 방법으로 유연감을 우선으로 한다.

11 스펀지 케이크는 계란의 기포성을 이용한 거품형 반죽이다.

12 젤리 롤 케이크는 거품형 반죽으로 공기방울을 제거하기 위하여 약간 충격을 준 후 굽는다.

13 당액이란 설탕시럽으로 설탕의 25~30% 정도의 물을 함께 114~118℃로 끓인다.

14 **각 제품의 팬용적** : 반죽 1g당 차지하는 부피
- 파운드 케이크 : 2.40cm^3
- 레이어 케이크 : 2.96cm^3
- 엔젤 푸드 케이크 : 4.71cm^3
- 스펀지 케이크 : 5.08cm^3

15 캔디의 재결정화를 막기 위하여 물엿, 과당, 진화당 등의 부원료를 투입한다.

16 이탈리안 머랭은 흰자를 거품내면서 뜨겁게 조린 시럽을 부어 만든 머랭으로 흰자의 일부가 응고되어 기포가 안정된다.

17 $비중 = \dfrac{같은 \ 부피의 \ 반죽 \ 무게}{같은 \ 부피의 \ 물 \ 무게}$

18 제과 반죽의 일반적인 반죽 온도 : 18~24℃

19
- 완제품 총 중량 = 단위중량 × 개수
  = 440g×500개 = 220,000g

- 분할 중량 = 100 × 완제품 총중량 ÷ (100 − 굽기 손실)
  = 100 × 220,000 ÷ (100 − 12)
  = 250,000g = 250kg

20 케이크 반죽의 비중은 일정한 온도에서 반죽의 무게를 같은 부피의 물의 무게로 나눈 값이다.

21 비스킷 반죽을 오랫동안 믹싱하면, 글루텐이 단단해지고, 크기가 작아지고, 성형이 어렵다.

22 계란을 많이 넣으면 부드러워지고 계란을 적게 넣으면 딱딱하다.

23 케이크 도넛에 대두분을 사용하는 목적은 껍질 구조 강화, 껍질색 강화, 식감의 개선을 위해서이다.

24 제품의 중앙부가 오목하게 되면 단백질 함량이 높은 밀가루를 사용하고, 수분의 양을 줄이고, 오븐의 온도를 낮추어 굽는다.

25 비스킷의 갈변은 마이야르 반응과 캐러멜화 반응에 의한 것이다.

26 **쿠키의 퍼짐을 좋게 하기 위한 조치**
- 팽창제를 사용한다.
- 입자가 큰 설탕을 사용한다.
- 알칼리 재료의 사용량을 늘린다.
- 오븐 온도를 낮게 한다.

27 찜기의 내부온도는 97℃이다.

28 1g = 1,000mg, 1mg = 0.001g

29 반죽에 밀가루의 양이 많으면 무거운 제품이 된다.

30 **외부 특성**
- 부피 : 분할 무게에 대한 완제품의 부피로 평가한다.
- 껍질색 : 식욕을 돋구는 황금 갈색이 가장 좋다.
- 외형의 균형 : 좌우 앞뒤의 균형이 대칭인 것이 좋다.
- 균형 : 좌우 앞뒤가 균일하게 구워진 것이 좋다.
- 껍질 형성 : 두께가 일정하고 너무 질기거나 딱딱하지 않아야 한다.
- 터짐과 찢어짐이 없어야 한다.

31
- 기름을 계속 사용하면 안정성이 작아지고, 산패가 빨라지고, 발연점이 감소한다.
- 발연점이란 유지를 가열할 때 연기가 발생하는 온도로 좋은 기름은 발연점이 높아야 한다.

32 공장의 생산능력은 오븐을 기준으로 한다.

33 제빵용 밀가루 선택 시 고려할 사항은 단백질 양, 흡수율, 회분 양이다.

34 **유지의 기능**
- 쇼트닝의 기능으로 각종 제품에 부드러움과 무름을 준다.
- 믹싱 중 공기를 포집하여 굽기 과정을 통해 팽창하면서 적정한 부피와 조직을 만든다.
- 유지가 믹싱에 의하여 공기를 끌어들여 크림이 되는 기능이 있다.
- 공기세포의 형성으로 반죽이 주저앉는 것을 방지한다.
- 빵의 수분증발을 억제, 노화를 지연시켜 저장성을 좋게 한다.
- 영양가를 높게 해주고, 슬라이스성을 좋게 해 준다.

35 베이킹파우더의 반응 시 탄산가스가 발생된다.

36 유당은 발효되지 않는 당으로 빵을 구운 후 유일하게 남아 있는 당이다.

37 프로테아제는 단백질 분해효소로 너무 많으면 활성도가 지나쳐 글루텐 조직이 끊어져 끈기가 없어진다.

38 글리세린의 비중은 물보다 높다.

39 직접 향을 내기보다는 주재료에서 나는 불쾌한 냄새를 막아주고 다시 그 재료와 어울려 풍미를 향상시키고 제품의 보존성을 높여주는 기능을 한다.

40 카로틴은 카로티노이드 중 분자 속에 산소를 함유하지 않은 것으로 당근의 붉은색은 β−카로틴에 의한 것이다.

41
- 소금은 글루텐 성분을 촉진하기 때문에 반죽의 탄력성을 키워 반죽 시간이 길어진다.
- 이스트에 질소를 공급하는 것은 암모늄염이다.

42 우유는 보수력이 있어서 노화를 지연시킨다.

43 설탕에 비해 삼투압이 높으며 감미가 낮다.

44 **수용성 향료(essence/flavor)** : 정유나 flavor base 용액을 함수 알코올이나 글리세린, 프로필렌글리콜 등에 의해 추출하여 얻은 것으로 물에 잘 분산하는 특성이 있고 내열성이 없으며 주로 드링크류, 청량음료, 빙과류에 적용한다.

45 전분은 이스트 푸드의 충전제로 사용된다.

46 밀기울은 회분을 많이 함유하고 있다.

47 글루타민(glutamine)은 아미노산의 하나인 글루탐산의 신장이나 기타 조직 내에서 글루탐산과 암모니아로부터 합성된다.

48 아라키도닉산은 필수지방산에 해당된다.

49 **수용성 비타민** : 비타민 C, 비타민 B군, 나이아신 등

50 **불포화지방산**
 • 탄소와 탄소의 결합에 이중결합이 1개 이상 있는 지방산이다.
 • 산화되기 쉽고 융점이 낮다.
 • 상온에서 액체이며, 식물성 유지에 다량 함유되어 있다.

51 탄수화물이 소장에서 흡수되어 문맥계로 들어갈 때는 단당류로 들어간다.

52 소장에서 락타아제가 유당을 포도당과 갈락토오스로 분해하여 저장시킨다.

53 비타민 C가 부족하면 괴혈병, 간염이 생긴다.

54 레시틴은 지방산, 글리세린 외에 인산과 콜린이 결합되어 있다. 쇼트닝과 마가린의 유화제로 쓰이며 옥수수와 대두유로부터 나온다.

55 비병원성 미생물에 속하는 세균은 젖산균이다.

56 **클로스트리디움 보툴리늄(clostridium botulinum) 식중독** : 혐기성균으로 열과 소독약에 저항성이 강한 아포를 생산하는 독소형 식중독균이다. 보툴리누스균 아포는 전 세계적으로 토양에 광범위하게 분포되어 있지만 이 균으로 인한 중독은 그리 흔하지는 않다. 이 균의 A, B, F형 독소생산균 아포는 최소 120℃ 4분 이상 가열하여야 사멸되나 E형 독소 생산균의 아포는 수분 이상 끓이면 사멸된다. 한편 이들이 생산한 독소는 열에 쉽게 파괴되는 단순단백질로서 80℃에서 20분, 100℃에서 1~2분 가열로 파괴된다.

57 미나마타병은 수은에 오염된 해산물 섭취로 발병한다.

58 **보툴리누스균 식중독** : 내열성 포자를 형성하며, 주로 식중독은 A, B, E, F형이며 특히 A, B형 균의 포자는 내열성이 강하나(120℃, 4시간) 독소인 뉴로톡신은 열에 약하여 80℃에서 15분이면 파괴된다.

59 포도상구균 식중독은 잠복기가 3시간으로 가장 짧다.

60 보툴리누스균 식중독은 세균성 식중독 중 치사율이 가장 높다.

수험번호 :

수험자명 :

제한 시간 : 60분
남은 시간 : 60분

 QR코드를 스캔하면 스마트폰을 활용한
모바일 모의고사를 이용할 수 있습니다.

전체 문제 수 : 60
안 푼 문제 수 :

답안 표기란

1 ① ② ③ ④
2 ① ② ③ ④
3 ① ② ③ ④
4 ① ② ③ ④
5 ① ② ③ ④

1 스펀지 케이크 반죽에 버터를 사용하고자 할 때 버터의 온도는 얼마가 가장 좋은가?

① 30℃   ② 35℃

③ 60℃   ④ 85℃

2 모카 아이싱(mocha icing)의 특징이 결정되는 재료는?

① 커피   ② 코코아

③ 초콜릿   ④ 분당

3 튀김기름을 나쁘게 하는 4가지 요소는?

① 열, 수분, 탄소, 이물질   ② 열, 수분, 공기, 이물질

③ 열, 공기, 수소, 탄소   ④ 열, 수분, 산소, 수소

4 고율배합의 제품을 굽는 방법으로 맞는 것은?

① 저온 단시간   ② 고온 단시간

③ 저온 장시간   ④ 고온 장시간

5 파이를 만들 때 충전물이 끓어 넘쳤다. 그 원인으로 틀린 것은?

① 배합이 적합하지 않았다.

② 충전물의 온도가 낮았다.

③ 바닥 껍질이 너무 얇았다.

④ 껍질에 구멍이 없었다.

답안 표기란

6 ① ② ③ ④
7 ① ② ③ ④
8 ① ② ③ ④
9 ① ② ③ ④
10 ① ② ③ ④

6 커스터드 푸딩을 컵에 채워 몇 ℃의 오븐에서 중탕으로 굽는 것이 가장 적당한가?

① 160~170℃ ② 190~200℃
③ 210~220℃ ④ 230~240℃

7 케이크 제품의 기공이 조밀하고 속이 축축한 결점의 원인이 아닌 것은?

① 액체 재료 사용량 과다
② 과도한 액체당 사용
③ 너무 높은 오븐 온도
④ 계란 함량의 부족

8 레이어 케이크 반죽의 온도를 조절하려 할 때, 실내 온도 25℃, 밀가루 온도 25℃, 설탕 온도 25℃, 수돗물 온도 20℃, 유화 쇼트닝 온도 20℃, 계란 온도 20℃, 마찰계수 28, 희망 온도 23℃라면 사용할 물의 온도로 적당한 것은?

① 3℃ ② 23℃
③ -5℃ ④ 12℃

9 밀가루를 체로 쳐서 사용하는 이유와 가장 거리가 먼 것은?

① 불순물 제거 ② 공기의 혼입
③ 분산 ④ 표피색 개선

10 버터크림을 만들 때 흡수율이 가장 높은 유지는?

① 라드
② 경화 라드
③ 경화 식물성 쇼트닝
④ 유화 쇼트닝

답안 표기란

11 ① ② ③ ④
12 ① ② ③ ④
13 ① ② ③ ④
14 ① ② ③ ④
15 ① ② ③ ④

11 파이 껍질(pie crust)은 성형하기 전에 12~16℃에서 적어도 6시간 저장하는 것이 좋다. 그 이유로 부적당한 것은?

① 충전물이 스며드는 것을 막기 위해
② 밀가루를 적절히 수화시키기 위해
③ 성형동안 반죽이 수축되지 않도록 하기 위해
④ 유지를 굳혀 바람직한 결을 얻기 위해

12 일반 파운드 케이크의 배합률이 올바르게 설명된 것은?

① 소맥분 100, 설탕 100, 계란 200, 버터 200
② 소맥분 100, 설탕 100, 계란 100, 버터 100
③ 소맥분 200, 설탕 200, 계란 100, 버터 100
④ 소맥분 200, 설탕 100, 계란 100, 버터 100

13 스펀지 케이크에서 계란 사용량을 감소시킬 때의 조치사항이 잘못된 것은?

① 베이킹파우더를 사용하기도 한다.
② 물 사용량을 추가한다.
③ 쇼트닝을 첨가한다.
④ 양질의 유화제를 병용한다.

14 다음의 쿠키(cookies) 제품 중에서 지방을 가장 많이 섭취할 수 있는 종류는?

① 드롭 쿠키(drop cookies)
② 슈가 쿠키(sugar cookies)
③ 레디핑거(lady finger)
④ 쇼트 브레드(short bread)

15 비스킷을 제조할 때 유지보다 설탕을 많이 사용하면 어떤 결과가 오는가?

① 제품의 촉감이 단단해진다.
② 제품이 부드러워진다.
③ 제품의 퍼짐이 작아진다.
④ 제품의 색깔이 엷어진다.

답안 표기란

16 ① ② ③ ④
17 ① ② ③ ④
18 ① ② ③ ④
19 ① ② ③ ④
20 ① ② ③ ④
21 ① ② ③ ④

16 아이싱에 사용되는 재료 중 조성이 나머지 세 가지와 다른 하나는?

① 버터크림   ② 스위스 머랭

③ 로얄 아이싱   ④ 이탈리안 머랭

17 옐로 레이어 케이크에서 전란 사용량이 55%일 때 쇼트닝 사용량으로 적정한 것은?

① 30%   ② 50%

③ 70%   ④ 90%

18 도넛 글레이즈의 사용온도로 적당한 것은?

① 49℃   ② 39℃

③ 29℃   ④ 19℃

19 다음 제품 중 냉과류에 속하는 제품은?

① 무스케이크   ② 젤리 롤 케이크

③ 시폰케이크   ④ 양갱

20 흰자를 이용한 머랭 제조 시 좋은 머랭을 얻기 위한 방법이 아닌 것은?

① 머랭의 온도를 따뜻하게 한다.

② 사용하는 용기 내에 유지가 없어야 한다.

③ 노른자를 첨가한다.

④ 주석산 크림을 넣는다.

21 반죽무게를 구하는 식은?

① 틀부피−비용적   ② 틀부피÷비용적

③ 틀부피×비용적   ④ 틀부피+비용적

답안 표기란

22 ① ② ③ ④
23 ① ② ③ ④
24 ① ② ③ ④
25 ① ② ③ ④
26 ① ② ③ ④
27 ① ② ③ ④

22 기본 퍼프 페이스트리에서 밀가루가 100일 때 유지, 물의 비율은?

① 50 : 50

② 100 : 100

③ 50 : 100

④ 100 : 50

23 레몬즙이나 식초를 첨가한 반죽을 구웠을 때 나타나는 현상은?

① 조직이 치밀하다.

② 껍질색이 진하다.

③ 향이 짙어진다.

④ 부피가 증가한다.

24 스펀지 케이크 제조 시 더운 믹싱법을 사용할 때 계란과 설탕의 중탕 온도로 가장 적합한 것은?

① 23℃

② 43℃

③ 63℃

④ 83℃

25 나가사키 카스텔라 제조 시 휘젓기를 하는 이유로 알맞지 않은 것은?

① 반죽 온도를 균일하게 한다.

② 껍질표면을 매끄럽게 한다.

③ 내상을 균일하게 한다.

④ 팽창을 원활하게 한다.

26 파운드 케이크를 팬닝할 때 밑면의 껍질형성을 방지하기 위한 팬으로 가장 적합한 것은?

① 종이팬

② 일반팬

③ 은박팬

④ 이중팬

27 반죽 온도가 정상보다 낮을 때 나타나는 제품의 결과 중 틀린 것은?

① 부피가 적다.

② 큰 기포가 형성된다.

③ 기공이 조밀하다.

④ 오븐 통과시간이 약간 길다.

답안 표기란

28 ① ② ③ ④
29 ① ② ③ ④
30 ① ② ③ ④
31 ① ② ③ ④
32 ① ② ③ ④

28 코코아 20%에 해당하는 초콜릿을 사용하여 케이크를 만들려고 할 때 초콜릿 사용량은?

① 16%　　　　　　　　　　② 20%
③ 28%　　　　　　　　　　④ 32%

29 제과·제빵, 아이스크림 등에 널리 사용되는 바닐라에 대한 설명 중 맞지 않은 것은?

① 바닐라 향은 조화된 향미를 가지므로 식품의 기본향으로 널리 이용된다.
② 바닐라는 열대지방 원산지로 바닐라 빈을 발효 건조시킨 것이다.
③ 바닐라 에센스는 수용성 제품에 사용한다.
④ 바닐라는 안정제의 역할을 한다.

30 가나슈 크림에 대한 설명 중 맞는 것은?

① 생크림은 절대 끓여서 사용하지 않는다.
② 초콜릿과 생크림의 배합비율은 10:1이 원칙이다.
③ 초콜릿 종류는 달라도 카카오 성분은 같다.
④ 끓인 생크림에 초콜릿을 더한 크림이다.

31 유지의 경화란 무엇인가?

① 경유를 정제하는 것
② 지방산가를 계산하는 것
③ 우유를 분해하는 것
④ 불포화지방산에 수소를 첨가하여 고체화시키는 것

32 다음 중 단당류가 아닌 것은?

① 과당　　　　　　　　　　② 맥아당
③ 포도당　　　　　　　　　④ 갈락토오스

답안 표기란

33 ① ② ③ ④
34 ① ② ③ ④
35 ① ② ③ ④
36 ① ② ③ ④
37 ① ② ③ ④

33 밀알을 껍질 부위, 배아 부위, 배유 부위로 분류할 때 배유에 대한 설명으로 틀린 것은?

① 밀알의 대부분으로 무게비로 약 83%를 차지한다.

② 전체 단백질의 약 90%를 구성하며 무게비에 대한 단백질 함량이 높다.

③ 회분 함량은 0.3% 정도로 낮은 편이다.

④ 무질소물은 다른 부위에 비하여 많은 편이다.

34 정제가 불충분한 기름 중에 남아 식중독을 일으키는 물질인 고시폴 (gossypol)은 어느 기름에서 유래하는가?

① 피마자유   ② 콩기름

③ 면실유   ④ 미강유

35 공장 주방설비 중 작업의 효율성을 높이기 위한 작업 테이블의 위치는?

① 오븐 옆에 설치한다.

② 냉장고 옆에 설치한다.

③ 발효실 옆에 설치한다.

④ 주방의 중앙부에 설치한다.

36 제빵 시 반죽용 물의 설명으로 틀린 것은?

① 경수는 반죽의 글루텐을 경화시킨다.

② 연수는 발효를 지연시킨다.

③ 연수 사용 시 미네랄 이스트 푸드를 증량해서 사용하는 것이 좋다.

④ 연수는 반죽을 끈적거리게 한다.

37 제빵용 물로 가장 적당한 것은?

① 연수(1~60ppm)   ② 아연수(61~120ppm)

③ 아경수(121~180ppm)   ④ 경수(180ppm 이상)

답안 표기란

38 ① ② ③ ④
39 ① ② ③ ④
40 ① ② ③ ④
41 ① ② ③ ④
42 ① ② ③ ④
43 ① ② ③ ④

38 설탕 100g을 포도당으로 대치하려고 한다. 감미를 고려할 때 다음 중 맞는 것은?

① 75

② 100

③ 130

④ 150

39 다음의 효소 중 일반적인 제빵용 이스트에는 없기 때문에 관계되는 당은 발효되지 않고 잔류당으로 빵 제품 내에 남게 하는 효소는?

① 말타아제

② 인베르타제

③ 락타아제

④ 치마아제

40 다음 중 유지의 산화속도를 억제하는 것은?

① 토코페롤

② 몰식자산 프로필

③ 리파아제

④ 아스코르빈산

41 베이킹파우더 성분 중 이산화탄소를 발생시키는 것은?

① 전분

② 탄산수소나트륨

③ 주석산

④ 인산칼슘

42 밀가루에 함유된 회분이 의미하는 것이 아닌 것은?

① 광물질은 껍질에 많다.

② 정세 정도를 알 수 있다.

③ 강력분은 박력분보다 회분 함량이 높다.

④ 제빵 특성을 대변한다.

43 상대적 감미도가 순서대로 나열된 것은?

① 과당 〉 전화당 〉 설탕 〉 포도당 〉 맥아당 〉 유당

② 설탕 〉 과당 〉 전화당 〉 포도당 〉 유당 〉 맥아당

③ 유당 〉 설탕 〉 포도당 〉 맥아당 〉 과당 〉 전화당

④ 전화당 〉 설탕 〉 포도당 〉 과당 〉 맥아당 〉 유당

답안 표기란

44	① ② ③ ④
45	① ② ③ ④
46	① ② ③ ④
47	① ② ③ ④
48	① ② ③ ④

44 친수성–친유성 균형(HLB)이 다음과 같을 경우 친수성인 계면활성제는?

① 5

② 7

③ 9

④ 11

45 제과, 제빵용 건조 재료 등과 팽창제 및 유지 재료를 알맞은 배합률로 균일하게 혼합한 원료는?

① 프리믹스(prepared flour mixes)

② 계면활성제

③ 향신료(flavors and spices)

④ 밀가루 개선제(flour improvers)

46 다음 중 다당류인 전분을 분해하는 효소가 아닌 것은?

① 알파 아밀라아제

② 베타 아밀라아제

③ 디아스타제

④ 말타아제

47 다음 식품 중 콜레스테롤(cholesterol) 함량이 가장 높은 것은?

① 식빵

② 국수

③ 밥

④ 버터

48 다음 단백질에 대한 설명으로 틀린 것은?

① 1차 구조 – 아미노산과 아미노산이 펩티드 결합으로 연결되어 있다.

② 2차 구조 – 아미노산 사슬이 코일 구조를 가지고 있다.

③ 3차 구조 – 2차 구조의 코일이 입체구조를 이루어 굽혀져 있다.

④ 4차 구조 – 2차 구조의 코일이 평면구조를 이루며 굽혀져 있다.

답안 표기란

49	① ② ③ ④
50	① ② ③ ④
51	① ② ③ ④
52	① ② ③ ④
53	① ② ③ ④
54	① ② ③ ④

49 영양소의 소화흡수에 대한 설명이 잘못된 것은?

① 일부 소화효소는 불활성 전구체로 분비되어 소화관내에서 활성화된다.

② 영양소의 분해하는 과정은 여러 종류의 효소가 단계적으로 작용하여 이루어진다.

③ 최종 흡수된 영양소는 모두 문맥계를 통하여 유입된다.

④ 위액의 분비는 반사조건적인 영향도 많이 받는다.

50 탄수화물은 체내에서 주로 어떤 작용을 하는가?

① 골격을 형성한다.　　　　② 혈액을 구성한다.

③ 체작용을 조절한다.　　　④ 열량을 공급한다.

51 신체를 구성하는 무기질은 체중의 몇 % 정도를 차지하는가?

① 4%　　　　　　　　② 24%

③ 54%　　　　　　　④ 84%

52 담즙산의 설명으로 틀린 것은?

① 콜레스테롤(cholesterol)의 최종 대사산물

② 간장에서 합성

③ 지방의 유화작용

④ 수용성 비타민의 흡수에 관계

53 열량 섭취량을 2,500kcal 내외로 했을 때 이상적인 1일 지방 섭취량은?

① 약 10~20g　　　　　② 약 40~50g

③ 약 70~80g　　　　　④ 약 90~100g

54 살모넬라균에 대한 설명이 아닌 것은?

① 그람양성간균　　　　② 60℃에서 20분 만에 사멸

③ 최적온도는 37℃　　　④ 급성위장염 일으킴

답안 표기란

55 ① ② ③ ④
56 ① ② ③ ④
57 ① ② ③ ④
58 ① ② ③ ④
59 ① ② ③ ④
60 ① ② ③ ④

55 냉장 보관하면 어떤 식중독이 예방되는가?

① 자연독에 의한 식중독   ② 세균성 식중독

③ 화학적 식중독   ④ 유독기구에 의한 식중독

56 대장균에 대한 설명으로 옳지 않은 것은?

① 젖당을 발효시킨다.

② 사람의 변을 통해 나온다.

③ 대장균은 건조식품에는 존재하지 않는다.

④ 세균오염의 지표가 된다.

57 작업장의 방충, 방서용 금속망의 그물 크기는 어느 정도가 적당한가?

① 5mesh   ② 15mesh

③ 20mesh   ④ 30mesh

58 식품제조 공정 중에서 거품을 없애는 용도로 사용되는 것은?

① 글리세린(glycerine)

② 실리콘 수지(silicon resin)

③ 피페로닐 부톡사이드(piperonyl butoxide)

④ 프로필렌 글리콜(propylene glycol)

59 다음 첨가물 중 합성보존료가 아닌 것은?

① 데히드로초산   ② 소르빈산

③ 차아염소산나트륨   ④ 프로피온산나트륨

60 살균력 검사 시 표준으로 사용되는 소독제는?

① 석탄산   ② 알코올

③ 승홍수   ④ 요오드

1	③	2	①	3	②	4	③	5	②	6	①	7	④	8	③	9	④	10	④
11	①	12	②	13	③	14	④	15	①	16	①	17	②	18	①	19	①	20	③
21	②	22	④	23	①	24	②	25	④	26	④	27	②	28	④	29	④	30	④
31	④	32	②	33	②	34	③	35	④	36	②	37	③	38	①	39	③	40	③
41	②	42	④	43	①	44	④	45	①	46	④	47	④	48	④	49	③	50	④
51	①	52	④	53	②	54	①	55	②	56	①	57	④	58	①	59	③	60	①

1 버터는 50~70℃로 녹여 반죽하기 마지막 단계에서 넣어 섞는다.

2 **모카 아이싱** : 인스턴트 커피 가루를 뜨거운 물에 녹여 체에 친 파우더 슈가에 섞는다.

3 튀김기름의 질을 저하시키는 요인은 공기, 온도, 수분, 이물질이다.

4 고율배합의 제품은 저온 장시간 구워야 한다.

5 충전물의 온도가 높으면 파이를 만들 때 충전물이 끓어 넘친다.

6 낮은 온도에서 중탕으로 구워야 표면에 기포가 생기지 않는다.

7 계란 함량은 많은데 휘핑이 부족하면 기공이 조밀하고 속이 축축할 수 있다.

8 사용할 물의 온도 = 희망 반죽 온도 × 6 - (실내 온도 + 밀가루 온도 + 설탕 온도 + 쇼트닝 온도 + 계란 온도 + 마찰계수) = 23 × 6 - (25 + 25 + 25 + 20 + 20 + 28) = -5℃

9 가루 재료를 체로 치면 가루 속에 불순물 제거, 공기의 혼입, 분산에 도움을 준다.

10 유화 쇼트닝이란 유화제(기름이 물을 흡수하는 성질)를 혼합한 쇼트닝으로 유화기능이 흡수율을 높인다.

11 **휴지의 이유** : 밀가루의 수분 흡수로 인한 반죽의 수화와 휴지하는 동안 글루텐을 안정시켜 성형을 용이하게 하며, 반죽과 유지의 되기를 같게 하여 결 형성을 돕는다.

12 파운드 케이크란 이름은 당초에 기본재료인 밀가루, 설탕, 계란, 버터 4가지를 각각 1파운드씩 같은 양을 넣어 만든 제품에서 비롯되었다고 한다.

13 스펀지 케이크에 쇼트닝은 사용하지 않는다.

14 쇼트 브레드 쿠키는 다량의 유지와 설탕, 밀가루로 만든 것으로 지방이 가장 많으며 바삭한 맛이 특징이다.

15 설탕이 반죽 속의 수분을 흡수하여 촉감이 단단해진다.

16 버터크림은 버터에 설탕, 계란을 더해 만든 크림이고 나머지 3개는 흰자를 주재료로 사용한다.

17 옐로 레이어 케이크 계란량 = 쇼트닝 × 1.1
쇼트닝 = 계란량 ÷ 1.1 = 55 ÷ 1.1 = 50

18 도넛 글레이즈의 사용온도 : 49℃

19 무스케이크는 젤라틴을 넣어 차게 굳힌 제품이며 양갱은 한천을 넣어 실온에서 굳힌 제품이다.

20 머랭에 지방 성분이 들어가면 거품이 오르지 않으며, 노른자에는 지방 성분이 많다.

21 비용적 = $\dfrac{\text{틀부피}}{\text{반죽무게}}$

반죽무게 = $\dfrac{\text{틀부피}}{\text{비용적}}$

22 강력분 : 유지 : 물 : 소금 = 100 : 100 : 50 : 1

23 레몬즙이나 식초를 첨가한 반죽을 구우면 조직이 치밀해진다.

24 더운 믹싱법은 계란과 설탕을 43℃까지 중탕하여 거품을 내는 방법이다.

25 나가사키 카스텔라 제조 시 휘젓기를 하는 이유는 반죽 온도를 균일하게 하고 껍질표면을 매끄럽게 하며 내상을 균일하게 하기 위해서이다.

26 이중팬을 사용하면 과도한 착색으로 인한 두꺼운 껍질형성을 방지할 수 있다.

27 반죽의 온도가 정상보다 높을 때 큰 기포가 형성된다.

28 초콜릿 = 코코아 × 8/5 = 20 × 8/5 = 32%

29 안정제는 물과 기름, 기포 등의 불완전한 상태를 안정된 구조로 바꾸어 주는 역할을 말하며 바닐라는 안정제의 역할을 하지 않는다.

30 가나슈 크림이란 끓인 생크림에 다진 초콜릿을 더한 크림이다.

31 유지의 경화란 불포화지방산에 수소를 첨가하고 니켈이나 백금의 촉매제를 사용하여 고체화시킨 것을 말한다.

32 맥아당은 이당류이다.

33 **배유(endosperm)**
- 밀의 83% 차지
- 단백질 73% 함유
- 내배유를 분말화한 것이 밀가루
- 단백질, 탄수화물, 철의 대부분과 리보플라빈, 니아신, 티아민 같은 비타민 B군이 다량 함유
- 경질소맥과 연질소맥으로 나뉨

34 정제가 불충분한 기름 중에 남아 식중독을 일으키는 물질인 고시폴(gossypol)은 불순 면실유(목화씨)로부터 생긴다.

35 공장 주방설비 중 작업의 효율성을 높이기 위한 작업 테이블은 주방의 중앙부에 설치하는 것이 좋다.

36 연수는 발효를 촉진시킨다.

37 **제빵에 적합한 물** : 아경수

38 탄수화물의 상대적 감미도가 자당 100, 포도당 75이므로,
100 : 75 = 100g : x
7,500 = 100x
x = 75

39 락타아제는 젖당(유당)을 포도당과 갈락토오스로 분해한다. 유당은 동물성 당류이므로 단세포 생물인 이스트에는 락타아제가 없다.

40 리파아제는 지방을 지방산과 글리세린으로 분해하며, 유지의 산화속도를 억제한다.

41 베이킹파우더의 탄산수소나트륨이 반응을 일으켜 이산화탄소 가스를 촉진시킨다.

42 **회분 함량의 의미**
- 정제도를 표시한다.
  (밀의 1/5~1/4)
- 제분율과 정비례한다.
- 경질소맥이 연질소맥보다 회분 함량이 높다.
- 제빵 적성과 관계가 없다.

43 당류의 감미도는 과당(175) 〉 전화당(143) 〉 자당(100) 〉 포도당(75) 〉 맥아당, 갈락토오스(32) 〉 유당(16)이다.

44 HLB의 값이 9 이하이면 친유성으로 기름에 용해되고, HLB의 수치가 11 이상이면 친수성으로 물에 용해된다.

45 프리믹스는 제과 제빵 및 조리에 필요한 모든 재료를 미리 배합하여 만든 제품으로 물만 넣고 반죽을 제조하며 원하는 제품을 쉽게 만들 수 있다.

46 말타아제는 장에서 분비하며, 엿당을 포도당으로 가수분해한다.

47 콜레스테롤 함량이 높은 것 즉 유지의 함량이 높은 제품은 버터이다.

48 4차 구조 – 3차 구조의 코일이 평면구조를 이루며 굽혀져 있다.

49 최종 흡수된 영양소 중 수용성 성분이 문맥계를 통한다.

50 탄수화물은 1g당 4kcal의 열량을 내는 에너지 공급원이다.

51 인체 구성의 영양소의 비율은 수분(65%), 단백질(16%), 지방(14%), 무기질(5%), 당질(소량), 비타민(미량)이다.

52 담즙산은 지용성 비타민의 흡수에 관계한다.

53 지방은 1일 총열량의 20% 이하 섭취가 적당하므로, 2,500kcal × 20% = 500kcal이다. 지방은 1g당 9kcal의 열량을 내므로 500kcal ÷ 9kcal ≒ 56g이다.

54 살모넬라(salmonela)균 식중독은 어육류, 튀김 등 모든 식품 (특히 육류)에 의하여 감염되며 급성 위장염을 일으킨다. 원인세균은 그람음성간균으로 60℃ 20분 가열하면 사멸한다.

55 세균성 식중독은 냉장온도(0∼10℃)에서는 세균을 억제하므로 어느 정도는 예방할 수 있다.

56 대장균은 세균성 식중독이며, 발효와는 다르다.

57 체의 그물 구멍 크기를 나타내는 단위로 1인치 안에 있는 구멍의 수를 메시라고 부른다. 숫자가 클수록 구멍이 작으며 30메시가 적당하다.

58 소포제는 식품 제조 공정 중 생긴 거품을 없애기 위해 첨가하는 것으로 글리세린이 있다.

59 보존료에는 데히드로초산, 데히드로 초산나트륨, 소르빈산, 소르빈산칼륨, 안식향산, 안식향산나트륨, 프로피온산나트륨이 있다.

60 석탄산은 살균력 검사 시 표준으로 사용되는 소독제로 석탄산 계수라고 한다.

제빵기능사

제빵사의 중요한 업무는 가스 생성과 가스 보유가 최대가 되도록 발효를 관리하는 것이다. 가스 생성량과 가스 보유량이 일치하면 구웠을 때 부피가 가장 크고 최상의 기공, 조직, 껍질 색, 맛과 향 등의 특징을 갖는 빵이 된다.

NCS 빵류제품 반죽발효

★ Part 4 ★

빵류 제조

Chapter 1 → 빵류제품 재료혼합

01 반죽 및 반죽관리

1 반죽법의 종류 및 특징

1 빵의 개요

1) 빵의 정의

① 밀가루에 이스트, 소금, 물을 넣고 배합하여 만든 반죽을 발효시킨 뒤 오븐에서 구운 것을 말한다.

② 설탕, 유지, 계란 등을 취향에 따라 선택하여 사용한다.

③ 밀가루, 이스트, 물, 소금은 주재료 혹은 기본 재료라고 한다. 1

2) 빵의 분류

① **식빵류**

한 끼 식사용으로 먹는 달지 않은 빵

예 식빵류, 프랑스빵(바게트, 하드 롤 등), 롤, 번, 호밀빵 등

② **과자빵류**

간식용으로 설탕, 유지가 많이 들어가는 빵

예 앙금빵, 크림빵, 스위트 롤, 커피 케이크, 브리오슈, 크루아상, 데니시 페이스트리 등

③ **특수빵류**

튀기기, 찌기 등 익히는 방법이 특수한 빵

예 빵도넛, 찐빵, 러스크, 토스트, 브라운 앤 서브 롤 등

④ **조리빵류**

빵에 요리를 접목시켜 만든 빵

예 소시지빵, 피자파이, 샌드위치, 햄버거 등

> **TIP** 두 번 구운 빵의 종류에는 러스크, 토스트, 브라운 앤 서브 롤 등이 있다. 2

2 반죽법

반죽법은 빵을 만드는 공정에서 반죽 만드는 공정과 발효를 시키는 공정을 기준으로 스트레이트법, 스펀지법, 액체발효법으로 분류하며, 그 외는 이 세 가지 반죽법을 약간씩 변형시킨 것이다.

한눈에 보는 빈출

1 제빵의 기본 재료가 아닌 것은?
① 밀가루
❷ 쇼트닝
③ 이스트
④ 물

2 2번 굽기를 하는 제품은?
① 스위트 롤
② 브리오슈
❸ 브라운 앤 서브 롤
④ 빵도넛

1) 스트레이트법

모든 재료를 믹서에 한 번에 넣고 배합하는 방법으로 직접반죽법이라고도 한다.

제조 공정

① 배합표 작성

재료명	비율(%)	재료명	비율(%)
강력분	100	소금	2
물	63	설탕	5
생이스트	2.5	유지	4
이스트 푸드	0.2	탈지분유	3

② 재료 계량 : 배합표대로 신속하게, 정확하게, 청결하게 계량한다.

③ 반죽 만들기

- 유지를 제외한 모든 재료를 밀가루에 넣고 혼합하여 수화시켜 글루텐을 발전시킨다.
- 글루텐이 형성되는 클린업 단계에 유지를 넣는다.
- 반죽 온도는 27℃로 맞춘다. **3**

④ 1차 발효 : 온도 27℃, 상대습도 75~80%, 시간 1~3시간 **4**

> 💡**TIP 1차 발효 완료점을 판단하는 방법**
> – 처음 반죽부피의 3~3.5배 증가
> – 직물구조(섬유질 상태) 생성을 확인
> – 반죽을 눌렀을 때 조금 오므라드는 상태

⑤ 펀치

- 발효하기 시작하여 반죽의 부피가 2~2.5배 되었을 때
- 전체 발효시간의 2/3, 60%가 지날 때
- 반죽에 압력을 주어 가스를 빼거나 접어서 가스를 뺀다.
- 바게트처럼 장시간 발효하거나 브리오슈처럼 버터가 많은 빵에 볼륨을 줄 때 하면 좋다.

> 💡**TIP 펀치를 하는 이유 5**
> – 반죽 온도를 균일하게 해준다.
> – 이스트의 활동에 활력을 준다.
> – 산소 공급으로 산화, 숙성을 시켜준다.
> – 탄력성이 더해지고 글루텐을 강화시킨다.

⑥ 분할 : 발효가 진행되지 않도록 15분에서 20분 이내에, 원하는 양만큼 저울을 사용하여 반죽을 나눈다.

⑦ 둥글리기 : 발효 중 생긴 큰 기포를 제거하고, 반죽 표면을 매끄럽게 한다.

⑧ 중간발효 : 온도 27~29℃, 상대습도 75%, 시간 15~20분

---

3 스트레이트법으로 일반 식빵을 만들 때 믹싱 후 반죽의 온도로 이상적인 것은?
① 20℃
❷ 27℃
③ 30℃
④ 35℃

4 스트레이트법에 알맞은 1차 발효실의 습도는?
① 55~60℃
② 65~70℃
❸ 75~80℃
④ 85~90%

5 발효 중 펀치의 효과와 거리가 먼 것은?
① 반죽의 온도를 균일하게 한다.
② 이스트의 활성을 돕는다.
③ 산소 공급으로 반죽의 산화 숙성을 진전시킨다.
❹ 성형을 용이하게 한다.

⑨ **정형** : 원하는 모양으로 만든다.

⑩ **패닝** : 팬에 정형한 반죽을 넣을 때 이음매를 밑으로 하여 반죽을 놓는다.

⑪ **2차 발효** : 온도 35~43℃, 상대습도 85~90%, 시간 30분~1시간

⑫ **굽기** : 반죽의 크기, 배합 재료, 제품 종류에 따라 오븐의 온도를 조절한다.

⑬ **냉각** : 구워낸 빵을 35~40℃로 식힌다.

장·단점(스펀지법과 비교) 6

장점	단점
• 발효 손실을 줄일 수 있다.	• 잘못된 공정을 수정하기 어렵다.
• 시설, 장비가 간단하다.	• 노화가 빠르다.
• 제조 공정이 단순하다.	• 기계내성, 발효 내구성이 약하다.
• 노동력과 시간이 절감된다.	• 향미, 식감이 덜하다.

2) 스펀지 도우법

처음의 반죽을 스펀지(sponge) 반죽, 나중의 반죽을 본(dough) 반죽이라 하여 배합을 두 번하므로 중종법이라고 한다.

제조 공정

① **배합표 작성** 7

재료	스펀지 반죽 비율(100%)	본 반죽 비율(100%)
강력분	60~100	40~0
생이스트	1~3	–
이스트 푸드	0~0.75	–
물	스펀지 밀가루의 55~60	(전체 밀가루의 60~66)-(스펀지에서 사용한 물양)
소금	–	1.75~2.25
설탕	–	3~8
유지	–	2~7
탈지분유	–	2~4

② **재료 계량** : 배합표대로 신속하게, 정확하게, 청결하게 계량한다.

③ **스펀지 반죽 만들기**

- 반죽시간 : 저속에서 4~6분
- 반죽 온도 : 22~26℃(통상 24℃) 8
- 1단계(혼합 단계)까지 반죽을 만든다.

④ **스펀지 반죽 발효** : 온도 27℃, 상대습도 75~80%, 시간 3~5시간

6 스펀지법과 비교할 때 스트레이트법의 장점은?
① 노화가 느리다.
❷ 노동력이 감소된다.
③ 발효에 대한 내구성이 좋다.
④ 분할기계에 대한 내구성이 증가한다.

7 스펀지 반죽법에서 스펀지 반죽의 재료가 아닌 것은?
❶ 설탕
② 물
③ 이스트
④ 밀가루

8 일반적인 스펀지 도우법에서 가장 적당한 스펀지 반죽의 온도는?
① 12~15℃
② 18~20℃
❸ 23~25℃
④ 29~32℃

⑤ **도우(본 반죽) 만들기** : 스펀지 반죽과 본 반죽용 재료를 전부 넣고 섞는다.

　• 반죽 온도 : 27℃

⑥ **플로어 타임(본 반죽의 발효)** : 반죽할 때 파괴된 글루텐 층을 다시 재결합시키기 위하여 10~40분 발효시킨다.

> **TIP** 플로어 타임이 길어지는 경우
> – 본 반죽 시간이 길고, 온도가 낮다.
> – 스펀지 반죽에 사용한 밀가루의 양이 적다.
> – 사용하는 밀가루 단백질의 양과 질이 좋다.
> – 본 반죽 상태의 처지는 정도가 크다.

⑦ **분할** : 발효가 진행되지 않도록 15분에서 20분 이내에 원하는 양만큼 저울을 사용하여 반죽을 나눈다.

⑧ **둥글리기** : 발효 중 생긴 큰 기포를 제거하고, 반죽 표면을 매끄럽게 한다.

⑨ **중간발효** : 온도 27~29℃, 상대습도 75%, 시간 15~20분

⑩ **정형** : 원하는 모양으로 만든다.

⑪ **패닝** : 팬에 정형한 반죽을 넣을 때 이음매를 밑으로 하여 반죽을 놓는다.

⑫ **2차 발효** : 온도 35~43℃, 습도 85~90%, 시간 60분

⑬ **굽기** : 반죽의 크기, 배합재료, 제품 종류에 따라 오븐의 온도를 조절하여 굽는다.

⑭ **냉각** : 구워낸 빵을 35~40℃로 식힌다.

장·단점(스트레이트법과 비교)

장점	단점
• 노화가 지연되어 제품의 저장성이 좋다. • 부피가 크고 속결이 부드럽다. • 발효 내구성이 강하다. • 작업 공정에 대한 융통성이 있어 잘못된 공정을 수정할 기회가 있다.	• 시설, 노동력, 장소 등 경비가 증가한다. • 발효 손실이 증가한다.

9 다음 중 스펀지 발효 완료 시 pH로 옳은 것은?
❶ pH 4.8
② pH 6.2
③ pH 3.5
④ pH 5.3

10 플로어 타임을 길게 주어야 할 경우는?
① 반죽 온도가 높을 때
② 반죽 배합이 덜 되었을 때
❸ 반죽 온도가 낮을 때
④ 중력분을 사용했을 때

11 다음 중 스트레이트법과 비교한 스펀지 도우법에 대한 설명이 옳은 것은?
① 노화가 빠르다.
❷ 발효 내구성이 좋다.
③ 속결이 거칠고 부피가 작다.
④ 발효향과 맛이 나쁘다.

> **TIP 스펀지 반죽에 밀가루를 증가할 경우 12**
>
> – 스펀지 발효시간은 길어지고 본 반죽의 발효시간은 짧아진다.
> – 본 반죽의 반죽시간이 짧아지고 플로어 타임도 짧아진다.
> – 반죽의 신장성이 좋아져 성형공정이 개선된다.
> – 부피 증대, 얇은 기공막, 부드러운 조직으로 제품의 품질이 좋아진다.
> – 풍미가 강해진다.

3) 액체발효법(액종법)

이스트, 이스트 푸드, 물, 설탕, 분유 등을 섞어 2~3시간 발효시킨 액종을 만들어 사용하는 스펀지 도우법(스펀지 반죽법)의 변형이다. 스펀지 도우법의 스펀지 발효에서 생기는 결함(공장의 공간을 많이 필요로 함)을 없애기 위해 만들어진 제조법으로 완충제를 분유로 사용하기 때문에 ADMI(아드미)법이라고도 한다. **13**

> **제조 공정**

① 배합표 작성

액종		본 반죽	
재료	사용범위(100%)	재료	사용범위(100%)
물	30	액종	35
생이스트	2~3	강력분	100
이스트 푸드	0.1~0.3	물	32~34
탈지분유	0~4	설탕	2~5
설탕	3~4	소금	1.5~2.5
		유지	3~6

② 재료 계량 : 배합표대로 신속하게, 정확하게, 청결하게 계량한다.

③ 액종 만들기

- 액종용 재료를 같이 넣고 섞는다.
- 온도 : 30℃
- 발효시간 : 2~3시간 발효

> **TIP** 액종의 배합재료 중 분유, 탄산칼슘과 염화암모늄을 완충제로 넣는 이유는 발효하는 동안에 생성되는 유기산과 작용하여 급격히 떨어지는 pH(산도)를 조절하는 역할을 하기 때문이며, 발효가 다 되었는지 파악하기 위해 pH를 측정한다(pH 4.2~5.0 정도). **14**

④ 본 반죽 만들기

- 믹서에 액종과 본 반죽용 재료를 넣고 반죽한다.
- 반죽 온도 : 28~32℃

⑤ 플로어 타임 : 발효시간 15분

⑥ 분할 : 발효가 진행되지 않도록 15분에서 20분 이내에, 원하는 양만큼 저울을 사용하여 반죽을 나눈다.

---

12 스펀지 도우법에서 스펀지의 밀가루 사용량을 증가시킬 때 나타나는 결과가 아닌 것은?
① 완제품의 부피가 커짐
② 도우 발효시간이 짧아짐
❸ 도우 제조 시 반죽시간이 길어짐
④ 반죽의 신장성이 좋아짐

13 액체발효법에서 액종 발효 시 완충제 역할을 하는 재료는?
❶ 탈지분유
② 설탕
③ 소금
④ 쇼트닝

14 액체발효법에서 가장 적당한 발효점 측정법은?
① 부피증가
② 거품의 상태
❸ 산도측정
④ 액의 색변화

⑦ **둥글리기** : 발효 중 생긴 큰 기포를 제거하고 반죽 표면을 매끄럽게 한다.

⑧ **중간발효** : 온도 27~29℃, 시간 15~20분

⑨ **정형** : 원하는 모양으로 만든다.

⑩ **패닝** : 팬에 정형한 반죽을 이음매가 아래로 향하게 넣는다.

⑪ **2차 발효** : 온도 35~43℃, 상대습도 85~95%, 시간 50~60분

⑫ **굽기** : 반죽의 크기, 배합 재료, 제품 종류에 따라 오븐의 온도를 조절하여 굽는다.

⑬ **냉각** : 구워낸 빵을 35~40℃로 식힌다.

장·단점

장점	단점
• 단백질 함량이 적어 발효 내구력이 약한 밀가루로 빵을 생산하는 데도 사용할 수 있다. • 한 번에 많은 양을 발효시킬 수 있다. • 발효 손실에 따른 생산 손실을 줄일 수 있다. 15 • 펌프와 탱크 설비가 이루어져 있어 공간, 설비가 감소된다. • 균일한 제품 생산이 가능하다.	• 환원제, 연화제가 필요하다. • 산화제 사용량이 늘어난다.

4) 연속식 제빵법

액체발효법이 더 발달된 방법으로 공정이 자동으로 진행되며 기계적인 설비를 사용하여 적은 인원으로 많은 빵을 만들 수 있는 방법이다. 16

제조 공정

① **재료 계량** : 배합표대로 정확히 계량한다.

② **액체발효기** : 액종용 재료를 넣고 섞어 30℃로 조절한다.

③ **열교환기** : 발효된 액종을 통과시켜 온도를 30℃로 조절 후 예비 혼합기로 보낸다.

④ **산화제 용액기** : 브롬산칼륨, 인산칼륨, 이스트 푸드 등 산화제를 녹여 예비 혼합기로 보낸다.

⑤ **쇼트닝 온도 조절기** : 쇼트닝 플레이크를 녹여 예비 혼합기로 보낸다.

⑥ **밀가루 급송장치** : 액종에 사용하고 남은 밀가루를 예비 혼합기로 보낸다.

⑦ **예비 혼합기** : 각종 재료들을 고루 섞는다.

⑧ **반죽기(디벨로퍼)** : 3~4기압하에서 30~60분간 반죽을 발전시켜 분할기로 직접 연결시킨다. 디벨로퍼에서 숙성시키는 동안 공기 중의 산소가 결핍되므로 기계적 교반과 산화제에 의하여 반죽을 형성시킨다.

⑨ **분할기**

⑩ **패닝** : 팬에 정형한 반죽을 놓는다.

⑪ **2차 발효** : 온도 35~43℃, 상대습도 85~90%, 발효시간 40~60분

15 액체발효법(액종법)에 대한 설명으로 옳은 것은?
① 균일한 제품생산이 어렵다.
❷ 발효 손실에 따른 생산 손실을 줄일 수 있다.
③ 공간확보와 설비가 많이 든다.
④ 한 번에 많은 양을 발효시킬 수 없다.

16 연속식 제빵법에 관한 설명으로 틀린 것은?
① 액체발효법을 이용하여 연속적으로 제품을 생산한다.
② 발효 손실 감소, 인력감소 등의 이점이 있다.
③ 3~4기압의 디벨로퍼로 반죽을 제조하기 때문에 많은 양의 산화제가 필요하다.
❹ 자동화 시설을 갖추기 위해 설비 공간의 면적이 많이 소요된다.

⑫ **굽기** : 반죽의 크기, 배합재료, 제품 종류에 따라 오븐의 온도를 조절하여 굽는다.

⑬ **냉각** : 구워낸 빵을 35~40℃로 식힌다.

장·단점 ▮17 ▮18

장점	단점
• 발효 손실 감소	• 일시적 기계 구입 부담이 크다.
• 설비감소, 설비공간, 설비면적 감소	• 산화제 첨가로 인한 발효향 감소
• 노동력을 1/3 감소	

5) 재반죽법

스트레이트법 변형으로 모든 재료를 넣고 물을 8% 정도 남겨 두었다가 발효 후 나머지 물을 넣고 반죽하는 방법이다.

제조 공정

① 배합표 작성

재료	비율(100%)	재료	비율(100%)
강력분	100	설탕	5
물	58	쇼트닝	4
생이스트	2.2	탈지분유	2
이스트 푸드	0.5	재반죽용 물	8~10
소금	2	–	–

② **재료 계량** : 배합표대로 정확히 계량한다.

③ **믹싱** : 저속에서 4~6분, 온도 25~26℃

④ **1차 발효** : 온도 26~27℃, 시간 2~2.5시간

⑤ **재반죽** : 중속에서 8~12분, 온도 28~29℃

⑥ **플로어 타임** : 15~30분

⑦ **분할** : 재료를 정확히 나눈다.

⑧ **둥글리기** : 발효 중 생긴 기포를 제거하고 반죽 표면을 매끄럽게 한다.

⑨ **중간발효** : 온도 27~29℃, 상대습도 75%, 시간 15~20분

⑩ **정형** : 반죽을 틀에 넣거나 밀대로 밀어편 뒤 접는다.

⑪ **패닝** : 팬에 정형한 반죽을 놓는다.

⑫ **2차 발효** : 온도 36~38℃, 상대습도 85~90%, 시간 40~50분

⑬ **굽기** : 반죽의 크기, 배합 재료, 제품 종류에 따라 오븐의 온도를 조절하여 굽는다.

⑭ **냉각** : 구워낸 빵을 35~40℃로 식힌다.

17 연속식 제빵법(continuous dough mixing system)에는 여러 가지 장점이 있어 대량생산 방법으로 사용되는데 스트레이트법에 대비한 장점으로 볼 수 없는 사항은?
① 공장면적의 감소
② 인력의 감소
③ 발효 손실의 감소
❹ 산화제 사용 감소

18 연속식 제빵법을 사용하는 장점으로 틀린 것은?
① 인력의 감소
❷ 발효향의 증가
③ 공장 면적과 믹서 등 설비의 감소
④ 발효 손실의 감소

장점

① 반죽의 기계 내성이 양호

② 스펀지 도우법에 비해 공정시간 단축

③ 균일한 제품 생산

④ 식감과 색상 양호

6) 노타임 반죽법

이스트 발효에 의한 밀가루 글루텐의 생화학적 숙성을 산화제와 환원제의 사용으로 대신함으로써 발효시간을 단축하며, 장시간 발효과정을 거치지 않고 배합 후 정형공정을 거쳐 2차 발효를 하는 제빵법이다. [19]

산화제와 환원제의 종류 [20]

산화제(발효시간 단축)	환원제(반죽시간 단축)
• 요오드칼륨 • 브롬산칼륨 • 비타민 C(아스코르브산) • 아조디카본아마이드(ADA)	• L-시스테인 • 프로테아제 • 소르브산

장·단점

장점	단점
• 반죽이 부드러우며 흡수율이 좋다. • 반죽의 기계 내성이 양호하다. • 빵의 속결이 치밀하고 고르다. • 제조시간이 절약된다.	• 제품에 광택이 없다. • 제품의 질이 고르지 않다. • 맛과 향이 좋지 않다. • 반죽의 발효내성이 떨어진다. 　(프로테아제 : 단백질을 분해하는 효소)

스트레이트법을 노타임 반죽법으로 변경할 때의 조치사항 [21]

① 물 사용량을 약 1~2% 정도 줄인다.

② 설탕 사용량을 1% 감소시킨다.

③ 이스트 사용량을 0.5~1% 증가시킨다.

④ 브롬산칼륨, 요오드칼륨, 아스코르브산(비타민 C)을 산화제로 사용한다.

⑤ L-시스테인을 환원제로 사용한다.

⑥ 반죽 온도를 30~32℃로 한다.

7) 비상반죽법

갑작스런 주문에 빠르게 대처할 때 표준 스트레이트법 또는 스펀지법을 변형시킨 방법으로 공정 중 발효를 촉진시켜 전체 공정 시간을 단축하는 방법이다.

[19] 장시간 발효 과정을 거치지 않고 배합 후 정형하여 2차 발효를 하는 제빵법은?
① 재반죽법
② 스트레이트법
❸ 노타임법
④ 스펀지법

[20] 노타임 반죽법에 사용되는 산화제, 환원제의 종류가 아닌 것은?
① ADA(azodicarbonamide)
② L-시스테인
③ 소르브산
❹ 요오드칼슘

[21] 노타임 반죽법에 의한 빵 제조에 관한 설명으로 잘못된 것은?
❶ 믹싱시간을 20~25% 길게 한다.
② 산화제, 환원제를 사용한다.
③ 물의 양을 1% 정도 줄인다.
④ 설탕의 사용량을 다소 감소시킨다.

필수조치 [22]	선택조치 [23]
• 반죽시간 20~30% 증가 : 신장성 향상으로 발효속도 빠르게 • 설탕 사용량 1% 감소 : 발효시간이 짧아 잔류당이 많으므로 • 1차 발효시간 15~30분 : 제조시간 단축을 위해 30분 이내로 • 반죽 온도 30℃ : 발효속도 빠르게 • 이스트 2배 증가 : 발효속도 비율 증가 • 물 사용량 1% 감소 : 반죽 온도가 높아 수분 흡수율이 떨어지므로	• 이스트 푸드 0.5~0.75% 증가 : 이스트 2배 증가로 함께 증가 • 식초 0.25~0.75% 첨가 : 반죽의 pH를 낮추기 위해 • 분유 1% 감소 : 완충작용으로 발효를 지연시키므로 • 소금 1.75% 감소 : 삼투압 작용으로 이스트활성을 방해하므로

비상스트레이트법으로 변경시키는 방법

재료	스트레이트법(100%)	비상스트레이트법(100%)
강력분	100	100
물	63	*62
생이스트	2	*4
이스트 푸드	0.2	0.2
설탕	5	*4
탈지분유	4	4
소금	3	3
쇼트닝	4	4
반죽 온도	27℃	*30℃ [24]
반죽 시간	18분	*22분
1차 발효시간	1~3 시간	*15분~30분

*표시는 필수조치사항

장·단점

장점	단점
• 비상시 대처가 용이하다. • 제조 시간이 짧아 노동력, 임금이 절약된다.	• 부피가 고르지 못할 수도 있다. • 이스트 냄새가 날 수도 있다. • 노화가 빠르다.

8) 찰리우드법

① 영국의 찰리우드 지방에서 고안된 기계적 숙성 반죽법으로 초고속 반죽기를 이용하여 반죽하므로 초고속 반죽법이라 한다.

② 이스트 발효에 따른 생화학적 숙성을 대신한다.

③ 초고속 믹서로 반죽을 기계적으로 숙성시킴으로 플로어타임 후 분할한다.

④ 공정시간은 줄어드나 제품의 발효향이 떨어진다.

[22] 일반적인 스트레이트법을 비상스트레이트법으로 변경시킬 때 필수적인 조치가 아닌 것은?
① 수분 흡수율을 1% 감소시킴
② 이스트 사용량을 2배로 증가시킴
③ 설탕 사용량을 1% 감소시킴
❹ 분유 사용량을 감소시킴

[23] 비상법의 선택적 조치사항으로 분유를 약 1%가량 줄이는 이유로 적당한 것은?
① 반죽의 pH를 낮추어 발효 속도를 증가시킨다.
❷ 완충제 작용으로 인한 발효지연을 줄인다.
③ 반죽을 기계적으로 더 발전시킨다.
④ 반죽의 신장성을 향상시킨다.

[24] 비상스트레이트법 반죽의 가장 적당한 온도는?
① 20℃
② 25℃
❸ 30℃
④ 45℃

9) 냉동반죽법

냉동반죽법의 특징 25

① 1차 발효 또는 성형 후 −40℃로 급속냉동시켜 −20℃ 전후로 보관한 후 해동시켜 제조하는 방법이다.

② 냉장고(5~10℃)에서 15~16시간을 해동시킨 후 온도 30~33℃, 상대습도 80%의 2차 발효실에 넣는데 반드시 완만해동, 냉장해동을 준수한다.

③ 저율배합보다 설탕, 유지가 많은 고율배합이 노화가 더디기 때문에 냉동반죽법은 고율배합 제품에 적합하다.

재료 준비

① **밀가루** : 단백질 함량이 높은 밀가루를 선택한다.

② **물** : 물이 많아지면 이스트가 파괴되므로 가능한 수분량을 줄인다.

③ **생이스트** : 냉동 중 이스트가 죽어 가스발생력이 떨어지므로 이스트의 사용량을 2배로 늘린다.

④ **소금, 이스트 푸드** : 반죽의 안정성을 도모하기 위해 약간 늘린다.

⑤ **설탕, 유지, 계란** : 물의 사용량을 줄이는 대신 설탕, 유지, 계란은 늘린다.

⑥ **노화방지제(SSL)** : 제품의 신선함을 오랫동안 유지시켜주기 위해 약간 첨가한다.

⑦ **산화제(비타민 C, 브롬산칼륨)** : 반죽의 글루텐을 단단하게 하므로 냉해에 의해 반죽의 퍼짐현상을 막을 수 있다.

⑧ **유화제** : 냉동반죽의 가스 보유력을 높인다.

제조 공정

① **반죽(스트레이트법)** : 반죽 온도 20℃, 수분 63% → 58% 26

② **1차 발효** : 발효시간은 0~15분 정도로 짧게 한다. 왜냐하면 발효 시 생성되는 물이 반죽 냉동 시 얼면서 부피가 팽창하여 이스트와 글루텐을 손상시키기 때문이다.

③ **분할** : 냉동할 반죽의 분할량이 크면 냉해를 입을 수 있어 좋지 않다.

④ **정형** : 원하는 모양으로 만든다.

⑤ **냉동저장** : −40℃로 급속냉동하여 −25~−18℃에서 보관한다.

⑥ **해동** : 냉장고(5~10℃)에서 15~16시간 완만하게 해동시키거나 도우 컨디셔너, 리타드 등의 해동기기를 이용하며, 차선책으로 실온해동을 한다. 27

⑦ **2차 발효** : 온도 30~33℃, 상대습도 80%

⑧ **굽기** : 반죽의 크기, 배합 재료, 제품 종류에 따라 오븐의 온도를 조절하여 굽는다.

25 냉동반죽법의 냉동과 해동의 방법으로 옳은 것은?
① 급속냉동, 급속해동
❷ 급속냉동, 완만해동
③ 완만해동, 급속해동
④ 완만냉동, 완만해동

26 냉동생지법에 적합한 반죽의 온도는?
❶ 18~22℃
② 26~30℃
③ 32~36℃
④ 38~42℃

27 냉동반죽의 해동방법에 해당되지 않는 것은?
① 실온해동
❷ 온수해동
③ 리타드(retard)해동
④ 도우 컨디셔너(dough conditioner)

장점 [28]	단점
• 다품종, 소량 생산이 가능하다. • 운송, 배달이 용이하다. • 발효 시간이 줄어 전체 제조 시간이 짧다. • 제품의 노화가 지연된다. • 반죽의 저장성이 향상되며 소비자에게 신선한 빵을 제공할 수 있다. • 계획 생산이 가능하며 휴일 작업에 대처가 가능하다. • 작업효율이 좋아 1인당 생산량이 증가한다.	• 반죽이 퍼지기 쉽다. • 가스 보유력이 떨어진다. • 이스트가 죽어 가스 발생력이 떨어진다. • 많은 양의 산화제를 사용해야 한다.

> **TIP** 냉동 시 일부 이스트가 죽어 환원성 물질(글루타티온)이 나와 반죽이 퍼지는 것을 막기 위해 반죽을 되게 한다.

10) 오버 나이트 스펀지법

① 밤새(12~24시간) 발효시킨 스펀지를 이용하는 방법으로 발효 손실이 최고로 크다. [29]

② 효소의 작용이 천천히 진행되기 때문에 반죽의 가스 보유력이 좋아진다.

③ 발효시간이 길기 때문에 적은 이스트로 매우 천천히 발효시킨다.

④ 제품은 풍부한 발효향을 지니게 된다.

11) 사워종법 [30]

① 공장제 이스트를 사용하지 않고 호밀가루나 밀가루에 자생하는 효모균류, 유산균류, 초산균류와 대기 중에 존재하는 야생 이스트나 유산균을 착상시킨 후 물과 함께 반죽하여 자가 배양한 발효종을 이용하는 제빵법이다.

② 사워종의 장점은 풍미개량, 반죽의 개선, 노화억제, 보존성 향상, 소화흡수율 향상 등이다.

2 반죽의 결과온도

① 반죽 온도의 높고 낮음에 따라 반죽의 상태와 발효의 속도가 달라진다.

② 온도 조절이 가장 쉬운 물을 사용해 반죽 온도를 조절한다.

③ 스트레이트법에서의 반죽 온도 계산방법

• 마찰계수

> 마찰계수 = (결과 온도 × 3) − (밀가루 온도 + 실내 온도 + 수돗물 온도)

• 사용할 물 온도

> 사용할 물 온도 = (희망 반죽 온도 × 3) − (밀가루 온도 + 실내 온도 + 마찰계수)

[28] 냉동반죽 제품의 장점이 아닌 것은?
① 계획생산이 가능하다.
② 인당 생산량이 증가한다.
❸ 이스트의 사용량이 감소된다.
④ 반죽의 저장성이 향상된다.

[29] 오버 나이트 스펀지(overnight sponge)법에 대한 설명으로 틀린 것은?
❶ 발효 손실(fermentation loss)이 적다.
② 12~24시간 발효시킨다.
③ 적은 이스트로 매우 천천히 발효시킨다.
④ 강한 신장성과 풍부한 발효향을 지니고 있다.

[30] 이스트를 사용하지 않고 대기 중에 존재하는 이스트나 유산균을 물과 반죽하여 배양한 발효종을 이용하는 제빵법은?
① 액종발효법
② 스펀지법
③ 오버 나이트 스펀지법
❹ 사워종법

• 얼음 사용량 **31**

$$얼음 사용량 = \frac{사용할 물량 \times (수돗물 온도 - 사용할 물 온도)}{(80 + 수돗물 온도)}$$

> **TIP 반죽의 온도에 영향을 주는 변수**
> – 실내 온도 : 작업장의 온도
> – 밀가루 온도 : 빵에는 많은 재료가 사용되나 밀가루와 물이 사용량이 많으므로 변수 값으로 삼는다.
> – 마찰계수 : 반죽을 만드는 동안 발생하는 마찰열에 의해 상승한 온도를 실질적 수치로 환산한 값
> – 수돗물 온도 : 반죽에 사용한 물의 온도로 반죽의 결과온도에 영향을 미친다.
> – 믹서의 훅 : 훅의 온도는 반죽 온도에 영향을 미치기는 하나 변수 값으로 산정하지 않는다.

④ 스펀지법에서의 반죽 온도 계산방법

• 마찰계수

$$마찰계수 = (결과 온도 \times 4) - (밀가루 온도 + 실내 온도 + 수돗물 온도 + 스펀지 반죽 온도)$$

• 사용할 물 온도 **32**

$$사용할 물 온도 = (희망 반죽 온도 \times 4) - (밀가루 온도 + 실내 온도 + 마찰계수 + 스펀지 반죽 온도)$$

• 얼음 사용량

$$얼음 사용량 = \frac{사용할 물량 \times (수돗물 온도 - 사용할 물 온도)}{(80 + 수돗물 온도)}$$

> **TIP** – 표준 스트레이트법의 반죽 온도는 27℃가 적당하다.
> – 표준 스펀지법의 스펀지 반죽 온도는 24℃가 적당하다.
> – 비상스트레이트법 반죽 온도는 30℃가 적당하다.
> – 비상스펀지법의 스펀지 반죽 온도는 30℃가 적당하다.
> – 액제발효법의 액송 온도는 30℃가 적당하다.
> – 냉동반죽법의 반죽 온도는 20℃가 적당하다.

3 반죽의 비용적

■ 반죽의 무게 및 비용적 부피를 구하는 공식

① 반죽 무게 **33**

$$반죽 무게 = \frac{틀부피(용적)}{비용적}$$

31 식빵 제조 시 물 사용량 1,000g, 계산된 물 온도 −7℃, 수돗물 온도 20℃의 조건이라면 얼음 사용량은?
① 50g
② 130g
❸ 270g
④ 410g

해설 $\dfrac{1,000 \times (20-(-7))}{(80+20)}$

32 다음과 같은 조건상 스펀지 반죽법에서 사용할 물의 온도는?

> – 희망 반죽 온도 : 26℃
> – 마찰계수 : 20
> – 실내 온도 : 26℃
> – 스펀지 반죽 온도 : 28℃
> – 밀가루 온도 : 21℃

❶ 9℃
② 19℃
③ 21℃
④ 35℃

해설 $(26 \times 4) - (21 + 26 + 20 + 28)$
$= 104 - 95 = 9$

33 반죽 무게를 구하는 식은?
① 틀 부피 × 비용적
② 틀 부피 + 비용적
❸ 틀 부피 ÷ 비용적
④ 틀 부피 − 비용적

② **비용적** : 반죽을 구울 때 1g당 차지하는 부피(cm^3/g) 34

$$비용적 = \frac{틀부피(용적)}{반죽 \ 무게}$$

② 틀 부피 계산법

옆면을 가진 원형 팬	밑넓이 × 높이 = 반지름 × 반지름 × 3.14 × 높이
옆면이 경사진 원형 팬	평균 반지름 × 평균 반지름 × 3.14 × 높이
옆면이 경사지고 중앙에 경사진 관이 있는 원형 팬	전체 둥근틀 부피 – 관이 차지한 부피
경사면을 가진 사각 팬	평균 가로 × 평균 세로 × 높이
정확한 치수를 측정하기 어려운 팬	유채씨나 물을 담은 후 메스실린더로 부피를 구한다

③ 제품별 비용적

엔젤 푸드 케이크	4.70cm^3/g	산형 식빵	3.36cm^3/g
파운드 케이크	2.40cm^3/g 35	스펀지 케이크	5.08cm^3/g 36

4 반죽(믹싱)

밀가루, 이스트, 소금, 그 밖의 재료에 물을 혼합하여 결합시켜 글루텐을 만들어 탄산가스를 보호하는 막을 형성한다.

① 반죽을 만드는 목적 37

① 원재료를 균일하게 분산하고 혼합한다.

② 밀가루의 전분과 단백질에 물을 흡수시킨다.

③ 반죽에 공기를 혼입시켜 이스트의 활력과 반죽의 산화를 촉진시킨다.

④ 글루텐을 숙성(발전)시키며 반죽의 가소성, 탄력성, 점성을 최적 상태로 만든다.

② 반죽에 부여하고자 하는 물리적 성질

① **탄력성** : 성형단계에서 본래의 모습으로 되돌아가려는 성질

② **가소성** : 반죽이 성형과정에서 형성되는 모양을 유지시키려는 성질

③ **점탄성** : 점성과 탄력성을 동시에 가지고 있는 성질

④ **흐름성** : 반죽이 팬 또는 용기의 모양이 되도록 흘러 모서리까지 차게 하는 성질

⑤ **신장성** : 반죽이 늘어나는 성질

34 비용적의 단위로 옳은 것은?
❶ cm^3/g
② cm^2/g
③ cm^3/ml
④ cm^2/ml

35 같은 용적의 팬에 같은 무게의 반죽을 팬닝하였을 경우 부피가 가장 작은 제품은?
① 시폰 케이크
② 레이어 케이크
❸ 파운드 케이크
④ 스펀지 케이크

36 다음 제품 중 비용적이 가장 큰 제품은?
① 파운드 케이크
② 옐로 레이어 케이크
❸ 스펀지 케이크
④ 식빵

37 믹싱의 효과로 거리가 먼 것은?
① 원료의 균일한 분산
② 반죽의 글루텐 형성
❸ 이물질 제거
④ 반죽에 공기혼입

3 반죽이 만들어지는 단계

픽업 단계 (pick up stage)	데니시 페이스트리 38	• 밀가루와 원재료에 물을 첨가하여 대충 혼합하는 단계로 글루텐의 구조가 형성되는 시기이다. • 반죽이 끈기가 없이 끈적거리는 상태이다. • 믹서는 저속으로 사용한다.
클린업 단계 (clean up stage)	스펀지법의 스펀지 반죽	• 글루텐이 어느 정도 형성된 단계로 유지를 넣으면 믹싱시간이 단축된다. • 반죽이 한 덩어리가 되고 믹싱볼이 깨끗해진다. • 글루텐의 결합은 적고 반죽을 펼쳐도 두꺼운 채로 끊어진다. • 클린업 단계는 끈기가 생기는 단계로 흡수율을 높이기 위하여 소금을 넣는다.
발전 단계 (development stage)	하스 브레드	• 믹싱 중 생지 변화에 있어 탄력성이 최대로 증가하며 반죽이 강하고 단단해지는 단계이다. • 믹서의 최대 에너지가 요구된다.
최종 단계 (final stage)	식빵, 단과자빵	• 글루텐이 결합하는 마지막 단계로 특별한 종류를 제외하고는 이 단계가 빵 반죽에서 최적의 상태이다. • 반죽을 펼치면 찢어지지 않고 얇게 늘어난다. • 탄력성과 신장성이 가장 좋으며, 반죽이 부드럽고 윤이 나는 반죽형성 후기 단계이다.
렛 다운 단계 (let down stage)	햄버거빵39, 잉글리시 머핀	• 최종 단계를 지나 생지가 탄력성을 잃으며 신장성이 커져 고무줄처럼 늘어지며 점성이 많아진다. • 오버믹싱, 과반죽이라고 한다. • 잉글리시 머핀 반죽은 모든 빵 반죽에서 가장 오래 믹싱한다.
파괴 단계 (break down stage)	–	• 반죽이 푸석거리고 완전히 탄력을 잃어 빵을 만들 수 없는 단계를 말한다. • 이 반죽을 구우면 팽창이 일어나지 않고 제품이 거칠게 나온다.

> **TIP**
> – 반죽 부족은 어린 반죽이라고도 하며 반죽이 다 되지 않은 상태로 제품의 모서리가 예리하게 된다.
> – 밀가루 단백질인 글루테닌과 글리아딘이 물의 첨가와 믹싱으로 글루텐을 만든다.
> – 글루텐이 결합한 형태의 종류는 S–S결합, 이온 결합, 수소 결합, 물 분자 사이의 수소 결합이 있다.

4 반죽의 흡수율에 영향을 미치는 요소

① 손상 전분 1% 증가에 흡수율은 2% 증가된다.

② 설탕 5% 증가 시 흡수율은 1% 감소된다.

③ 분유 1% 증가 시 흡수율은 0.75~1% 증가한다.

④ 반죽의 온도가 5℃ 올라가면 물 흡수율은 3% 감소하고 온도가 5℃ 내려가면 흡수율은 3% 증가한다.

⑤ 연수를 사용하면 글루텐이 약해지며 흡수량이 적고, 경수를 사용하면 글루텐이 강해지며 흡수량이 많다.

⑥ 단백질 1% 증가에 흡수율은 1.5% 증가된다. 40

⑦ 소금을 픽업 단계에 넣으면 글루텐을 단단하게 하여 글루텐 흡수량의 약 8%를 감소시킨다.

⑧ 소금을 클린업 단계 이후에 넣으면 물 흡수량이 많아진다.

38 픽업 단계에서 믹싱을 완료해도 좋은 제품은?
① 스트레이트 식빵
② 스펀지 도우법 식빵
③ 햄버거빵
❹ 데니시 페이스트리

39 다음 제품의 반죽 중에서 가장 오래 믹싱을 하는 것은?
① 데니시 페이스트리
② 불란서빵
③ 과자빵
❹ 햄버거번

40 일반적으로 밀가루의 단백질이 1% 증가할 때 흡수율은 어떻게 변하는가?
① 1.5% 감소
❷ 1.5% 증가
③ 2.5% 감소
④ 2.5% 증가

5 반죽시간에 영향을 미치는 요소

① 반죽기의 회전 속도가 느리고 반죽양이 많으면 길다.

② 소금을 클린업 단계에 이후에 넣으면 짧아진다.

③ 설탕량이 많으면 반죽의 구조가 약해지므로 길다.

④ 분유, 우유양이 많으면 단백질의 구조를 강하게 하여 길다.

⑤ 유지를 클린업 단계 이후에 넣으면 짧아진다.

⑥ 물 사용량이 많아 반죽이 질면 반죽시간이 길다.

⑦ 반죽 온도가 높을수록 반죽시간이 짧아진다.

⑧ pH 5.0 정도에서 글루텐이 가장 질기고 반죽시간이 길다.

⑨ 밀가루 단백질의 양이 많고, 질이 좋고 숙성이 잘 되었을수록 반죽시간이 길다.

> **TIP** **후염법**
> – 소금을 클린업 단계 직후에 넣는 제법 **41**
> – 장점 : 반죽시간 단축, 반죽의 흡수율 증가, 조직을 부드럽게 함, 속색을 갈색으로 만듦

41 소금을 늦게 넣어 믹싱 시간을 단축하는 방법은?
① 염장법
❷ 후염법
③ 염지법
④ 훈제법

빵류제품 반죽발효

01 반죽 발효관리

1 1차 발효조건 및 상태관리

반죽이 완료된 후 정형과정에 들어가기 전까지의 발효 기간을 말한다. 일반적으로 1차 발효는 온도 27℃, 상대습도 75~80% 조건에서 1~3시간 발효하여야 한다.

1 발효를 시키는 목적 42

① **반죽의 팽창작용** : 이스트가 활동할 수 있는 최적의 조건을 만들어 주어 가스 발생력을 극대화시킨다.

② **반죽의 숙성작용** : 이스트의 효소가 작용하여 반죽을 유연하게 만든다.

③ **빵의 풍미 생성** : 발효에 의해 생성된 알코올류, 유기산류, 에스테르류, 알데히드류, 케톤류 등을 축적하여 독특한 맛과 향을 부여한다.

2 발효 중에 일어나는 생화학적 변화

① 단백질은 프로테아제에 의해 아미노산으로 변화한다.

② 반죽의 pH는 발효가 진행됨에 따라 생성된 유기산과 첨가된 무기산의 영향으로 pH 4.6로 떨어진다. pH의 이러한 하강은 전분의 수화와 팽윤, 효소 작용 속도, 반죽의 산화·환원과정을 포함하는 여러 가지 화학반응에 영향을 미치게 된다.

③ 설탕의 사용량이 5%를 초과하거나 소금의 사용량이 1%를 넘으면 삼투압 작용으로 이스트의 활동을 방해하여 가스 발생력을 저하시킨다. 삼투압 작용은 설탕과 소금의 양이 많으면 이스트의 활력을 방해하여 가스 발생력을 저하시킨다.

④ 전분은 아밀라아제에 의해 덱스트린과 맥아당으로 분해되고 맥아당은 말타아제에 의해 2개의 포도당으로 변환된다. 43

⑤ 포도당과 과당은 치마아제에 의해 $2CO_2$(탄산가스) $+2C_2H_5OH$(알코올) $+ 66kcal$(에너지) 등을 생성한다. 44 에너지의 생성은 반죽 온도를 지속적으로 올라가게 한다.

⑥ 설탕은 인베르타아제에 의해 포도당 + 과당으로 가수분해된다.

⑦ 유당은 잔당으로 남아 캐러멜화 역할을 한다.

42 반죽을 발효시키는 목적이 아닌 것은?
① 향 생성
② 반죽의 숙성작용
③ 반죽의 팽창작용
④ 글루텐 응고

43 다음 발효 중 일어나는 생화학적 생성 물질이 아닌 것은?
① 덱스트린
② 맥아당
③ 포도당
④ 이성화당

44 1차 발효 시 빵 반죽 속에 생성되는 물질은?
❶ 탄산가스, 알코올
② 유기산, 질소
③ 탄산가스, 물
④ 산소, 알코올

3 가스 보유력에 영향을 주는 요인

요인	보유력이 커짐	보유력이 낮아짐
밀가루 단백질의 양	많을수록	적을수록
밀가루 단백질의 질	좋을수록	나쁠수록
발효성 탄수화물	설탕 2~3%	적정량 이상
유지의 양과 종류	쇼트닝 3~4%	쇼트닝 4% 이상
반죽	정상 반죽	진 반죽
이스트량	많을수록	적을수록
산도	pH 5.0~5.5	pH 5.0 이하
소금	–	첨가
계란	첨가	–
유제품	첨가	–
산화제	알맞은 양	–
산화정도	낮을수록	높을수록

4 이스트의 가스 발생력에 영향을 주는 요소(발효에 영향을 미치는 요인) 45 46

① **이스트의 양** : 이스트의 양이 많으면 가스 발생량이 많다.

② **발효성 탄수화물(설탕, 맥아당, 포도당, 과당, 갈락토오스)** : 3~5%까지는 가스 발생력이 커지나 그 이상이면 가스 발생력이 떨어져 발효시간이 길어진다.

③ **반죽 온도** : 반죽 온도가 높을수록 가스 발생력은 커지고 발효시간은 짧아진다(38℃일 때 활성최대).

④ **반죽의 산도** : pH 4.5~5.5일 때 가스 발생력이 커지나 pH 4 이하, pH 6 이상이면 오히려 작아진다.

⑤ **소금** : 소금의 양이 1% 이상이면 삼투압에 의해 발효가 지연된다.

5 가스 발생력과 보유력에 관여하는 요인의 변화

① **이스트 사용량의 변화**

- 이스트가 발효성 탄수화물을 소비하여 산도의 저하와 글루텐의 연화 등에 영향을 준다.
- 발효 중의 이스트는 어느 정도 성장하고 증식하지만 이스트의 사용량이 적을수록 발효시간은 길어지고 이스트의 사용량이 많을수록 발효시간은 짧아진다.

$$변경할\ 이스트량\ \boxed{47} = \frac{기존의\ 이스트량 \times 기존의\ 발효시간}{변경할\ 발효시간}$$

② **전분의 변화** : 맥아나 이스트 푸드에 들어있는 α-아밀라아제가 전분을 분해하여 발효 촉진, 풍미와 구운 색이 좋아짐, 노화 방지 등을 시킨다.

45 다음 중 가스 발생량이 많아져 발효가 빨라지는 경우가 아닌 것은?
① 이스트를 많이 사용할 때
❷ 소금을 많이 사용할 때
③ 반죽에 약산을 소량 첨가할 때
④ 발효실 온도를 약간 높일 때

46 다음 재료 중 발효에 미치는 영향이 가장 적은 것은?
① 이스트 양
② 온도
③ 소금
❹ 유지

47 이스트 2%를 사용했을 때 150분 발효시켜 좋은 결과를 얻었다면, 100분 발효시켜 같은 결과를 얻기 위해 얼마의 이스트를 사용하면 좋은가?
① 1%
② 2%
❸ 3%
④ 4%

해설 $\dfrac{2 \times 150}{100}$

③ 단백질의 변화
- 글루테닌과 글리아딘은 물과 힘의 작용으로 글루텐으로 변하여 발효할 때 발생되는 가스를 최대한 보유할 수 있도록 반죽에 신장성, 탄력성을 준다.
- 프로테아제의 작용으로 생성된 아미노산은 당과 메일라드 반응을 일으켜 껍질에 황금갈색을 부여하고 빵 특유의 향을 생성한다.
- 프로테아제의 작용으로 생성된 아미노산은 이스트의 영양원으로도 이용된다.
- 프로테아제는 단백질을 가수분해하여 반죽을 부드럽게 하고 신장성을 증가시킨다.

6 발효 관리

가스 발생력과 가스 보유력이 평행과 균형이 이루어지게 하는 것을 말하며, 발효 관리가 잘되면 완제품의 기공, 조직, 껍질색, 부피가 좋아진다.

① 제법에 따른 발효 관리 조건의 비교와 장점

관리 항목	스트레이트법	스펀지법
발효 시간	1~3시간	3.5~4.5시간
발효실 조건 48	온도 27~28℃, 상대습도 75~80%	온도 24℃, 상대습도 75~80%
발효 조건에 따른 제품에 미치는 영향	발효시간이 짧아 발효 손실이 적다.	• 발효 내구성이 강하다. • 부피가 크다. • 속결이 부드럽다. • 노화가 지연된다.

7 발효 손실

발효 공정을 거친 후 반죽 무게가 줄어드는 현상

① 발효 손실을 일으키는 원인
- 반죽 속의 수분이 증발한다.
- 탄수화물이 탄산가스로 가수분해되어 휘발한다.
- 탄수화물이 알코올로 가수분해되어 휘발한다.

② 1차 발효 손실량 : 통상 1~2% 49

③ 발효 손실에 영향을 미치는 요인

영향을 미치는 요인	발효 손실
소금, 설탕이 적을수록	크다
발효시간이 길수록	크다
반죽 온도가 높을수록	크다
발효실의 온도가 높을수록	크다
발효실의 습도가 낮을수록	크다

48 다음 중 발효시간을 연장시켜야 하는 경우는?
① 식빵 반죽 온도가 27℃이다.
❷ 발효실 온도가 24℃이다.
③ 이스트 푸드가 충분하다.
④ 1차 발효실 상대 습도가 80%이다.

49 식빵 제조 시 1차 발효 손실은 몇 %인가?
❶ 1~2%
② 7~9%
③ 12~13%
④ 15%

2 2차 발효조건 및 상태관리

성형과정을 거치는 동안 불완전한 상태의 반죽을 온도 38℃ 전후, 습도 85% 전후의 발효실에 넣어 숙성시켜 좋은 외형과 식감의 제품을 얻기 위하여 제품 부피의 70~80% 50 까지 부풀리는 작업으로 발효의 최종 단계이다.

1 2차 발효의 목적

① 성형에서 가스 빼기가 된 반죽을 다시 그물구조로 부풀린다.
② 반죽 온도의 상승에 따라 이스트와 효소가 활성화된다.
③ 바람직한 외형과 식감을 얻을 수 있다.
④ 알코올, 유기산 및 그 외의 방향성 물질을 생산한다.
⑤ 발효 산물인 유기산과 알코올이 글루텐에 작용한 결과 생기는 반죽의 신장성 증가가 오븐 팽창이 잘 일어나도록 돕는다.

2 제품에 따른 2차 발효 온도, 습도의 비교

상태	온도	습도	제품
고온 고습 발효	35~38℃	75~90%	식빵, 단과자빵, 햄버거빵 51
건조 발효	32℃	65~70%	도넛
저온 저습 발효	27~32℃	75%	데니시 페이스트리, 브리오슈, 하스 브레드

3 2차 발효 시간이 제품에 미치는 영향

빵의 종류, 이스트의 양, 제빵법, 반죽 온도, 발효실의 온도, 습도, 반죽 숙성도, 단단함, 성형할 때 가스 빼기의 정도 등에 따라서 결정된다.

2차 발효의 시간	제품에 나타나는 결과
부족한 경우	• 부피가 작다. • 껍질색이 진한 적갈색이 된다. • 옆면이 터진다.
지나친 경우	• 부피가 너무 크다. • 껍질색이 여리다. • 기공이 거칠다. • 조직과 저장성이 나쁘다. • 과다한 산의 생성으로 향이 나빠진다.

50 일반적으로 적절한 2차 발효점은 완제품 용적의 몇 %가 가장 적당한가?
① 40~45%
② 50~55%
❸ 70~80%
④ 90~95%

51 2차 발효실의 습도가 가장 높아야 할 제품은?
① 바게트
② 하드롤
❸ 햄버거빵
④ 도넛

❹ 2차 발효의 온도, 습도, 반죽의 상태가 제품에 미치는 영향

2차 발효의 조건	제품에 나타나는 결과
습도가 낮을 때	• 부피가 크지 않고 표면이 갈라진다. • 껍질색이 고르지 않아 얼룩이 생기기 쉬우며 광택이 부족하다. • 제품의 윗면이 올라온다.
습도가 높을 때 52	• 껍질이 거칠고 질겨진다. • 껍질에 기포, 반점이나 줄무늬가 생긴다. • 제품의 윗면이 납작해진다.
어린 반죽 (발효가 부족할 때)	• 껍질의 색이 짙고 붉은 기가 약간 생기며, 균열이 일어나기 쉽다. • 속결이 조밀하고 조직은 가지런하지 않게 된다. • 글루텐의 신장성이 불충분하여 부피가 작다.
지친 반죽 53 (발효가 지나칠 때)	• 껍질색이 연하고 결이 거칠다. • 신맛이 나고 노화가 빠르다. • 윗면이 움푹 들어간다.
저온일 때	• 발효시간이 길어진다. • 풍미의 생성이 충분하지 않다. • 제품의 겉면이 거칠다. • 반죽막이 두껍고 오븐 팽창도 나쁘다.
고온일 때	• 발효 속도가 빨라진다. • 속과 껍질이 분리된다. • 반죽이 산성이 되어 세균의 번식이 쉽다.

52 2차 발효에 대한 설명 중 올바르지 않은 것은?

① 이산화탄소를 생성시켜 최대한의 부피를 얻고 글루텐을 신장시키는 과정이다.

② 2차 발효실의 온도는 반죽의 온도보다 반드시 같거나 높아야 한다.

③ 2차 발효실의 습도는 평균 75~90% 정도이다.

❹ 2차 발효실의 습도가 높을 경우 겉껍질이 형성되고 터짐 현상이 발생한다.

53 2차 발효가 과다할 때 일어나는 현상이 아닌 것은?

❶ 옆면이 터진다.

② 색상이 여리다.

③ 신 냄새가 난다.

④ 오븐에서 주저앉기 쉽다.

01 분할하기

1 반죽 분할

1차 발효를 끝낸 반죽을 미리 정한 무게만큼씩 나누는 것을 말하며, 분할하는 과정에도 발효가 진행되므로 가능한 빠른 시간에 분할해야 한다.

■ 분할하는 방법

기계 분할	① 분할기를 사용하여 식빵류를 기준으로 15~20분 이내에 분할한다. **54** ② 분할 속도는 통상 12~16회/분으로 한다. 너무 속도가 빠르면 기계 마모가 증가하고, 느리면 반죽의 글루텐이 파괴된다. ③ 이 과정에서 반죽이 분할기에 달라붙지 않도록 광물유인 유동파라핀 용액을 바른다.
손 분할	① 주로 소규모 빵집에서 적당하다. ② 기계 분할에 비하여 부드럽게 할 수 있으므로 약한 밀가루 반죽의 분할에 유리하다. ③ 덧가루는 제품의 줄무늬를 만들고 맛을 변질시키므로 가능한 적게 사용해야 한다.

❷ 기계 분할 시 반죽의 손상을 줄이는 방법 **55**

① 직접 반죽법보다 중종 반죽법이 내성이 강하다.
② 반죽의 결과 온도는 비교적 낮은 것이 좋다.
③ 밀가루의 단백질 함량이 높고 양질의 것이 좋다.
④ 반죽은 흡수량이 최적이거나 약간 된 반죽이 좋다.

02 둥글리기

1 반죽 둥글리기

분할한 반죽을 손이나 전용 기계로 뭉쳐 둥글림으로써 반죽의 잘린 단면을 매끄럽게 마무리하고 가스를 균일하게 조절하는 것을 말한다.

■ 둥글리기의 목적 **56**

① 가스를 균일하게 분산하여 반죽의 기공을 고르게 조절한다.
② 가스를 보유할 수 있는 반죽 구조를 만들어 준다.

54 한 반죽당 손 분할이나 기계 분할은 가능한 몇 분 이내로 완료하는 것이 좋은가?
❶ 15분
② 30분
③ 40분
④ 45분

55 분할을 할 때 반죽의 손상을 줄일 수 있는 방법이 아닌 것은?
① 스트레이트법보다 스펀지법으로 반죽한다.
❷ 반죽 온도를 높인다.
③ 단백질 양이 많은 질 좋은 밀가루로 만든다.
④ 가수량이 최적인 상태의 반죽을 만든다.

56 둥글리기의 목적이 아닌 것은?
① 글루텐의 구조와 방향 정돈
❷ 수분 흡수력 증가
③ 반죽의 기공을 고르게 유지
④ 반죽 표면에 얇은 막 형성

③ 반죽의 절단면은 점착성을 가지므로 이것을 안으로 넣어 표면에 막을 만들어 점착성을 적게 한다.

④ 분할로 흐트러진 글루텐의 구조와 방향을 정돈시킨다.

⑤ 분할된 반죽을 성형하기 적절한 상태로 만든다.

2 둥글리기의 요령

① 지나친 덧가루는 제품의 맛과 향을 떨어뜨린다.

② 성형의 모양에 따라 둥글게도 길게도 하여 성형 작업을 편리하게 한다.

③ 과발효 반죽은 느슨하게 둥글려서 벤치타임을 짧게 한다.

④ 미발효의 반죽은 단단하게 하여 중간발효를 길게 한다.

3 둥글리기 방법의 종류

자동	라운더를 사용하여 빠르게 둥글리기를 하나 반죽의 손상이 많다.
수동	분할된 반죽이 작은 경우에는 손에서 둥글리고 큰 경우에는 작업대에서 둥글리기 한다.

4 반죽의 끈적거림을 제거하는 방법 57

① 최적의 발효 상태를 유지한다.

② 덧가루는 적정량을 사용하여야 한다.

③ 반죽에 최적의 가수량을 넣는다.

④ 반죽에 유화제를 사용한다.

03 중간발효 58

1 발효조건 및 상태관리

둥글리기가 끝난 반죽을 정형하기 전에 잠시 발효시키는 것으로 벤치타임(bench time)이라고도 하며, 젖은 헝겊이나 비닐종이로 덮어둔다.

1 중간발효의 목적

① 반죽의 신장성을 증가시켜 정형 과정에서의 밀어 펴기를 쉽게 한다.

② 가스 발생으로 반죽의 유연성을 회복시킨다.

③ 성형할 때 끈적거리지 않게 반죽 표면에 얇은 막을 형성한다.

④ 분할, 둥글리기 하는 과정에서 손상된 글루텐 구조를 재정돈한다.

2 중간발효를 할 때 관리항목

① 온도 : 27~29℃

② 습도 : 75%

③ 시간 : 10~20분

④ 부피팽창 정도 : 1.7~2.0배

57 둥글리기 하는 동안 반죽의 끈적거림을 없애는 방법으로 잘 못된 것은?

① 반죽의 최적 발효상태를 유지한다.

② 덧가루를 사용한다.

③ 반죽에 유화제를 사용한다.

❹ 반죽에 파라핀 용액을 10% 첨가한다.

58 중간발효에 대한 설명으로 틀린 것은?

① 중간발효는 온도 32℃ 이내, 상대습도 75% 전후에서 실시한다.

② 반죽의 온도, 크기에 따라 시간이 달라진다.

③ 반죽의 상처회복과 성형을 용이하게 하기 위함이다.

❹ 상대습도가 낮으면 덧가루 사용량이 증가한다.

04 성형 59

1 성형하기

중간발효가 끝난 생지를 밀대로 가스를 고르게 뺀 후 만들고자 하는 제품의 형태로 만드는 공정이다.

① **작업실 온·습도** : 온도 27~29℃, 상대습도 75% 내외

② **좁은 의미의 성형공정** : 밀기 → 말기 → 봉하기

③ **넓은 의미의 성형공정** : 분할 → 둥글리기 → 중간발효 → 정형 → 패닝

2 제품별 성형방법 및 특징

1 프랑스빵(바게트)

일정한 모양의 틀을 쓰지 않고 바로 오븐 구움대 위에 얹어서 굽는 하스 브레드의 하나로, 설탕, 유지, 계란을 거의 쓰지 않는 빵이다. 설탕, 유지, 계란을 거의 쓰지 않는 빵이므로 겉껍질이 단단한 하스 브레드의 한 종류이다.

① **믹싱** : 비타민은 물에 녹여 다른 재료들과 함께 발전단계까지 믹싱한다.

> **TIP** 바게트에서 비타민 C는 10~15ppm(part per million, 1/1,000,000)정도를 사용한다. 밀가루 1,000g 사용 시 10~15ppm(바게트에 사용한 비타민 C의 양) × 1,000g(밀가루의 무게) / 1,000,000(ppm의 수) 방식으로 계산하여 비타민 C의 양을 g(0.01~0.015)으로 환산한다.

② **1차 발효** : 온도 27℃, 상대습도 65~75%, 시간 70~80분 정도로 발효시킨다.

③ **분할, 둥글리기** : 270g짜리 6개로 분할하여 타원이 되게 둥글리기 한다.

④ **중간발효, 정형** : 15~30분, 가스빼기를 한 후 30cm 정도의 둥근 막대형으로 성형한다.

⑤ **패닝** : 철판에 3개씩 약간 비스듬히 패닝을 한다.

⑥ **2차 발효** : 온도 30~33℃, 상대습도 75% 60, 시간 50~70분 정도로 발효시킨다.

⑦ **자르기** : 반죽 표면이 조금 굳으면 비스듬히 5번 칼집을 준다.

⑧ **굽기** : 오븐에 넣기 전후로 스팀을 분사하여 220~240℃로 하여 35~40분 굽는다.

> **TIP**
>
> | 굽기 전 스팀을 분사하는 이유 61 | 제품별 굽기 손실률 | |
> |---|---|---|
> | – 껍질을 얇고 바삭하게 한다.
– 껍질에 윤기가 나게 한다.
– 껍질의 형성이 늦춰지면서 팽창이 커진다.
– 불규칙한 터짐을 방지한다. | 풀먼식빵 | 7~9% |
> | | 단과자빵 | 10~11% |
> | | 일반식빵 | 11~13% |
> | | 하스 브레드 | 20~25% |

59 빵제품의 제조공정에 속하는 다음 각 단계들의 설명으로 올바르지 않은 것은?

① 반죽의 분할은 무게 또는 부피에 의하여 분할한다.

② 둥글리기에서 과다한 덧가루를 사용하면 제품에 줄무늬가 생성된다.

③ 중간발효시간은 보통 10~20분이며 27~29℃에서 실시한다.

❹ 성형은 반죽을 일정한 형태로 만드는 1단계 공정으로 이루어져 있다.

해설 분할 → 둥글리기 → 중간발효 → 정형 → 패닝의 5단계 공정

60 불란서빵의 2차 발효실 상대습도로 가장 적합한 것은?

① 65~70%

❷ 75~80%

③ 80~85%

④ 85~90%

61 프랑스빵에서 스팀을 사용하는 이유로 부적당한 것은?

① 거칠고 불규칙하게 터지는 것을 방지한다.

② 껍질색에 광택을 준다.

③ 얇고 바삭거리는 껍질이 형성되도록 한다.

❹ 반죽의 흐름성을 크게 증가시킨다.

2 단과자빵

식빵 반죽보다 설탕, 유지, 계란을 더 많이 배합한 빵을 가리킨다.

① **믹싱** : 클린업 단계에서 유지를 넣고 최종 단계까지 믹싱을 한다.

② **1차 발효** : 온도 27℃, 상대습도 75~80%, 시간 80~100분 정도 발효시킨다.

③ **분할, 둥글리기** : 46g씩 분할하여 둥글리기를 한다.

④ **중간발효** : 분할한 반죽을 작업대에 놓고 헝겊이나 비닐을 덮어 10~15분 발효시킨다.

⑤ **정형** : 제품의 종류에 따라 다음 같이 모양을 만든다.

크림빵	일본식 단과자 빵으로 크림을 싸서 끝 부분에 4~5개의 칼집을 준다.
단팥빵	일본식 단과자 빵으로 소로 단팥을 싸서 만든 빵이다.
스위트롤	대표적인 미국식 단과자 빵으로 반죽을 밀어 펴서 계피설탕을 뿌리고 말아서 막대형으로 만든 후 4~5cm 길이로 잘라 모양을 만든다. 말발굽형, 야자잎형, 트리플 리프형 등의 모양이 있다.
커피 케이크	미국식 단과자 빵으로 커피와 함께 먹는 빵의 이름이다.

⑥ **패닝** : 철판에 간격을 고르게 배열한 후 붓을 이용하여 계란 물칠을 한다.

⑦ **2차 발효** : 온도 35~40℃, 상대습도 85%, 시간 30~35분 정도 발효를 시킨다.

⑧ **굽기** : 윗불 190~200℃, 밑불 150℃ 전후로 12~15분 정도 굽는다.

3 잉글리시 머핀 62

이스트로 부풀린 영국식 머핀과 베이킹파우더로 부풀린 미국식 머핀으로 크게 나누어지며, 이스트로 부풀린 영국식 머핀 빵은 속이 벌집과 같은 것이 아주 큰 특징이다.

① **믹싱** : 반죽에 흐름성을 부여하기 위하여 렛 다운 단계까지 믹싱을 해야 한다.

② **1차 발효** : 온도 27℃, 상대습도 75~80%, 60~70분 정도로 충분하게 발효시킨다.

③ **분할** : 옥분을 묻혀가며 70g씩 분할한다.

④ **정형, 패닝** : 둥글리기를 한 후 12cm가 되도록 둥글납작하게 눌러 적당한 간격으로 패닝한다.

⑤ **2차 발효** : 온도 35~43℃, 상대습도 85~95%, 25~35분 정도로 충분하게 발효시킨다.

⑥ **굽기** : 2.5~3cm 높이가 되도록 철판을 올려서 210~220℃에서 8~12분 정도 굽는다.

4 호밀빵

밀가루에 호밀가루를 넣어 배합한 빵이다.

62 다음 제품 중 가장 진 반죽은?
① 과자빵
② 식빵
③ 블란서빵
❹ 잉글리시 머핀

① **믹싱** : 캐러웨이씨를 혼합하여 발전 단계까지 반죽한다(반죽 온도 25℃).

② **1차 발효** : 온도 27℃, 상대습도 80%, 시간 70~80분 정도로 충분하게 발효시킨다.

③ **분할, 둥글리기** : 200g씩 분할하여 표면을 매끄럽게 둥글리기 한다.

④ **중간발효, 정형** : 15~30분 정도 중간발효시키며 원로프 형태로 만든다.

⑤ **패닝** : 구움대에 놓고 굽는 하스 브레드 형태와 틀에 넣고 굽는 틴 브레드 형태로 성형이 가능하다.

⑥ **2차 발효** : 온도 32~35℃, 상대습도 85%, 시간 50~60분 정도로 충분하게 발효시킨다.

⑦ **굽기** : 윗불 180℃, 밑불 160℃로 하여 40~50분 굽는다.

5 데니시 페이스트리

과자용 반죽인 퍼프 페이스트리에 설탕, 계란, 버터와 이스트를 넣어 반죽을 만들어서 냉장휴지를 시킨 후 롤인용 유지를 집어넣고 밀어 펴서 발효시킨 다음 구운 제품이다.

① **믹싱** : 클린업 단계에서 유지를 투여하여 발전 단계까지 반죽한다(반죽 온도 18~ 22℃). **63**

② **냉장휴지** : 반죽을 한 후 마르지 않게 비닐에 싸서 3~7℃의 냉장고에 30분 정도 휴지시킨다.

③ **밀어펴기** : 총 3절×3회로 밀어펴서 접기를 한 후 매번 냉장휴지를 30분씩 시킨다.

④ **정형** : 달팽이형, 초승달형, 바람개비형, 포켓형 등으로 정형 작업을 한다.

⑤ **패닝** : 같은 모양의 제품은 같은 팬에 놓아서 구워야 고르게 익힐 수 있다.

⑥ **2차 발효** : 온도 28~33℃, 상대습도 70~75%, 시간 30~40분 **64**

⑦ **굽기** : 윗불 200℃, 밑불 150℃에서 15~18분 구워준다.

6 건포도 식빵 **65**

일반 식빵에 밀가루 기준 50%의 건포도를 전 처리하여 넣어 만든 빵을 가리킨다.

① 재료 계량 후 건포도를 전처리한다.

> **TIP 건포도의 전처리 방법 및 효과 66**
> – 건조되어 있는 건포도에 물을 흡수하도록 하는 조치를 말한다.
> – 27℃의 물에 담갔다가 체에 걸러 물을 빼고 4시간 정도 방치한다.
> – 수분이동을 억제하여 빵 속이 건조하지 않도록 한다.
> – 건포도의 맛과 향이 살아나도록 한다.
> – 건포도가 빵과 결합이 잘 이루어지도록 한다.
> – 물을 흡수시키면 건포도를 10% 더 넣은 효과가 나타난다.

63 데니시 페이스트리의 일반적인 반죽 온도는?
① 0℃
② 8~10℃
❸ 18~22℃
④ 27~30℃

64 데니시 페이스트리 제조 시 유의점 중 잘못된 것은?
① 소량의 덧가루를 사용한다.
② 발효실 온도는 유지의 융점보다 낮게 한다.
③ 고배합 제품은 저온에서 구우면 유지가 흘러나온다.
❹ 2차 발효시간은 길게하고 습도는 비교적 높게 한다.

65 건포도 식빵에 관한 설명 중 틀린 것은?
① 최종 단계에서 건포도를 투입한다.
❷ 밀어펴기를 완전히 한다.
③ 2차 발효시간이 길다.
④ 패닝량은 일반식빵에 비해 10~20% 정도 증가시킨다.

66 건포도 식빵을 만들 때 건포도를 전처리하는 목적이 아닌 것은?
① 씹는 촉감을 개선한다.
② 제품 내에서의 수분이동을 억제한다.
③ 건포도의 풍미를 되살린다.
❹ 수분을 제거하여 건포도의 보존성을 높인다.

② **믹싱** : 최종 단계에서 전처리한 건포도를 넣고 으깨지지 않도록 고루 혼합한다.

③ **1차 발효** : 온도 27℃, 상대습도 80%, 시간 70~80분

④ **분할, 둥글리기** : 일반 식빵에 비해 분할량을 10~20% 증가시켜 분할하여 둥글리기 한다.

⑤ **중간발효** : 비닐이나 헝겊으로 덮어 마르지 않게 10~20분 유지한다.

⑥ **정형** : 둥글리기 한 반죽을 밀대로 타원형으로 만들며 가스를 뺀다.

⑦ **패닝** : 배열 및 간격을 고르게 하고 이음매를 밑으로 가게 한다(건포도의 당분으로 늘어붙거나 탈 수 있으므로 일반 식빵에 비해 팬 기름을 많이 바른다). **67**

⑧ **2차 발효** : 온도 35~45℃, 상대습도 85% 전후, 시간 50~70분(건포도가 많이 들어가 오븐팽창이 적으므로 팬 위로 1~2cm 정도 올라온 상태까지 발효한다. 그래서 일반 식빵에 비해 2차 발효시간이 길다)

⑨ **굽기** : 윗불 180~190℃, 밑불 160~170℃로 40~50분 정도 굽는다.

> **TIP 건포도를 최종 단계 전에 넣을 경우**
> – 반죽이 얼룩진다.
> – 반죽이 거칠어져 정형하기 어렵다.
> – 이스트의 활력이 떨어진다.
> – 빵의 껍질색이 어두워진다.

67 팬 기름칠을 다른 제품보다 더 많이 하는 제품은?
① 베이글
② 바게트
③ 단팥빵
❹ 건포도 식빵

7 피자

피자는 1700년경 이탈리아에서 빵에 토마토를 조미하여 만들기 시작했으며 이탈리아를 대표하는 음식으로 발전했다. 피자 바닥 껍질의 두께에 따라 얇은 나폴리 피자와 두꺼운 시실리 피자로 나뉜다.

1) 피자 크러스트(껍질반죽)의 재료 특성

① **밀가루** : 단백질 함량이 높아야 충전물의 소스가 스며들지 않는다.

② **향신료** : 피자를 대표하는 향신료로 오레가노 **68**를 사용한다.

2) 충전물 재료의 특성

① 피자를 대표하는 충전물에는 토마토 소스, 토마토 퓌레, 토마토 페이스트 등이 있다.

② 피자를 대표하는 치즈는 모차렐라 치즈이다.

68 피자 제조 시 많이 사용하는 향신료는?
① 넛메그
❷ 오레가노
③ 박하
④ 계피

1 팬닝 방법

팬닝이란 정형이 완료된 반죽을 팬에 채우거나 나열하는 공정으로 팬 넣기라고도 한다.

1 팬닝을 할 때 주의사항

① 반죽의 무게와 상태를 정하여 비용적에 맞추어 적당한 반죽량을 넣는다.

② 반죽의 이음매는 팬의 바닥에 놓아 2차 발효나 굽기 공정 중 이음매가 벌어지는 것을 막는다. 69

③ 팬닝 전의 팬의 온도를 적정하고 고르게 할 필요가 있다.

④ **팬닝 온도** : 32℃가 적당 70

> 💬TIP **팬에 바르는 기름(이형유)이 갖추어야 할 조건** 71
> – 산패에 강한 것이 좋다.
> – 반죽 무게의 0.1~0.2%를 사용한다.
> – 발연점이 210℃ 이상되는 기름을 적정량 사용한다.
> – 무색, 무취를 띠는 것이 좋다.
> – 기름이 과다하면 밑 껍질이 두껍고 어둡다.

2 반죽량 산출하기

① 팬용적의 결정

- 물을 가득 채워서 그 용적을 재는 법
- 유채씨를 가득 채워 그 용적을 실린더로 다시 재는 법
- 틀의 길이를 측정하여 용적을 계산하는 법

② **비용적** : 반죽 1g을 발효시켜 구웠을 때 제품이 차지하는 부피를 말하며, 단위는 cm³/g이다.

③ 반죽의 적정 분할량

$$반죽의 \ 적정 \ 분할량 = \frac{틀의 \ 용적}{비용적}$$

69 정형한 식빵 반죽을 팬에 넣을 때 이음매의 위치는?
① 위
❷ 아래
③ 좌측
④ 우측

70 식빵을 팬닝할 때 일반적으로 권장되는 팬의 온도는?
① 22℃
② 27℃
❸ 32℃
④ 37℃

71 제빵용 팬 기름에 대한 설명으로 틀린 것은?
① 과다하게 칠하면 밑 껍질이 두껍고 어둡게 된다.
② 정제라드, 식물유, 혼합유도 사용된다.
③ 백색 광유(mineral oil)도 사용된다.
❹ 종류에 상관없이 발연점이 낮아야 한다.

Chapter 4 → 빵류제품 반죽익힘

01 반죽 익히기

1 반죽 익히기 방법의 종류 및 특징

1 굽기

반죽에 가열하여 소화하기 쉬우며 향이 있는 완성 제품을 만들어 내는 것을 의미하며 제빵 과정에서 가장 중요한 공정이라 할 수 있다.

1) 굽기의 목적

① 전분을 α화하여 소화가 잘 되는 빵을 만든다.

② 껍질에 구운 색을 내며 맛과 향을 향상시킨다.

③ 발효에 의해 생긴 탄산가스를 열 팽창시켜 빵의 부피를 갖추게 한다.

2) 굽기의 방법 72

① 처음 굽기 시간의 25~30%는 팽창, 다음의 35~40%는 색을 띠기 시작하고 반죽을 고정하며, 마지막 30~40%는 껍질을 형성한다.

② 고율배합과 발효 부족인 반죽은 저온 장시간 굽기가 좋다.

③ 저율배합과 발효 오버된 반죽은 고온 단시간 굽기가 좋다.

④ 과자빵과 식빵의 일반적인 오븐 사용온도는 180~230℃이다.

2 튀기기

1) 튀김기름

① **튀김기름의 표준온도** : 180~195℃

② 튀김기름의 온도가 낮으면 너무 많이 부풀어 껍질이 거칠고 기름이 많이 흡수된다.

③ **튀김기름의 4대 적** : 온도(열), 수분(물), 공기(산소), 이물질로써 튀김기름의 가수분해나 산화를 가속시켜 산패를 가져온다.

④ **튀김기름이 갖추어야 할 조건** 73

• 부드러운 맛과 엷은 색을 띤다.

• 가열 시 푸른 연기가 나는 발연점이 높아야 한다.

• 이상한 맛이나 냄새가 나지 않아야 한다.

• 산패에 대한 안정성이 있어야 한다.

• 산가가 낮아야 한다.

• 여름에는 융점이 높고 겨울에는 융점이 낮아야 한다.

---

72 과자빵의 굽기 온도의 조건에 대한 설명 중 틀린 것은?

① 고율배합일수록 온도를 낮게 한다.

② 반죽량이 많은 것은 온도를 낮게 한다.

❸ 발효가 많이 된 것은 낮은 온도로 굽는다.

④ 된 반죽은 낮은 온도로 굽는다.

73 튀김기름의 조건으로 틀린 것은?

① 발연점이 높아야 한다.

② 산패에 대한 안정성이 있어야 한다.

❸ 여름철에 융점이 낮은 기름을 사용한다.

④ 산가가 낮아야 한다.

3 찌기

① 찜의 전달방식은 수증기가 움직이면서 열이 전달되는 현상인 대류열이다.

② 가압하지 않은 찜기의 내부온도는 97℃ 정도이다.

③ **찜 과자류** : 푸딩, 찜케이크, 찐빵, 찜만주 등

2 익히기 중 성분 변화의 특징

1 굽기를 할 때 일어나는 반죽의 변화 74

오븐 팽창 (오븐 스프링 : oven spring)	① 반죽 내부온도가 49℃에 달하면서 반죽이 짧은 시간 동안 급격하게 부풀어 처음 크기의 약 1/3정도 팽창하는 것을 말한다. ② 오븐의 열에 의한 가스압의 증가, 탄산가스 기체와 용해 알코올 방출로 팽창된다. ③ 글루텐의 연화와 전분의 호화, 가소성화가 팽창을 돕는다. ④ 반죽 내부온도가 79℃에 이르면 용해 알코올이 증발하여 빵에 특유의 향이 발생한다.		
오븐 라이즈 (oven rise)	반죽의 내부 온도가 60℃에 이르러 이스트가 사멸하기 전까지 이스트가 활동하므로, 탄산가스를 생성시켜 반죽의 부피를 조금씩 키우는 과정이다.		
전분의 호화	① 전분에 물을 가하고 가열하면 팽윤되고 전분입자의 미세구조가 파괴되는 현상을 말한다. ② 굽기 과정 중 전분 입자는 54℃에서 호화하기 시작하여 70℃ 전후에 이르면 유동성이 급격히 떨어지며 호화가 완료된다. ③ 전분의 팽윤과 호화과정에서 전분 입자는 반죽 중의 유리수와 단백질과 결합된 물을 흡수한다. ④ 전분의 호화는 산도, 수분과 온도에 의해 영향을 받는다. ⑤ 빵의 외부 층은 오랜 시간, 높은 온도에 노출되므로 내부의 전분보다 많이 호화되나, 열에 오래 노출되어 있는 만큼 수분 증발이 일어나 더 이상 호화할 수 없다.		
단백질의 변성 (글루텐의 응고)	① 글루텐 막은 굽는 과정에서의 급격한 열팽창을 지탱하는 중요한 역할을 한다. ② 글루텐 막은 탄력성과 신장성이 있어서 탄산가스를 보유할 수 있다. ③ 오븐온도가 74℃를 넘으면 단백질이 굳기 시작한다. 75 ④ 74℃에서 단백질이 열변성을 일으키면 단백질의 물이 전분으로 이동하면서 전분의 호화를 돕는다. ⑤ 단백질은 호화된 전분과 함께 빵의 구조를 형성하게 된다.		
효소 작용	① 전분이 호화하기 시작하면서 효소가 활성을 하기 시작한다. ② 아밀라아제가 전분을 가수분해하여 반죽 전체가 부드러워지며, 반죽의 팽창이 수월해진다. ③ 효소가 불활성 되는 온도의 범위 • 알파-아밀라아제 : 65~95℃에서 불활성 • 베타-아밀라아제 : 52~72℃에서 불활성		
향의 생성	① 향은 주로 껍질에서 생성되어 빵 속으로 침투되고 흡수되어 형성된다. ② 향의 원인 : 사용 재료(분유, 유제품 등), 이스트에 의한 발효 산물, 화학적 변화, 열 반응 산물 ③ 향에 관계하는 물질 : 알코올류, 유기산류, 에스테르류, 케톤류		
갈색화 반응 76	캐러멜화 반응	당류가 150~160℃ 정도의 높은 온도에서 갈색화	
	마이야르 반응 (메일라드 반응)	① 당에서 분해된 환원당과 단백질에서 분해된 아미노산이 결합하여 낮은 온도(130℃)에서 멜라노이드 색소를 만들어 갈색화 ② 단당류가 이당류보다 마이야르 반응 속도가 빠르며 단당류 중에서도 감미도 높은 당이 반응이 빠름(과당 〉 포도당 〉 설탕)	

74 굽기를 할 때 일어나는 반죽의 변화가 아닌 것은?

① 오븐 팽창

② 단백질 열변성

③ 전분의 호화

❹ 전분의 노화

75 굽기 과정 중 글루텐이 응고하기 시작하는 온도는?

❶ 74℃

② 90℃

③ 130℃

④ 180℃

76 빵을 구웠을 때 갈변이 되는 것은 어느 반응에 의해서인가?

① 비타민 C의 산화에 의하여

② 효모에 의한 갈색(brown) 반응에 의하여

❸ 마이야르(maillard) 반응과 캐러멜 반응이 동시에 일어나서

④ 클로로필(chlorophyll) 반응

TIP – 메일라드(마이야르, 아미노 카르보닐) 반응에 영향을 주는 요인 : 온도, 수분, pH, 당의 종류, 반응물질의 농도
– pH가 알칼리성 쪽으로 기울수록 갈색화 반응 속도가 빨라진다.

2 제품에 나타나는 결과에 따른 원인

원인	제품에 나타나는 결과
낮은 오븐 온도	• 껍질 형성이 늦어 빵의 부피가 크다. • 굽기 손실이 많아 퍼석한 식감이 난다. • 껍질이 두껍고, 구운 색이 엷으며 광택이 부족하다. • 풍미가 떨어진다.
높은 오븐 온도 77	• 껍질 형성이 빨라 빵의 부피가 작다. • 굽기 손실이 적어 수분이 많아 눅눅한 식감이 난다. • 껍질의 색이 짙다. • 과자빵은 반점이나 불규칙한 색이 나며 껍질이 분리되기도 한다.
부족한 증기	• 표피가 터지기 쉽다. • 구운 색이 엷고 광택 없는 빵이 된다. • 낮은 온도에서 구운 빵과 비슷하다.
과도한 증기	• 오븐 팽창이 좋아 빵의 부피가 크다. • 껍질이 두껍고 질기며, 표피에 수포가 생기기 쉽다.
부적절한 열의 분배	• 고르게 익지 않아 빵이 찌그러지기 쉽다. • 오븐 내의 위치에 따라 빵의 굽기 상태가 달라진다.
가까운 팬의 간격	• 열 흡수량이 적어진다. • 반죽의 중량이 450g인 경우 2cm의 간격을, 680g인 경우는 2.5cm를 유지한다.

3 굽기 손실

① 반죽 상태에서 빵의 상태로 구워지는 동안 중량이 줄어드는 현상으로 이산화탄소, 알코올 등의 휘발성 물질과 수분의 증발로 인해 손실이 발생한다.

② 굽기 손실 계산 78
• 굽기 손실 무게

> 굽기 손실 무게 = 굽기 전 반죽의 무게 − 빵의 무게

$$굽기\ 손실률(\%) = \frac{굽기\ 손실\ 무게}{반죽의\ 무게} \times 100$$

> 분할 무게(반죽 무게) = 완제품의 무게 ÷ (1 − 굽기 손실)

$$밀가루\ 무게 = 손실\ 전\ 반죽\ 무게 \times \frac{밀가루\ 비율\ 100\%}{총\ 배합률}$$

77 오븐 온도가 높을 때 식빵 제품에 미치는 영향이 아닌 것은?
① 부피가 작다.
② 껍질색이 진하다.
③ 언더 베이킹이 되기 쉽다.
❹ 질긴 껍질이 된다.

78 완제품 500g짜리 파운드 케이크 1,000개를 주문받았다. 믹싱손실이 1.5%, 굽기 손실이 19%, 총배합률이 400%인 경우 20kg짜리 밀가루는 몇 포대를 준비해야 하는가?
① 7   ❷ 8
③ 9   ④ 10

해설 • 완제품 전체 무게 :
500×1,000 = 500,000g
= 500kg
• 손실 전 반죽 무게 :
500 ÷ (1−0.015) ÷
(1−0.19) ≒ 626.7
• 밀가루 무게 :
$\frac{626.7×100}{400}$ ≒ 156.7
156.7 ÷ 20 ≒ 8

③ 제품별 굽기 손실률 79

풀먼식빵	7~9%	단과자빵	10~11%
일반식빵	11~13%	하스 브레드	20~25%

79 굽기 손실이 가장 큰 제품은?
① 단팥빵
② 버터롤
③ 식빵
❹ 바게트

3 관련 기계 및 도구

1 오븐

공장 설비 중 제품의 생산능력을 나타내는 기준으로 오븐 안에 들어가는 철판의 매수로 계산한다.

종류	특징
데크 오븐	• 반죽을 넣는 입구와 제품을 꺼내는 출구가 같음 • 단층으로 되어있는 "단 오븐" • 소규모 제과점에서 많이 사용함 • 윗불, 아랫불을 조절할 수 있음
터널 오븐	• 반죽이 들어가는 입구와 제품이 나오는 출구가 서로 다름 • 단일품목을 대량생산하는 공장에서 많이 사용 • 넓은 면적이 필요하고 열 손실이 큼
컨백션 오븐	• 팬으로 열을 순환시켜 반죽을 균일하게 굽는 대류식 오븐 • 낮은 온도에서 좀 더 빨리 구울 수 있음 • 하드계열처럼 껍질이 바삭하게 굽는 제품에 적당함
로터리 래크 오븐	• 구울 팬을 래크의 선반에 끼워 래크 채로 오븐에 넣으면 회전하며 구워짐 • 열 전달이 고르고 한번에 많은 양을 구울 수 있음 • 하드계열처럼 껍질이 바삭하게 굽는 제품에 적당함

2 튀김기

자동온도조절장치로 일정한 온도를 유지하면서 빵류·과자류 제품을 튀길 수 있다.

3 빵류 전용 자동화기계

종류	특징
분할기(divider)	1차 발효가 끝난 반죽을 부피로 분할하는 기계
라운더(rounder)	분할한 반죽의 표피를 매끄럽게 둥글리는 기계
오버헤드 프루퍼 (overhead proofer)	둥글리기한 반죽을 중간발효시키는 기계
정형기(moulder)	반죽을 밀어펴기, 말기, 봉하기 등 정형하는 기계

4 품질관리용 기구 및 기계

밀가루 반죽의 제빵적성 시험기계

1) 아밀로그래프
① 밀가루를 호화시키면서 온도 변화에 따른 밀가루 전분의 점도에 미치는 α-아밀라제의 효과를 측정하는 기계
② 양질의 빵 속을 만들기 위한 전분의 호화력을 그래프 곡선으로 나타내면 곡선의 높이는 400~600 B.U.이다.

2) 익스텐소그래프 80
① 밀가루 반죽을 끊어질 때까지 늘려서 반죽의 신장성에 대한 저항을 측정하는 기계
② 신장성과 신장저항성을 파악하여 반죽에 산화제나 환원제를 더해야 하는지를 알 수 있다.

3) 패리노그래프 81
① 반죽하는 동안 믹서 내에서 일어나는 물리적 성질을 파동 곡선 기록기로 기록하여 밀가루의 흡수율, 글루텐의 질, 믹싱 시간, 반죽의 점탄성을 측정하는 기계
② 곡선이 500 B.U.에 도달하는 시간 등으로 밀가루가 물을 흡수하는 시간(속도)을 알 수 있다.

4) 믹소그래프
반죽하는 동안 글루텐의 발달 정도를 측정하는 기계

5) 레오그래프
반죽이 기계적 발달을 할 때 일어나는 변화를 측정하는 기계

6) 믹서트론
새로운 밀가루에 대한 흡수율과 믹싱시간을 신속히 측정하는 기계

7) 점도계
밀가루 전분의 점도를 측정하는 기계로 종류에는 맥미카엘 점도계, 비스코아밀로그래프, 브룩필드 점도계 등이 있다.

---

80 반죽의 신장성을 알아보는 그래프는?
① 아밀로그래프
② 패리노그래프
❸ 익스텐소그래프
④ 믹소그래프

81 패리노그래프(farinograph)에 대한 설명 중 잘못된 것은?
① 믹싱 시간 측정
② 500 B.U.를 중심으로 그래프 작성
③ 흡수율 측정
❹ 전분 호화력 측정

굽기 과정을 통하여 반죽 중의 전분은 호화되어 소화가 용이한 상태로 변화된다.
일반적으로 2차 발효과정인 생화학적 반응이 굽기 후반부터 멈추고
전분과 단백질은 열변성하여 구조를 형성시키는 과정을 말하며,
제빵 공정에서 가장 중요한 공정이라 할 수 있다.

NCS 빵류제품 반죽익힘

★ Part 5 ★

모의고사 5회

수험번호 :

수험자명 :

제한 시간 : 60분
남은 시간 : 60분

 QR코드를 스캔하면 스마트폰을 활용한
모바일 모의고사를 이용할 수 있습니다.

전체 문제 수 : 60
안 푼 문제 수 :

답안 표기란

1 ① ② ③ ④
2 ① ② ③ ④
3 ① ② ③ ④
4 ① ② ③ ④
5 ① ② ③ ④

1 제빵의 기본 재료가 아닌 것은?

① 밀가루 　　　　　② 쇼트닝
③ 이스트 　　　　　④ 물

2 스트레이트법의 반죽순서는?

① 반죽 – 성형 – 분할 – 발효 – 굽기
② 반죽 – 발효 – 분할 – 성형 – 굽기
③ 반죽 – 분할 – 성형 – 발효 – 굽기
④ 반죽 – 발효 – 성형 – 분할 – 굽기

3 경수로 반죽할 때 취해야 할 조치는?

① 이스트 푸드 감소 　　② 설탕 증가
③ 소금 증가 　　　　　④ 쇼트닝 증가

4 밀가루 반죽 시 유지를 넣는 단계는?

① 픽업 단계 　　　　　② 클린업 단계
③ 발전 단계 　　　　　④ 최종 단계

5 표준 스트레이트법의 반죽 온도는?

① 24℃ 　　　　　② 25℃
③ 26℃ 　　　　　④ 27℃

답안 표기란

6	① ② ③ ④
7	① ② ③ ④
8	① ② ③ ④
9	① ② ③ ④
10	① ② ③ ④
11	① ② ③ ④

6 스트레이트법(straight method)에 의한 식빵제조의 경우, 이스트의 최적 사용범위는?

① 1~2% ② 2~3%
③ 3~5% ④ 5~8%

7 제빵에 있어서 발효의 주된 목적은?

① 가스를 포용할 수 있는 상태로 글루텐을 연화시키는 것이다.
② 탄산가스와 메틸알코올을 생성시키는 것이다.
③ 이스트를 증식시키기 위한 것이다.
④ 분할 및 성형이 잘 되도록 하기 위한 것이다.

8 제빵 발효에 직접적인 영향을 주는 재료가 아닌 것은?

① 쇼트닝 ② 밀가루
③ 설탕 ④ 이스트

9 다음 중 빵의 노화가 가장 빨리 발생하는 온도는?

① -18℃ ② 0℃
③ 20℃ ④ 35℃

10 식빵 반죽 표피에 수포가 생긴 이유로 적합한 것은?

① 1차 발효실의 상대습도가 낮았다.
② 1차 발효실의 상대습도가 높았다.
③ 2차 발효실의 상대습도가 낮았다.
④ 2차 발효실의 상대습도가 높았다.

11 일반적으로 생이스트의 고형분 함량은?

① 3% ② 12%
③ 30% ④ 70%

답안 표기란

12 ① ② ③ ④
13 ① ② ③ ④
14 ① ② ③ ④
15 ① ② ③ ④
16 ① ② ③ ④
17 ① ② ③ ④

12 다음 반죽의 상태 중 밀가루의 글루텐이 형성되어 최대의 탄력성을 갖는 단계는?

① 픽업 단계   ② 클린업 단계
③ 발전 단계   ④ 렛다운 단계

13 반죽 온도에 미치는 영향이 가장 적은 것은?

① 실내 온도   ② 물 온도
③ 훅 온도   ④ 밀가루 온도

14 어떤 빵의 굽기 손실이 12%일 때 완제품의 중량을 600g으로 만들려면 분할 무게는?

① 612g   ② 682g
③ 702g   ④ 712g

15 제빵에서 사용하는 측정단위에 대한 설명으로 옳은 것은?

① 온도는 열의 양을 측정하는 것이다.
② 우리나라에서는 화씨(fahrenheit)를 사용한다.
③ 원료의 무게를 측정하는 것을 계량이라고 한다.
④ 무게보다는 부피단위로 계량된다.

16 반죽할 때 반죽의 온도가 높아지는 주된 이유는?

① 마찰열이 발생하므로   ② 이스트가 번식하므로
③ 원료가 용해되므로   ④ 글루텐이 발달되므로

17 다음 중 파이롤러를 사용하기에 부적합한 제품은?

① 스위트 롤   ② 데니시 페이스트리
③ 크로와상   ④ 브리오슈

답안 표기란

18 ① ② ③ ④
19 ① ② ③ ④
20 ① ② ③ ④
21 ① ② ③ ④
22 ① ② ③ ④

18 다음 발효과정에서 탄산가스의 보호막 역할을 하는 것은?

① 설탕
② 이스트
③ 글루텐
④ 탈지분유

19 믹싱(mixing) 시 글루텐이 형성되기 시작하는 단계는?

① 픽업 단계(pick up stage)
② 발전 단계(development stage)
③ 클린업 단계(clean up stage)
④ 렛다운 단계(let down stage)

20 다음 중 오버 나이트 스펀지(over night sponge)법에 대한 설명으로 틀린 것은?

① 발효 손실(fermentation loss)이 적다.
② 12~24시간 발효시킨다.
③ 적은 이스트로 매우 천천히 발효시킨다.
④ 강한 신장성과 풍부한 발효향을 지니고 있다.

21 빵 제품의 모서리가 예리하게 된 것은 다음 중 어떤 반죽에서 오는 결과인가?

① 발효가 지나친 반죽
② 과다하게 이형유를 사용한 반죽
③ 2차 발효가 지나친 반죽
④ 어린반죽

22 제빵 시 굽기 및 냉각손실이 12%이고 완제품이 500g이라면 분할량은 얼마인가?

① 568g
② 575g
③ 580g
④ 585g

답안 표기란

23 ① ② ③ ④
24 ① ② ③ ④
25 ① ② ③ ④
26 ① ② ③ ④
27 ① ② ③ ④
28 ① ② ③ ④

23 2차 발효의 상대습도를 가장 낮게 하는 제품은?

① 옥수수빵　　　　　　　② 데니시 페이스트리
③ 우유식빵　　　　　　　④ 팥소빵

24 이스트를 사용하지 않고 호밀가루나 밀가루, 대기 중에 존재하는 이스트나 유산균을 물과 반죽하여 배양한 발효종을 이용하는 제빵법은?

① 액종발효법　　　　　　② 스펀지법
③ 오버 나이트 스펀지법　　④ 사워종법

25 50g의 밀가루에서 15g의 글루텐을 채취했다면 이 밀가루의 건조 글루텐 함량은 얼마로 보는가?

① 10%　　　　　　　　　② 20%
③ 30%　　　　　　　　　④ 40%

26 식빵의 껍질색이 짙게 나왔다면 그 이유는?

① 과다한 설탕 사용　　　　② 오븐 속의 습도 낮음
③ 오븐 속의 온도 낮음　　　④ 1차 발효시간의 초과

27 빵 반죽을 정형기(moulder)에 통과시켰을 때 아령 모양으로 되었다면 정형기의 압력상태는?

① 압력이 약하다.　　　　　② 압력이 강하다.
③ 압력과는 상관이 없다.　　④ 압력이 적당하다.

28 냉동반죽에서 반죽의 가스 보유력을 증가시키기 위하여 사용하는 재료의 설명으로 옳지 않은 것은?

① L-시스테인(L-cysteine)과 같은 환원제를 사용한다.
② 스테아릴 젖산 나트륨(S.S.L)과 같은 반죽 건조제를 사용한다.
③ 단백질 함량이 11.75~13.5%로 비교적 높은 밀가루를 사용한다.
④ 비타민 C(ascorbic acid)와 같은 산화제를 사용한다.

답안 표기란

29 ① ② ③ ④
30 ① ② ③ ④
31 ① ② ③ ④
32 ① ② ③ ④
33 ① ② ③ ④

29 굽기에 대한 일반적인 설명으로 틀린 것은?

① 낮은 온도의 오븐에서 구운 제품은 수분이 적은 편이다.

② 높은 온도에서 구울 때 속이 안정되지 않으면 주저앉기 쉽다.

③ 고배합, 중량이 무거운 제품은 낮은 온도에서 오래 굽는다.

④ 언더 베이킹(under baking)이란 낮은 온도에서 굽는 것을 말한다.

30 오븐에서 빵이 갑자기 팽창하는 현상인 오븐 스프링이 발생하는 이유로 적당하지 않은 것은?

① 가스압의 증가 　　　② 알코올의 증발

③ 탄산가스의 증발 　　④ 단백질의 변성

31 초콜릿 템퍼링의 방법으로 틀린 것은?

① 중탕 그릇이 초콜릿 그릇보다 넓어야 한다.

② 중탕 시 물의 온도는 60℃로 맞춘다.

③ 용해된 초콜릿의 온도는 40~50℃로 맞춘다.

④ 용해된 초콜릿에 물이 들어가지 않도록 주의한다.

32 유지의 크림성에 대한 설명 중 틀린 것은?

① 버터는 크림성이 가장 뛰어나다.

② 액상기름은 크림성이 없다.

③ 유지에 공기가 혼입되면 빛이 난반사되어 하얀색으로 보이는 현상을 크림화라고 한다.

④ 크림이 되면 부드러워지고 부피가 커진다.

33 제과에 많이 쓰이는 "럼주"는 무엇을 원료로 하여 만드는 술인가?

① 옥수수 전분 　　② 포도당

③ 당밀 　　　　　④ 타피오카

답안 표기란				
34	①	②	③	④
35	①	②	③	④
36	①	②	③	④
37	①	②	③	④
38	①	②	③	④
39	①	②	③	④

34 pH 9인 물 1ℓ와 pH 4인 물 1ℓ를 섞었을 때 이 물의 액성은?

① 약산성   ② 강알칼리성

③ 중성   ④ 약알칼리성

35 달걀 껍질을 제외한 고형질의 함량은?

① 10%   ② 20%

③ 25%   ④ 40%

36 이당류에 속하는 것은?

① 과당   ② 포도당

③ 유당   ④ 전분

37 다음 중 설탕의 기능이 아닌 것은?

① 감미제   ② 껍질색 개선

③ 이스트의 영양   ④ 부피 팽창

38 파운드 케이크 제조용 쇼트닝에서 가장 중요한 제품 특성은?

① 신장성   ② 가소성

③ 유화성   ④ 안전성

39 일반적으로 굽기 공정 중 밀가루의 글루텐 단백질이 변성을 시작하는 온도는?

① 54℃   ② 64℃

③ 74℃   ④ 84℃

답안 표기란

40 ① ② ③ ④
41 ① ② ③ ④
42 ① ② ③ ④
43 ① ② ③ ④
44 ① ② ③ ④

40 이스트에 질소 등의 영양을 공급하는 제빵용 이스트 푸드의 성분은?

① 칼슘염
② 암모늄염
③ 브롬염
④ 요오드염

41 물의 기능이 아닌 것은?

① 유화 작용을 한다.
② 반죽 농도를 조절한다.
③ 소금 등의 재료를 분산시킨다.
④ 효소의 활성을 제공한다.

42 당류의 용해도는 단맛의 크기와 일치한다. 다음 중 단맛의 강도 순서가 바른 것은?

① 과당 〉설탕 〉포도당 〉맥아당
② 맥아당 〉과당 〉설탕 〉포도당
③ 설탕 〉과당 〉포도당 〉맥아당
④ 포도당 〉설탕 〉과당 〉맥아당

43 계란의 특성에 대한 설명 중 틀린 것은?

① 계란 노른자의 색은 플라보노이드 색이다.
② 계란 노른자의 고형분 함량은 50% 정도이다.
③ 신선한 계란 흰자의 pH는 보통 6.0~7.7 정도이다.
④ 계란 흰자의 수분은 85~88% 정도이다.

44 향신료(spices)를 사용하는 목적 중 틀린 것은?

① 향기를 부여하여 식욕을 증진시킨다.
② 육류나 생선의 냄새를 완화시킨다.
③ 매운맛과 향기로 혀, 코, 위장을 자극하여 식욕을 억제시킨다.
④ 제품에 식욕을 불러일으키는 맛있는 색을 부여한다.

답안 표기란				
45	①	②	③	④
46	①	②	③	④
47	①	②	③	④
48	①	②	③	④
49	①	②	③	④

45 당의 가수분해 생성물 중 연결이 잘못된 것은?

① 자당 → 포도당 + 과당

② 유당 → 포도당 + 갈락토오스

③ 맥아당 → 포도당 + 포도당

④ 과당 → 포도당 + 자당

46 필수지방산이 아닌 것은?

① 올레산

② 리놀렌산

③ 아라키돈산

④ 리놀레산

47 식용유지의 산화방지제로 항산화제를 사용한다. 항산화제는 직접산화를 방지하는 물질과 항산화작용을 보조하는 물질 또는 앞의 두 작용을 가진 물질로 구분하는데 항산화작용을 보조하는 물질은?

① 비타민 C

② BHA

③ 비타민 K

④ BHT

48 스펀지 케이크를 먹었을 때 가장 많이 섭취하게 되는 영양소는?

① 당질

② 단백질

③ 지방

④ 무기질

49 글리코겐을 설명한 말이 아닌 것은?

① 일명 동물성 전분이라고도 한다.

② 주로 간이나 근육 조직에 저장된다.

③ 분자량은 전분보다 적지만 가치가 훨씬 크다.

④ 글리코겐은 쓴맛을 갖는다.

답안 표기란

50	①	②	③	④
51	①	②	③	④
52	①	②	③	④
53	①	②	③	④
54	①	②	③	④
55	①	②	③	④

50 포도당과 결합하여 젖당을 이루며 한천과 뇌신경 등에 존재하는 당류는?

① 과당(fructose)　　　　② 만노오스(mannose)

③ 리보오스(ribose)　　　④ 갈락토오스(galactose)

51 한 개의 무게가 50g인 과자가 있다. 이 과자 100g 중에 탄수화물 70g, 단백질 5g, 지방 15g, 무기질 4g, 물 6g이 들어 있다면 이 과자 10개를 먹을 때 얼마의 열량을 낼 수 있는가?

① 1,230kcal　　　　　② 2,175kcal

③ 2,750kcal　　　　　④ 1,800kcal

52 전분은 체내에서 주로 어떠한 기능을 하는가?

① 열량을 공급한다.　　　② 피와 살을 합성한다.

③ 대사작용을 조절한다.　④ 뼈를 튼튼하게 한다.

53 탄수화물, 지방과 비교할 때 단백질만이 갖는 특징적인 구성 성분은?

① 탄소　　　　　　　　② 수소

③ 산소　　　　　　　　④ 질소

54 지방질 대사를 위한 간의 중요한 역할 중 잘못 설명한 것은?

① 지방질 섭취의 부족에 의해 케톤체를 만든다.

② 콜레스테롤을 합성한다.

③ 담즙산의 생산 원천이다.

④ 지방산을 합성하거나 분해한다.

55 다음 중 인수공통감염병은?

① 탄저병　　　　　　　② 이질

③ 소아마비　　　　　　④ 살모넬라

답안 표기란

56 ① ② ③ ④
57 ① ② ③ ④
58 ① ② ③ ④
59 ① ② ③ ④
60 ① ② ③ ④

56 이타이이타이병의 원인물질은?

① Cd

② Hg

③ Mg

④ Pb

57 결핵의 감염원인은?

① 소

② 돼지

③ 말

④ 개

58 폐디스토마의 제1중간숙주는?

① 돼지고기

② 쇠고기

③ 잠붕어

④ 다슬기

59 아플라톡신은 다음 중 어느 것과 가장 관계가 있는가?

① 감자독

② 효모균

③ 세균독

④ 곰팡이독

60 보존료의 이상적인 조건과 거리가 먼 것은?

① 독성이 없거나 매우 적을 것

② 저렴한 가격일 것

③ 사용방법이 간편할 것

④ 다량으로 효력이 있을 것

1	②	2	②	3	①	4	②	5	④	6	②	7	②	8	①	9	②	10	④
11	③	12	③	13	③	14	②	15	③	16	①	17	④	18	③	19	③	20	①
21	④	22	①	23	②	24	④	25	①	26	①	27	④	28	①	29	④	30	④
31	①	32	①	33	③	34	①	35	③	36	③	37	④	38	①	39	③	40	②
41	①	42	①	43	①	44	③	45	④	46	①	47	①	48	①	49	④	50	④
51	②	52	①	53	④	54	①	55	①	56	①	57	①	58	④	59	④	60	④

1 **빵의 주원료** : 밀가루, 이스트, 물, 소금

2 스트레이트법의 반죽순서는 제빵법 결정 → 배합표 작성 → 재료 계량 → 원료의 전처리 → 반죽(믹싱) → 1차 발효 → 분할 → 둥글리기 → 중간발효 → 정형 → 팬닝 → 2차 발효 → 굽기 → 냉각 순이다.

3 경수로 배합을 하면 글루텐이 부드럽게 되어 기계에 잘 붙는 반죽이 되므로 이스트 푸드를 감소해야 한다.

4 **클린업 단계** : 글루텐이 형성되기 시작하는 단계로 유지를 넣는다.

5 스트레이트법의 반죽 온두는 27℃ 이다.

6 이스트의 최적 사용범위는 2.5%이다.

7 발효는 탄수화물이 이스트에 의하여 탄산가스와 알코올로 전환되고 가스 유지력을 좋게 한다.

8 제빵 발효에 직접적인 영향을 주는 재료에는 밀가루, 설탕, 이스트가 있으며, 쇼트닝은 노화지연 효과, 공기 혼입, 연화 작용을 한다.

9 노화 최적 온도는 −6.6~10℃ 이다.

10 2차 발효실의 상대습도가 높으면 표피에 수포가 생긴다.

11 생이스트는 고형분 30~35%와 70~75%의 수분을 함유하고 있다.

12 발전 단계는 끈기가 있는 반죽으로 탄력성이 최대가 된다.

13 반죽의 온도에 영향을 주는 변수에는 실내 온도, 재료의 온도, 마찰열 등이 있다. 훅의 온도는 반죽 온도에 영향을 미치기는 하나 변수 값으로 산정하지 않는다.

14 분할 무게 = 600g ÷ 0.88 = 681.8g

15 온도는 물체의 차고 뜨거운 정도를 수량으로 나타낸 것으로 우리나라에서는 섭씨(celsius)를 사용하며 무게로 계량한다.

16 반죽을 하는 동안 반죽이 믹서볼을 치면서 마찰열이 발생하여 반죽 온도를 높인다.

17 파이롤러는 롤러의 간격을 조절하여 반죽의 두께를 조절하여 밀어펴는 기계이다.

18 글루텐의 얇은 막은 탄산가스를 보호하는 보호막 역할을 한다.

19 클린업 단게는 글루텐이 형성되어 반죽에 끈기가 생긴다.

20 밤새 발효하여 효소의 작용이 천천히 진행되어 발효 손실이 가장 크다.

21 발효가 부족한 어린반죽은 팬 위로 팽창하지 못하고 팬 아래 모서리를 채우게 되어 예리하게 된다.

22 분할무게 = 500g ÷ 0.88
= 568.2g ≒ 568g

23 2차 발효실의 습도를 낮게 하는 제품 : 데니시 페이스트리, 빵 도넛, 바게트 등

24 **사워종법** : 이스트를 사용하지 않고 호밀가루나 밀가루, 대기 중에 존재하는 이스트나 유산균을 물과 반죽하여 배양한 발효종을 이용하는 제빵법

25 • 젖은 글루텐 함량
= 15 / 50 × 100 = 30%
• 건조 글루텐 함량
= 30 × 1/3 = 10%

26 식빵의 껍질색이 짙게 나온 것은 과다한 설탕을 사용하여 캐러멜화 작용이 일어났기 때문이다.

27 정형기(moulder)의 압력이 강하면 반죽이 아령 모양이 된다.

28 산화제를 사용하는 이유는 반죽의 탄력성과 신장성을 높여 가스 보유력을 높이기 위해서이다. 환원제는 산화제와 반대로 글루텐을 연화시키고 빵의 부피를 줄이는 역할을 한다.

29 **언더 베이킹** : 높은 온도에서 단시간에 굽는 방법으로 제품에 수분이 많고 덜 익어 가라앉기 쉽다.

30 단백질의 변성은 오븐 스프링의 발생 후 일어난다.

31 중탕 그릇이 크면 초콜릿에 물이 튈 확률이 높아지므로 작은 것이 좋다.

32 버터는 크림에서 지방을 분리시켜 만들어진 지방성 유제품으로 융점이 낮고 가소성의 범위가 좁아서 쇼트닝, 마가린, 버터, 라드 순으로 크림성과 유화성이 뛰어나 사용하기 좋다.

33 럼주는 당밀을 발효시켜서 증류한 술로 숙성기간에 따라 라이트, 헤비, 미디엄으로 나눈다.

34 pH 9 + pH 4 = pH 13 ÷ 2 = pH 6.5 (약산성)

35 **전란** : 수분 75%, 고형분 25%

36 이당류에는 자당, 유당, 맥아당이 있다.

37 설탕은 감미제로서 캐러멜화 작용과 수분을 보유하여 빵의 노화를 지연시키며, 밀가루 단백질을 부드럽게 하고, 발효가 진행되는 동안 이스트에 발효성 탄수화물을 공급한다.

38 유화성이란 기름과 물이 잘 혼합되게 하는 성질로, 달걀과 유지가 동량으로 들어가는 파운드 케이크 제조 시 중요한 기능이다.

39 오븐 온도가 75℃를 넘으면 단백질이 응고하기 시작하여 열변성을 일으키고, 반대로 전분은 호화하여 글루텐 막을 더욱 얇게 만든다.

40 **이스트 푸드 성분** : 암모늄염, pH조절제, 효소제, 수질개량제, 산화제, 환원제, 유화제 등

41 유화 작용은 물과 기름을 섞이게 하는 작용을 말한다.

42 단맛의 강도는 과당 〉설탕 〉포도당 〉맥아당 〉갈락토오스 〉유당 순이다.

43 플라보노이드는 수용성 산화방지제이다.

44 매운맛과 향기로 혀, 코, 위장을 자극하여 식욕을 향상시킨다.

45 과당은 단당류이다.

46 필수지방산은 리놀레산, 리놀렌산, 아라키돈산 등이 있다.

47 **항산화제 보완제** : 비타민C, 구연산, 주석산, 인산 등은 자신만으로는 별 효과가 없지만 항산화제와 같이 사용하면 항산화 효과를 높여준다.

48 **스펀지 케이크의 기본 배합률** : 밀가루 100%, 계란 166%, 설탕 166%, 소금 2%

49 글리코겐을 포도당으로 분해하여 혈액에 방출함으로써 혈당량을 높여주는 작용을 통해 혈당량을 조절한다.

50 갈락토오스(galactose)는 포도당과 결합하여 젖당을 이루며, 지방과 결합하여 뇌신경조직의 성분이 된다.

51 과자 100g의 열량
(70 × 4kcal) + (5 × 4kcal) + (15 × 9kcal) = 435kcal
한 개의 무게가 50g인 과자 10개의 열량
435 × 5 = 2,175kcal

52 전분은 수천 개의 포도당이 결합되어 있으며 열량을 공급한다.

53 단백질만 질소를 함유하고 있다.

54 지방은 연소될 때 당질이 부족하면 케톤체가 발생된다.

55 인수공통감염병은 동물과 사람이 같이 걸리는 감염병으로 탄저병, 광견병, 결핵 등이 있다.

56 이타이이타이병은 각종 식기, 기구, 용기에 도금되어 있는 카드뮴(Cd)이 용출되어 중독되어 생기는 병이다.

57 결핵균의 병원체를 보유하는 동물은 소와 양이다.

58 폐디스토마의 제1중간숙주는 다슬기이며 제2중간숙주는 가재, 게다.

59 곰팡이독은 땅콩에 번식하는 곰팡이로 발암성이 있다.

60 식품첨가물의 보존료는 소량으로 효력이 있어야 한다.

수험번호 :

수험자명 :

제한 시간 : 60분
남은 시간 : 60분

 QR코드를 스캔하면 스마트폰을 활용한
모바일 모의고사를 이용할 수 있습니다.

전체 문제 수 : 60
안 푼 문제 수 :

답안 표기란

1 ① ② ③ ④

2 ① ② ③ ④

3 ① ② ③ ④

4 ① ② ③ ④

5 ① ② ③ ④

1 스트레이트법에 알맞은 1차 발효실의 습도는?

① 55~60% ② 65~70%

③ 75~80% ④ 85~90%

2 식빵을 팬닝할 때 일반적으로 권장되는 팬의 온도는?

① 22℃ ② 27℃

③ 32℃ ④ 37℃

3 빵의 노화 현상과 거리가 먼 것은?

① 빵껍질의 변화 ② 빵의 풍미저하

③ 빵 내부조직의 변화 ④ 곰팡이 번식에 의한 변화

4 한 반죽당 손분할이나 기계분할은 가능한 몇 분 이내로 완료하는 것이 좋은가?

① 15분 ② 30분

③ 40분 ④ 45분

5 압착 이스트의 고형분의 함량은?

① 10~20% ② 30~35%

③ 40~50% ④ 60~80%

답안 표기란

6 ① ② ③ ④
7 ① ② ③ ④
8 ① ② ③ ④
9 ① ② ③ ④
10 ① ② ③ ④

6 스트레이트법으로 일반 식빵을 만들 때 사용하는 생이스트의 양으로 가장 적당한 것은?

① 2%   ② 8%

③ 14%   ④ 20%

7 식빵 제조 중 굽기 및 냉각 손실이 10%이고, 완제품이 500g이라면 분할은 몇 g을 하여야 하는가?

① 556g   ② 566g

③ 576g   ④ 586g

8 빵의 제조과정에서 빵 반죽을 분할기에서 분할할 때나 구울 때 달라붙지 않게 하고 모양을 그대로 유지하기 위하여 사용되는 첨가물은?

① 카세인   ② 유동파라핀

③ 프로필렌 글리콜   ④ 대두인지질

9 연속식 제빵법을 사용하는 장점으로 틀린 것은?

① 인력의 감소

② 발효향의 증가

③ 공장 면적과 믹서 등 설비의 감소

④ 발효 손실의 감소

10 25℃에서 반죽의 흡수율이 61%일 때 반죽의 온도를 30℃로 하면 흡수율은 얼마가 되겠는가?

① 55%   ② 58%

③ 62%   ④ 65%

답안 표기란

11 ① ② ③ ④
12 ① ② ③ ④
13 ① ② ③ ④
14 ① ② ③ ④
15 ① ② ③ ④

11 총 배합률 180%인 식빵을 제조하는 데 밀가루 22kg을 사용하였더니 분할 무게 600g짜리 65개가 되었다. 이 제품의 발효 손실은 얼마로 보는가?

① 0.52%

② 1.52%

③ 2.02%

④ 2.52%

12 다음 중 쇼트닝을 몇 % 정도로 사용했을 때 빵 제품의 최대 부피를 얻을 수 있는가?

① 2%

② 4%

③ 8%

④ 12%

13 다음 중 파이롤러를 사용하지 않는 제품은?

① 케이크 도넛

② 롤 케이크

③ 퍼프 페이스트리

④ 데니시 페이스트리

14 빵의 냉각방법으로 가장 적합한 것은?

① 바람이 없는 실내

② 강한 송풍을 이용한 급냉

③ 냉동실에서 냉각

④ 수분분사 방식

15 표준 스트레이트법을 비상스트레이트법으로 전환할 때 필수적인 조치사항 이 아닌 것은?

① 물 사용량을 1% 감소

② 이스트 사용량을 2배 증가

③ 설탕 사용량을 1% 증가

④ 반죽시간 증가

답안 표기란

16	①	②	③	④
17	①	②	③	④
18	①	②	③	④
19	①	②	③	④
20	①	②	③	④

16 2차 발효 과다 현상이 아닌 것은?

① 부피가 크다.

② 저장성이 감소한다.

③ 터짐이 좋다.

④ 껍질색이 어둡다.

17 빵의 정형 시 작업실의 온도, 습도는?

① 25~28℃, 65~75%

② 21~25℃, 65~75%

③ 25~28℃, 70~80%

④ 21~25℃, 70~80%

18 일반적인 스트레이트법을 비상스트레이트법으로 변경시킬 때 필수적인 조치가 아닌 것은?

① 수분 흡수율을 1% 감소시킴

② 이스트 사용량을 2배로 증가시킴

③ 설탕 사용량을 1% 감소시킴

④ 분유 사용량을 감소시킴

19 제빵 시 경수를 사용할 때 조치사항이 아닌 것은?

① 이스트 사용량 증가   ② 맥아 첨가

③ 이스트 푸드량 감소   ④ 급수량 감소

20 믹싱시간, 믹싱내구성, 수분흡수율 등 반죽의 배합이나 혼합을 위한 기초자료를 제공하는 것은?

① 아밀로그래프(amylograph)

② 익스텐소그래프(extensograph)

③ 패리노그래프(farinograph)

④ 알베오그래프(alveograph)

답안 표기란

21 ① ② ③ ④
22 ① ② ③ ④
23 ① ② ③ ④
24 ① ② ③ ④
25 ① ② ③ ④
26 ① ② ③ ④

21 어린 반죽으로 만든 제품에 대한 설명 중 틀린 것은?

① 껍질색은 어두운 색이다.

② 외형의 경우 모서리가 둥글다.

③ 속색이 무겁고 어두운 숙성이 안 된 색이다.

④ 조직은 거칠다.

22 빵의 부피와 가장 관련이 깊은 것은?

① 소맥분의 단백질 함량　　② 소맥분의 전분 함량

③ 소맥분의 수분 함량　　　④ 소맥분의 회분 함량

23 작은 부피의 결점의 원인이 아닌 것은?

① 반죽 정도의 초과　　　　② 소금 사용량 부족

③ 설탕 사용량 과다　　　　④ 이스트 푸드 사용량 부족

24 팬에 바르는 기름은 무엇이 높은 것을 선택해야 하는가?

① 산가　　　　　　　　　　② 크림성

③ 가소성　　　　　　　　　④ 발연점

25 일반적으로 표준식빵 제조 시 가장 적당한 2차 발효실 습도는?

① 95%　　　　　　　　　　② 85%

③ 65%　　　　　　　　　　④ 55%

26 다음 제품 중 반죽이 가장 진 것은?

① 식빵　　　　　　　　　　② 불란서빵

③ 잉글리시 머핀　　　　　　④ 과자빵

답안 표기란

27	①	②	③	④
28	①	②	③	④
29	①	②	③	④
30	①	②	③	④
31	①	②	③	④
32	①	②	③	④

27 스펀지 발효에 생기는 결함을 없애기 위하여 만들어진 제조법으로 ADMI법이라고 불리는 제빵법은?

① 액체발효법(brew method)

② 비상반죽법(emergency dough method)

③ 노타임 반죽법(no time dough method)

④ 스펀지법(sponge & dough method)

28 2차 발효실의 습도가 가장 높아야 할 제품은?

① 바게트   ② 하드롤

③ 햄버거빵   ④ 도넛

29 제빵용 팬기름에 대한 설명으로 틀린 것은?

① 과다하게 칠하면 밑껍질이 두껍고 어둡게 된다.

② 정제라드, 식물유, 혼합유도 사용된다.

③ 백색 광유(mineral oil)도 사용된다.

④ 종류에 상관없이 발연점이 낮아야 한다.

30 빵에서 탈지분유의 역할 중 틀린 것은?

① 흡수율 감소   ② 조직개선

③ 완충제 역할   ④ 진한 껍질색

31 코코아 20%에 해당하는 초콜릿의 양은?

① 16%   ② 20%

③ 28%   ④ 32%

32 물 100g에 설탕 25g을 녹이면 당도는 얼마나 되는가?

① 20%   ② 30%

③ 40%   ④ 50%

답안 표기란

33 ① ② ③ ④
34 ① ② ③ ④
35 ① ② ③ ④
36 ① ② ③ ④
37 ① ② ③ ④

33 과당이나 포도당을 분해하여 CO_2 가스와 알코올을 만드는 효소는?

① 말타아제 　　　　　　② 인베르타아제

③ 프로테아제　　　　　　④ 치마아제

34 다음은 분말계란과 생란을 사용할 때의 장단점이다. 옳은 것은?

① 생란은 취급이 용이하고, 영양가 파괴가 적다.

② 생란이 영양은 우수하나, 분말계란보다 공기포집력이 떨어진다.

③ 분말계란이 생란보다 저장면적이 커진다.

④ 분말계란은 취급이 용이하나, 생란에 비해 공기포집력이 떨어진다.

35 초콜릿의 블룸(bloom) 현상에 대한 설명 중 틀린 것은?

① 초콜릿 표면에 나타난 흰 반점이나 무늬 같은 것을 블룸(bloom) 현상이라고 한다.

② 설탕이 재결정화된 것을 슈가 블룸(sugar bloom)이라고 한다.

③ 지방이 유출된 것을 팻 블룸(fat bloom)이라고 한다.

④ 템퍼링이 부족하면 설탕의 재결정화가 일어난다.

36 설탕시럽 제조 시 주석산 크림을 사용하는 주된 이유는?

① 냉각 시 설탕의 재결정을 막아준다.

② 시럽을 빨리 끓이기 위함이다.

③ 시럽을 하얗게 만들기 위함이다.

④ 설탕을 빨리 용해시키기 위함이다.

37 식빵 제조 시 물을 넣는 것보다 우유를 넣은 제품의 껍질색이 진하다. 우유의 무엇이 제품의 껍질색을 진하게 하는가?

① 젖산　　　　　　　　　② 카세인

③ 무기질　　　　　　　　④ 유당

답안 표기란

38 ① ② ③ ④
39 ① ② ③ ④
40 ① ② ③ ④
41 ① ② ③ ④
42 ① ② ③ ④

38 흰 초콜릿에는 코코아 고형분이 얼마나 들어있는가?

① 62.5% ② 30%

③ 14% ④ 0%

39 단백질의 분해 효소로 췌액에 존재하는 것은?

① 레닌 ② 펩신

③ 트립신 ④ 프로테아제

40 다음의 당류 중에서 상대적 감미도가 두번째로 큰 것은?

① 과당 ② 설탕

③ 맥아당 ④ 포도당

41 효소의 특성이 아닌 것은?

① 30~40℃에서 최대 활성을 갖는다.

② pH 4.5~8.0 범위 내에서 반응하며 효소의 종류에 따라 최적 pH는 달라질 수 있다.

③ 효소는 그 구성물질이 전분과 지방으로 되어있다.

④ 효소농도와 기질농도가 효소작용에 영향을 준다.

42 휘핑용 생크림에 대한 설명 중 잘못된 것은?

① 유지방 45% 이상의 진한 생크림이 원료이다.

② 기포성을 이용하여 만든다.

③ 유지방이 기포형성의 주체이다.

④ 거품의 품질유지를 위해 높은 온도에서 보관한다.

답안 표기란				
43	①	②	③	④
44	①	②	③	④
45	①	②	③	④
46	①	②	③	④
47	①	②	③	④
48	①	②	③	④

43 다음 향신료 중 대부분의 피자소스에 필수적으로 들어가는 향신료는?

① 오레가노　　　　　② 계피

③ 정향　　　　　　　④ 넛메그

44 케이크, 쿠키, 파이, 페이스트리용 밀가루의 제과적성 및 점성을 측정하는 기구는?

① 아밀로그래프(amylograph)

② 패리노그래프(farinograph)

③ 애그트론(agtron)

④ 맥미카엘 점도계(macmichael viscosimeter)

45 천연 버터와 마가린의 가장 큰 차이는?

① 수분　　　　　　　② 지방산

③ 산가　　　　　　　④ 과산화물가

46 지용성 비타민이 아닌 것은?

① VK　　　　　　　② VA

③ VE　　　　　　　④ VC

47 탄수화물은 체내에서 무엇으로 분해되어 흡수되는가?

① 젖당　　　　　　　② 포도당

③ 맥아당　　　　　　④ 전분

48 우유에 들어있는 단백질은?

① 카세인　　　　　　② 니아신

③ 피리독신　　　　　④ 판토텐산

답안 표기란

49	①	②	③	④
50	①	②	③	④
51	①	②	③	④
52	①	②	③	④
53	①	②	③	④
54	①	②	③	④

49 다음 중 비타민 A의 결핍증이 아닌 것은?

① 야맹증　　　　　　② 각막 연화증
③ 결막건조증　　　　④ 구각염

50 콜레스테롤의 특징 중 잘못된 것은?

① 뇌와 신경조직에 많이 들어 있다.
② 비타민의 전구체이기도 하다.
③ 여러 호르몬의 시작 물질이다.
④ 식물성 스테롤이다.

51 빵의 생산 시 고려해야 할 원가요소와 가장 거리가 먼 것은?

① 재료비　　　　　　② 노무비
③ 경비　　　　　　　④ 학술비

52 다음 중 비타민 D의 전구물질은?

① 에르고스테롤　　　② 이노시톨
③ 콜린　　　　　　　④ 에탄올

53 포도상구균의 독소는?

① 살모넬라　　　　　② 엔테로톡신
③ 뉴로톡신　　　　　④ 삭시톡신

54 세균성 식중독의 특징이 아닌 것은?

① 수인성 전파가 드물다.
② 대량의 균에 의해 감염된다.
③ 잠복기가 짧다.
④ 2차 감염이 잘 일어난다.

답안 표기란

55 ① ② ③ ④
56 ① ② ③ ④
57 ① ② ③ ④
58 ① ② ③ ④
59 ① ② ③ ④
60 ① ② ③ ④

55 장염 비브리오균에 감염되었을 때 주요 증상은?

① 구내염　　　　　　　② 피부농포

③ 신경마비　　　　　　④ 구토

56 제과, 제빵 제품에서 제공되는 미생물의 가장 중요한 생육 환경 조건은?

① 수분, 온도, 영양물질　　② 수분, 지방, 기압

③ 화학 팽창제, 건조, 소금　④ 온도, 건조, 삼투압

57 작업 공간의 살균에 가장 적당한 것은?

① 자외선 살균　　　　　② 적외선 살균

③ 가시광선 살균　　　　④ 자비 살균

58 소독력이 매우 강한 일종의 표면활성제로서 공장의 소독, 종업원의 손을 소독할 때나 용기 및 기구의 소독제로 알맞은 것은?

① 석탄산액　　　　　　② 과산화수소

③ 역성비누　　　　　　④ 크레졸

59 결핵의 특히 중요한 감염원이 될 수 있는 것은?

① 토끼고기　　　　　　② 양고기

③ 돼지고기　　　　　　④ 불완전 살균우유

60 유지의 산패의 원인이 아닌 것은?

① 고온으로 가열한다.

② 햇빛이 잘 드는 곳에 보관한다.

③ 토코페롤을 첨가한다.

④ 수분이 많은 식품을 넣고 튀긴다.

1	③	2	③	3	④	4	①	5	②	6	①	7	①	8	②	9	②	10	②
11	②	12	②	13	②	14	①	15	③	16	④	17	①	18	④	19	④	20	③
21	②	22	①	23	②	24	④	25	②	26	③	27	①	28	③	29	④	30	①
31	④	32	①	33	④	34	④	35	④	36	①	37	④	38	④	39	③	40	②
41	③	42	④	43	①	44	④	45	②	46	④	47	②	48	①	49	④	50	④
51	④	52	①	53	②	54	④	55	④	56	①	57	①	58	③	59	④	60	③

1 일반적으로 1차 발효는 온도 27℃, 상대습도 75% 조건에서 1~3시간 발효하여야 한다.

2 팬닝 시 팬의 온도는 32℃가 적당하다.

3 곰팡이 발생은 발효나 부패현상이다.

4 분할 시간이 길어지면 숙성면에서 차이가 생기므로 가급적 20분 내에 한다.

5 압착 이스트의 고형분의 함량은 30~35%이고 나머지는 70~75%의 수분을 함유하고 있다.

6 스트레이트법에서의 생이스트의 양은 2.5%이다.

7 분할 무게 = 500g ÷ 0.90 = 555.56g ≒ 556g

8 유동파라핀은 이형제로 빵 반죽을 분할기에서 분할할 때나 구울 때 달라붙지 않게 하고 모양을 그대로 유지하기 위하여 사용되는 첨가물이다.

9 연속식 제빵법을 사용하면 발효향은 감소한다.

10 흡수율은 온도 5℃ 상승에 3%씩 떨어지며, 온도 5℃ 하강에 3%씩 상승한다.

11 완제품 반죽무게 = 600g × 65 = 39,000g

발효 전 반죽무게 = $\dfrac{22,000 \times 180}{100}$ = 39,600g

즉, 발효 손실은 600g

발효 손실률 = $\dfrac{\text{발효 중 손실된 무게}}{\text{반죽의 무게}} \times 100$

= (600g ÷ 39,600g) × 100

= 0.0151515··· × 100 = 1.52%

12 쇼트닝을 3~4% 사용 시 가스보유력이 좋아져 큰 부피를 얻을 수 있으나 너무 많으면 오히려 작게 만들어진다.

13 파이롤러는 롤러의 간격을 조절하여 반죽의 두께를 조절하여 밀어 펴는 기계이다. 제조 가능한 제품들에는 스위트 롤, 퍼프 페이스트리, 데니시 페이스트리, 케이크 도넛 등이 있다.

14 ②, ③, ④는 빠르게 냉각하는 방법이다 냉각실의 공기흐름이 지나치게 빠르면 껍질에 잔주름이 생기며 빵 모양의 붕괴와 옆면이 끌려들어가는 키홀링현상이 생기므로 자연 냉각법과 가장 비슷한 환경인 ①이 가장 적합하다.

15 필수조치
- 물 사용량을 1% 감소시킨다.
- 설탕 사용량을 1% 감소시킨다.
- 반죽시간을 20~30% 늘려서 글루텐의 기계적 발달을 최대로 한다.
- 이스트를 2배로 한다.
- 반죽 온도를 30~31℃로 맞춘다.
- 이스트 푸드를 증가시킨다.
- 1차 발효시간을 15분 이상 유지한다.

16 2차 발효가 과다하면 껍질색이 하얗다.

17 작업실의 온도는 27~29℃, 습도는 75% 내외로 낮은 습도를 유지해야 한다.

18 비상스트레이트법으로 변경시킬 때의 선택사항이다.

19 경수를 사용하면 반죽이 단단해지므로 부드러워지도록 급수량을 증가시켜야 한다.

20 **패리노그래프** : 글루텐의 흡수율 측정, 믹싱 시간 측정, 믹싱 내구성 측정, 500BU 도달 시간 측정

21 어린 반죽으로 만든 제품은 작업성이 떨어져 볼륨감이 작고 모서리가 예리하며 껍질의 막도 두껍다.

22 빵의 부피는 단백질 함량과 가장 관계가 있다.

23 **작은 부피의 결점의 원인**
- 이스트 사용량의 부족
- 지나친 믹싱
- 소금, 설탕, 쇼트닝, 분유, 효소재료 사용량 과다

24 발연점이 높아야 연기가 나지 않는다.

25 일반적으로 표준식빵 제조 시 가장 적당한 2차 발효실 습도는 85%가 좋다.

26 **렛 다운 단계(let down stage)** : 반죽이 늘어지는 단계로 햄버거 번, 잉글리시 머핀 등이 있다.

27 미국 분유 연구소(ADMI)에서 처음 개발된 것으로 일반 스펀지 도우법에서 스펀지 발효에 미치는 여러 가지 결함을 제거하기 위하여 스펀지 대신 액종을 만들어 제조하는 것이다.

28 식빵, 단과자빵, 햄버거빵은 2차 발효 시 고온고습 발효이며, 특히 햄버거빵은 충분한 습도로 흐름성을 좋게 하여 윗면이 평평해지도록 한다.

29 종류에 상관없이 발연점이 높아야 한다.

30 **빵·과자에 영향을 미치는 유제품의 기능**
- 우유 단백질에 의해 믹싱내구력을 향상시킨다.
- 발효 시 완충작용으로 반죽의 pH가 급격히 떨어지는 것을 막는다.
- 제품의 껍질색을 강하게 한다.
- 수분 보유력으로 노화를 지연시킨다.
- 밀가루에 부족한 필수아미노산인 리신과 칼슘을 보충하여 영양가를 향상시킨다.
- 맛과 향을 향상시킨다.

31 초콜릿 – 코코아 5/8, 카카오 버터 3/8
초콜릿 × 5/8 = 20
초콜릿 = 32%

32 $\dfrac{25}{(100 + 25)} \times 100 = 20\%$

33 **치마아제** : 포도당, 과당과 같은 단당류를 알코올과 이산화탄소로 분해시키는 효소로 제빵용 이스트에 있다.

34 분말계란은 취급이 용이하나, 생란에 비해 공기포집력이 떨어진다.

35 초콜릿을 습도가 높은 곳에서 보관할 때 설탕의 재결정이 생기는데 이를 슈가 블룸이라 한다.

36 설탕시럽 제조 시 설탕이 냉각되었을 때 재결정을 막기 위해 주석산 크림을 사용한다.

37 우유의 유당에 의해 껍질색이 진하게 난다.

38 화이트 초콜릿에는 코코아의 고형분이 0% 들어있다.

39 **트립신** : 췌액에서 분비되고 십이지장에서 단백질을 가수분해하는 필수적인 물질이다.

40 **감미도 비교**
과당(175) 〉 전화당(130) 〉 설탕(100) 〉 포도당(75) 〉 맥아당, 갈락토오스(32) 〉 유당(16)

41 효소는 단백질로 구성되어 있다.

42 **생크림의 보관온도** : 0~4℃

43 오레가노는 마조람의 일종으로 톡 쏘는 향기가 특징이다.

44 맥미카엘 점도계는 케이크, 쿠키, 파이, 페이스트리용 밀가루의 제과적성 및 점성을 측정하는 기구이다.

45 버터는 우유에서 지방성분들만 빼서 만든 것이고, 마가린은 옛날에 버터가 부족했을 때 버터 대용으로 만든 것으로 팜유나 야자유 등 식물성 기름으로 만든다.

46 지용성 비타민 : 비타민 A, D, E, K

47 탄수화물의 단당류는 그대로 흡수되나, 이당류와 다당류는 소화기관 내에서 포도당으로 분해되어 소장에서 흡수된다.

48 우유에 들어있는 단백질은 필수아미노산이 골고루 함유되어 있는 카세인, 글로불린 등이 있다.

49 구각염은 비타민 B$_2$ 부족에서 온다.

50 **콜레스테롤(cholesterol)** : 동물성 스테롤로 뇌, 골수, 신경계, 담즙, 혈액 등에 많다.

51 **원가의 3요소** : 재료비, 노무비, 경비

52 에르고스테롤은 자외선을 쬐면 비타민 D가 되며, 식물성 스테롤로 버섯, 효모, 간유 등에 함유되어 있다.

53 포도상구균이 체외로 분비하는 독소인 엔테로톡신은 120℃에서 20분간 가열해도 완전 파괴되지 않는다.

54 2차 감염이 잘 일어나지 않는다.

55 장염 비브리오균 식중독 증상은 간경변 증상, 구토, 복통, 설사, 신경마비 증상이 있으며, 간질환이 있는 경우의 중독은 패혈증 우려도 있다.

56 미생물은 영양소, 수분, 온도, pH, 산소, 삼투압 등의 환경이 갖추어졌을 때 증식·발육되는 것이다.

57 • 작업 공간은 자주 일광소독을 하는 것이 가장 좋다.
　• 일광소독 : 일광의 조사에 의한 소독방법으로 일광에 약 1% 포함되어 있는 자외선의 살균력을 이용한 것이다.

58 역성비누는 무독, 무해, 무미, 무취이므로 조리기구, 식기류 소독에 이용된다.

59 결핵균의 병원체를 보유하는 것은 불완전 살균우유이다.

60 튀김기름의 질을 저하시키는 요인은 공기, 온도, 수분, 이물질이다.

수험번호 :

수험자명 :

제한 시간 : 60분
남은 시간 : 60분

QR코드를 스캔하면 스마트폰을 활용한
모바일 모의고사를 이용할 수 있습니다.

전체 문제 수 :　60
안 푼 문제 수 :

1 제빵 시 팬기름의 조건으로 나쁜 것은?

① 낮은 발연점의 기름　　　　② 무취의 기름

③ 무색의 기름　　　　④ 산패되기 쉽지 않은 기름

2 이스트가 오븐 내에서 사멸되기 시작하는 온도는?

① 40℃　　　　② 60℃

③ 80℃　　　　④ 100℃

3 대량생산 공장에서 많이 사용되는 오븐으로 반죽이 들어가는 입구와 제품이 나오는 출구가 서로 다른 오븐은?

① 데크 오븐　　　　② 터널 오븐

③ 로터리 래크 오븐　　　　④ 컨벡션 오븐

4 빵의 포장온도로 가장 적합한 것은?

① 15~20℃　　　　② 25~30℃

③ 35~40℃　　　　④ 45~50℃

5 포장재료가 갖추어야 할 조건이 아닌 것은?

① 흡수성이 있고 통기성이 없어야 한다.

② 제품의 상품가치를 높일 수 있어야 한다.

③ 단가가 낮아야 한다.

④ 위생적이어야 한다.

답안 표기란

6	①	②	③	④
7	①	②	③	④
8	①	②	③	④
9	①	②	③	④
10	①	②	③	④
11	①	②	③	④

6 다음 중 함께 계량할 때 가장 문제가 되는 재료는?

① 소금, 설탕

② 밀가루, 반죽 개량제

③ 이스트, 소금

④ 밀가루, 호밀가루

7 스펀지법으로 제빵 시 본 반죽 만들 때의 온도로 가장 적합한 것은?

① 22℃

② 27℃

③ 33℃

④ 40℃

8 제빵에 있어 2차 발효실의 습도가 너무 높을 때 일어날 수 있는 결점은?

① 겉껍질 형성이 빠르다.

② 오븐 팽창이 적어진다.

③ 껍질색이 불균일해진다.

④ 수포 생성, 질긴 껍질이 되기 쉽다.

9 다음 중 빵을 가장 빠르게 냉각시키는 방법은?

① 자연냉각법

② 공기조절법

③ 진공냉각법

④ 공기배출법

10 액체발효법에서 액종 발효 시 완충제 역할을 하는 재료는?

① 탈지분유

② 설탕

③ 소금

④ 쇼트닝

11 완제품 중량이 400g인 빵 200개를 만들고자 한다. 발효 손실이 2%이고 굽기 및 냉각손실이 12%라고 할 때 밀가루 중량은 얼마인가? (총 배합률은 180%이며, g 이하는 반올림한다)

① 51,536g

② 54,725g

③ 61,320g

④ 61,940g

답안 표기란

12 ① ② ③ ④
13 ① ② ③ ④
14 ① ② ③ ④
15 ① ② ③ ④
16 ① ② ③ ④

12 냉각시킨 식빵의 가장 일반적인 수분 함량은?

① 약 18% ② 약 28%

③ 약 38% ④ 약 48%

13 제빵 시 적량보다 많은 분유를 사용했을 때의 결과 중 잘못된 것은?

① 양 옆면과 바닥이 움푹 들어가는 현상이 생김

② 껍질색은 캐러멜화에 의하여 검어짐

③ 모서리가 예리하고 터지거나 슈레드가 적음

④ 세포벽이 두꺼우므로 황갈색을 나타냄

14 빵 제품의 노화(staling)에 관한 설명 중 틀린 것은?

① 노화는 제품이 오븐에서 나온 후부터 서서히 진행된다.

② 노화가 일어나면 소화흡수에 영향을 준다.

③ 노화로 인하여 내부 조직이 단단해진다.

④ 노화를 지연하기 위하여 냉장고에 보관하는 게 좋다.

15 2차 발효에 대한 설명으로 틀린 것은?

① 2차 발효실 온도는 33~45℃이다.

② 2차 발효실의 상대습도는 70~90%이다.

③ 2차 발효 시간이 경과함에 따라 pH는 5.13에서 5.49로 상승한다.

④ 2차 발효실 온도가 너무 낮으면 발효시간은 길어지고 빵 속의 조직이 거칠게 된다.

16 정형한 식빵 반죽을 팬에 넣을 때 이음매의 위치는 다음 어느 쪽이 가장 좋은가?

① 위 ② 아래

③ 좌측 ④ 우측

답안 표기란

17 ① ② ③ ④
18 ① ② ③ ④
19 ① ② ③ ④
20 ① ② ③ ④
21 ① ② ③ ④
22 ① ② ③ ④

17 빵 제조 시 발효시키는 직접적인 목적이 아닌 것은?

① 탄산가스의 발생으로 팽창작용을 한다.

② 유기산, 알코올 등을 생성시켜 빵 고유의 향을 발달시킨다.

③ 글루텐을 발전, 숙성시켜 가스의 포집과 보유능력을 증대시킨다.

④ 발효성 탄수화물의 공급으로 이스트 세포수를 증가시킨다.

18 제빵에 사용하는 물로 가장 적합한 형태는?

① 아경수　　　　　　　　　② 알칼리수

③ 증류수　　　　　　　　　④ 염수

19 일시적 경수를 바르게 설명한 것은?

① 가열 시 탄산염으로 되어 침전한다.

② 끓여도 제거되지 않는다.

③ 황산염에 기인한다.

④ 보일러에 쓰면 좋은 물이다.

20 스펀지에 밀가루 사용량을 증가시킴으로써 발생되는 것이 아닌 것은?

① 플로어 타임이 짧음　　　② 완제품의 부피가 커짐

③ 기공이 조밀함　　　　　④ 본 반죽시간이 단축됨

21 제빵 시 탈지분유를 1% 증가시킬 때마다 몇 %의 흡수량이 증가되는가?

① 1%　　　　　　　　　　② 3%

③ 5%　　　　　　　　　　④ 7%

22 전분의 호화온도는?

① 40℃　　　　　　　　　② 50℃

③ 60℃　　　　　　　　　④ 70℃

답안 표기란

23 ① ② ③ ④
24 ① ② ③ ④
25 ① ② ③ ④
26 ① ② ③ ④
27 ① ② ③ ④

23 빵류의 2차 발효실 상대습도는 품목에 따라 75~90%까지 다양하게 조정된다. 표준습도보다 낮을 때 일어나는 현상이 아닌 것은?

① 반죽에 껍질 형성이 빠르게 일어난다.

② 오븐에 넣었을 때 팽창이 저해된다.

③ 껍질색이 불균일하게 되기 쉽다.

④ 수포가 생기거나 질긴 껍질이 되기 쉽다.

24 소맥분 글루텐의 질을 측정하는 데 가장 널리 사용되는 것은?

① 아밀로그래프   ② 낙하시간법

③ 패리노그래프   ④ 맥미카엘 점도계

25 일반적으로 설탕의 캐러멜화에 필요한 온도는?

① 100~120℃   ② 130~150℃

③ 160~180℃   ④ 190℃ 이상

26 일반 스트레이트법을 비상스트레이트법으로 전환 시 선택적 조치는?

① 이스트 사용량을 2배 증가시킨다.

② 반죽시간을 정상보다 20~25% 증가시킨다.

③ 1차 발효시간을 최저 15분으로 한다.

④ 식초를 0.25~0.75% 정도 사용한다.

27 빵 제품의 모서리가 예리하게 된 것은 다음 중 어떤 반죽에서 오는 결과인가?

① 발효가 지친 반죽   ② 믹싱이 지친 반죽

③ 어린 반죽   ④ 2차 발효가 지친 반죽

답안 표기란

28	① ② ③ ④
29	① ② ③ ④
30	① ② ③ ④
31	① ② ③ ④
32	① ② ③ ④
33	① ② ③ ④

28 다음 중 계량한 건조이스트(dry yeast)를 용해시키기에 적합한 물의 온도는?

① 0℃ ② 15℃

③ 27℃ ④ 40℃

29 물의 경도를 높여주는 작용을 하는 재료는?

① 이스트 푸드 ② 이스트

③ 설탕 ④ 밀가루

30 표준 스펀지의 1차 발효 시간은?

① 1~2시간 ② 3~4시간

③ 5~6시간 ④ 7~8시간

31 케이크 제조에 있어 계란의 기능으로 부적당한 것은?

① 결합작용 ② 팽창작용

③ 유화작용 ④ 수분보유 작용

32 초콜릿 템퍼링 시 초콜릿에 물이 들어갔을 경우의 현상은?

① 쉽게 굳는다. ② 광택이 나빠진다.

③ 블룸이 발생하기 쉽다. ④ 보존성이 짧아진다.

33 다음 중 pH가 중성인 것은?

① 식초 ② 수산화나트륨용액

③ 중조 ④ 증류수

답안 표기란

34	①	②	③	④
35	①	②	③	④
36	①	②	③	④
37	①	②	③	④
38	①	②	③	④

34 밀가루로 빵을 만드는 큰 이유는?

① 단백질로서 글루테닌과 글리아딘이 있기 때문이다.

② 당질로서 전분과당과 기타 효소가 있기 때문이다.

③ 소맥분이 지닌 회분 함량이 많기 때문이다.

④ 소맥분의 지방 때문이다.

35 용해도가 가장 좋아 냉음료에 사용되는 설탕은?

① 그라뉴당(granulateg sugar)

② 정백당(white sugar)

③ 황설탕(brown sugar)

④ 과립삼당(frost sugar)

36 반죽개량제에 대한 설명 중 틀린 것은?

① 반죽개량제는 빵의 품질과 기계성을 증가시킬 목적으로 첨가한다.

② 산화제, 환원제, 반죽 강화제, 노화지연제, 효소 등이 있다.

③ 산화제는 반죽의 구조를 강화시켜 제품의 부피를 증가시킨다.

④ 환원제도 반죽의 구조를 강화시켜 반죽시간을 증가시킨다.

37 전분을 분해하는 효소는?

① 리파아제   ② 아밀라아제

③ 프로테아제   ④ 말타아제

38 다음 중 어느 소맥분을 사용하는 것이 경제적인가?

① 수분 13% 함유한 소맥분 가격 kg당 220원

② 수분 13.5% 함유한 소맥분 가격 kg당 210원

③ 수분 12% 함유한 소맥분 가격 kg당 235원

④ 수분 12.5% 함유한 소맥분 가격 kg당 230원

답안 표기란

39	①	②	③	④
40	①	②	③	④
41	①	②	③	④
42	①	②	③	④
43	①	②	③	④
44	①	②	③	④

39 지방은 지방산과 어느 것이 결합되어 이루어지는가?

① 아미노산   ② 나트륨
③ 글리세린   ④ 리보오스

40 제빵 시 경수를 사용할 때 조치사항이 아닌 것은?

① 이스트 사용량 증가   ② 맥아 첨가
③ 이스트 푸드량 감소   ④ 급수량 감소

41 일반적으로 시유의 수분 함량은?

① 58%   ② 65%
③ 88%   ④ 98%

42 50g의 밀가루에서 얻은 젖은 글루텐(습부)이 20g이 되었을 때 이 밀가루의 단백질 함량은 얼마인가?

① 6%   ② 9%
③ 13%   ④ 20%

43 밀가루의 제분수율(%)에 대한 설명 중 잘못된 것은?

① 제분수율이 증가하면 일반적으로 소화율(%)은 감소한다.
② 제분수율이 증가하면 일반적으로 비타민 B_1, B_2 함량이 증가한다.
③ 목적에 따라 제분수율이 조정되기도 한다.
④ 제분수율이 증가하면 일반적으로 무기질 함량이 감소한다.

44 다음 캐러멜화 반응에 대한 설명 중 잘못된 것은?

① 당류를 계속 가열할 때 점조한 갈색 물질이 생기는 것이다.
② 당을 함유한 식품을 가열할 때 일어난다.
③ 아미노산과 같은 질소화합물과 환원당 간의 반응이다.
④ 이 반응의 생성물들은 향기와 맛에 영향을 준다.

답안 표기란

45	①	②	③	④
46	①	②	③	④
47	①	②	③	④
48	①	②	③	④
49	①	②	③	④
50	①	②	③	④

45 소과류(小果類)에 속하지 않는 것은?

① 체리(cherry)

② 라즈베리(raspberry)

③ 블루베리(blueberry)

④ 레드 커런트(red currant)

46 다음 중 단순 단백질이 아닌 것은?

① 프롤라민   ② 헤모글로빈

③ 글로불린   ④ 알부민

47 일반적으로 분유 100g의 질소 함량이 4g이라면 몇 g의 단백질을 보유하고 있는가?

① 5g   ② 15g

③ 25g   ④ 35g

48 체내에서 사용한 단백질은 주로 어떤 경로를 통해 배설되는가?

① 호흡   ② 소변

③ 대변   ④ 피부

49 유황(S)을 함유한 아미노산에 속하지 않는 것은?

① 시스틴   ② 시스테인

③ 메티오닌   ④ 트립토판

50 섬유소(cellulose)를 완전하게 가수분해하면 무엇이 생기는가?

① 포도당(glucose)

② 설탕(sucrose)

③ 아밀로오스(amylose)

④ 맥아당(maltose)

답안 표기란

51 ① ② ③ ④
52 ① ② ③ ④
53 ① ② ③ ④
54 ① ② ③ ④
55 ① ② ③ ④
56 ① ② ③ ④

51 건강유지를 위해 반드시 필요한 지방산으로 조직 속에서 합성되지 않아 식사로 공급해야 하는 것은?

① 포화지방산　　　　　　② 불포화지방산

③ 필수지방산　　　　　　④ 고급지방산

52 다음 중 아밀로펙틴이 가장 많이 들어있는 식품은?

① 감자　　　　　　　　　② 바나나

③ 밀　　　　　　　　　　④ 찹쌀

53 다음 효소 중에서 단백질을 분해시키는 것은?

① 프티알린　　　　　　　② 트립신

③ 스테압신　　　　　　　④ 락타아제

54 미나마타병은 중금속에 오염된 어패류를 먹고 발생되는데 그 원인이 되는 금속은?

① Hg　　　　　　　　　② Cd

③ Pb　　　　　　　　　④ Zn

55 사람과 동물이 같은 병원체에 의하여 발생하는 질병 또는 감염 상태를 말하는 것은?

① 잔균독 식중독　　　　　② 기생충증

③ 인수공통감염병　　　　　④ 급성 감염병

56 야채를 통해 감염되는 대표적인 기생충은?

① 광절열두조충　　　　　② 선모충

③ 회충　　　　　　　　　④ 폐흡충

57 자연독 식중독과 그 독성물질을 잘못 연결한 것은?

① 무스카린 – 버섯 중독

② 베네루핀 – 모시조개 중독

③ 솔라닌 – 맥각 중독

④ 테트로도톡신 – 복어 중독

58 다음 중 이형제를 가장 잘 설명한 것은?

① 가수분해에 사용된 산제의 중화에 사용되는 첨가물이다.

② 제과·제빵을 구울 때 형틀에서 제품의 분리를 용이하게 하는 첨가물이다.

③ 거품을 소멸 억제하기 위해 사용하는 첨가물이다.

④ 원료가 덩어리지는 것을 방지하기 위해 사용하는 첨가물이다.

59 마이코톡신의 특징과 거리가 먼 것은?

① 감염형이 아니다.

② 탄수화물이 풍부한 곡류에서 많이 발생한다.

③ 원인식품의 세균이 분비하는 독성분이 많다.

④ 중독의 발생은 계절과 관계가 깊다.

60 위생해충은 식품자체의 피해 외에 인체에 대한 영향이 매우 크다. 다음 중 위생해충의 특성과 거리가 먼 것은?

① 식성 범위가 넓다.

② 쥐, 진드기류, 파리, 바퀴 등이 속한다.

③ 병원미생물을 식품에 감염시키는 것도 있다.

④ 일반적으로 발육기간이 길다.

제빵기능사 필기 모의고사 3회 정답 및 해설

1	①	2	②	3	②	4	③	5	①	6	③	7	②	8	④	9	③	10	①
11	①	12	③	13	①	14	④	15	③	16	②	17	④	18	①	19	①	20	③
21	①	22	③	23	④	24	③	25	③	26	④	27	④	28	④	29	①	30	②
31	④	32	①	33	④	34	①	35	①	36	④	37	②	38	②	39	③	40	④
41	③	42	③	43	④	44	③	45	①	46	②	47	③	48	②	49	④	50	①
51	③	52	④	53	②	54	①	55	③	56	③	57	③	58	③	59	③	60	④

1 발연점이 높아야 연기가 나지 않는다.

2 이스트는 60℃에서 사멸되기 시작한다.

3 터널 오븐은 들어가는 입구와 제품이 나오는 출구가 서로 다르다.

4 빵의 포장온도 35~40℃, 수분 함유량 38%, 무게 손실 2%

5 방수성이 있고 통기성이 없어야 한다.

6 이스트는 설탕이나 소금과 직접 접촉은 피한다.

7 스펀지법은 반죽 및 발효를 2단계로 나누어 하는 제법으로 1차 스펀지 반죽의 반죽 온도는 22~26℃(보통 24℃)이며, 2차 본 반죽의 반죽 온도는 27℃이다.

8 2차 발효실의 습도가 너무 높으면 수포 생성 및 질긴 껍질이 되기 쉽다.

9 진공냉각 〉 강제공기순환 〉 자연냉각

10 pH를 유지하기 위해서 완충제인 탈지분유를 사용한다.

11 • 제품의 무게 = 400g × 200 = 80,000g
• 반죽의 무게 = 80,000g ÷ 0.98 ÷ 0.88 = 92,764g
• 밀가루의 무게
$= \dfrac{92,764 \times 100}{180} \fallingdotseq 51,536g$

12 빵을 냉각시킬 시 빵 속의 온도는 35~40℃, 수분 함량은 38%가 슬라이스하고 포장하기에 적당하다.

13 많은 분유를 사용하면 양 옆면과 바닥이 튀어 나온다.

14 빵 제품의 노화(staling) 최적 온도는 −6.6~10℃이다.

15 **2차 발효** : 성형과정을 거치는 동안 불완전한 상태의 반죽을 온도 38℃ 전후, 습도 85% 전후의 발효실에 넣어 숙성시켜 좋은 외형과 식감의 제품을 얻기 위하여 제품 부피의 70~80%까지 부풀리는 작업으로 발효의 최종 단계이다. 2차 발효를 하면 pH는 4.8까지 떨어진다.

16 이음매의 위치는 보이지 않도록 아래로 가게 한다.

17 빵 제조 시 발효시키는 직접적인 목적은 팽창작용, 숙성작용, 풍미를 생성하기 위해서이다.

18 제빵에 사용하는 물로 가장 적합한 제빵용 용수는 아경수 (120~180ppm)이다.

19 탄산칼슘을 함유한 물을 끓이면 불용성인 $CaCO_3$, $Mg(OH)_2$ 가 침전되어 물이 부드러워지는 데 이것을 일시적 경수라 한다.

20 **스펀지 반죽에 밀가루를 증가할 경우**
• 스펀지 발효시간은 길어지고 본 반죽의 발효시간은 짧아진다.
• 본 반죽의 반죽시간이 짧아지고 플로어 타임도 짧아진다.
• 반죽의 신장성이 좋아져 성형공정이 개선된다.
• 부피 증대, 얇은 기공막, 부드러운 조직으로 제품의 품질이 좋아진다.
• 풍미가 강해진다.

21 탈지분유 증가량만큼 흡수량이 증가한다.

22 • 순수전분의 호화온도 : 60℃
• 밀전분의 호화온도 : 56℃

23 표준습도보다 높을 때 기포가 생기거나 질긴 껍질이 되기 쉽다.

24 패리노그래프는 흡수율, 믹싱 내구성, 믹싱 시간, 소맥분 글루텐의 질을 측정한다.

25 캐러멜화는 설탕을 160~180℃ 정도로 가열하면 포도당과 과당으로 분해되어 과당이 풍미를 내는 흑갈색으로 변하는 것이다.

26 ①, ②, ③은 필수조치에 속한다.

27 반죽 부족은 어린 반죽이라고도 하며 반죽이 다 되지 않은 상태로 제품의 모서리가 예리하게 된다.

28 활성 건조 이스트는 39~49℃에서 물에 풀어 사용하면 가장 효과가 좋다.

29 연수 사용 시 물의 경도를 높여주는 방법은 가스 보유력이 적으므로 이스트 푸드와 소금을 증가시킨다.

30 **스펀지 발효(1차 발효)** : 온도 27℃, 상대습도 75~80%, 3~5시간 발효

31 **케이크 제조에 있어 계란의 기능** : 농후제, 결합제, 청정제, 유화제, 팽창제, 간섭제

32 템퍼링은 녹인 초콜릿을 다시 적정온도인 45~47℃로 조절하는 것으로 보다 매끄럽고, 맛있는 초콜릿을 만들기 위해서 한다. 초콜릿은 물이 들어가면 굳기 때문에 중탕하는 볼은 초콜릿이 담긴 볼보다 같거나 작아야 한다.

33 **증류수** : pH 7

34 밀가루로 빵을 만드는 큰 이유는 단백질로서 글루테닌과 글리아딘이 있기 때문이다.

35 그라뉴당(granulated sugar)은 순도가 높고 녹기 쉬우며 깨끗한 맛이 있는 보통의 설탕을 말한다.

36 **반죽개량제** : 빵의 품질을 개선시키는 재료로 노화방지, 색과 향, 촉촉한 속결이 나온다. 산화제는 반죽의 글루텐을 강

화시켜 제품의 부피를 증가시키고 환원제는 반죽의 글루텐을 연화시켜 반죽시간을 단축시킨다.

37 전분은 아밀라아제에 의해 맥아당으로, 맥아당은 말타아제에 의해 2개의 포도당으로 변한다.

38 수분의 함량은 높으면서 가격이 저렴한 소맥분이 경제적이다.

39 **글리세린** : 지방산과 함께 지방을 구성하고 있는 성분으로 흡습성, 안전성, 용매, 거품제거제로 작용한다.

40 **경수 사용 시 조치** : 이스트 사용량 증가, 맥아 첨가, 이스트 푸드량 감소, 급수량 증가

41 **시유** : 고형분 12%, 수분 88%

42 • 젖은 글루텐(%) = (젖은 글루텐 반죽의 중량 ÷ 밀가루 중량) × 100 = (20g ÷ 50g) × 100 = 40%
• 단백질 함량(%) = 젖은 글루텐(%) ÷ 3 = 40% ÷ 3 ≒ 13%

43 제분수율은 목적에 따라 조정하며, 제분수율이 증가하면 비타민 B_1, B_2 함량이 증가하고 무기질 함량이 증가한다.

44 아미노산과 같은 질소화합물과 환원당 간의 반응은 메일라드 반응이다.

45 체리는 과실류에 속한다.

46 헤모글로빈은 색소와 단순 단백질이 결합한 색소 단백질이다.

47 단백질 함유량 = 질소 × 6.25
  = 4 × 6.25
  = 25g

48 단백질은 요소와 요산으로 분해되어 소변으로 배출된다.

49 **함유황 아미노산** : 시스틴, 시스테인, 메티오닌

50 섬유소는 다당류의 일종으로 가수분해 시 포도당으로 분해된다.

51 필수지방산은 식물성 유지인 옥수수기름, 대두유, 면실유 등에 들어 있다.

52 찹쌀과 찰옥수수는 아밀로펙틴만 함유되어 있다.

53 트립신은 십이지장에서 단백질을 가수 분해하는 효소이다.

54 Hg(수은) – 미나마타병

55 인수공통감염병은 사람과 가축이 동시에 걸리는 병을 말한다.

56 회충은 손, 파리, 바퀴벌레 등에 의해 식품이나 음식물에 오염되어 경구 침입된다.

57 **솔라닌** : 감자의 푸른 부분에 있는 독

58 이형제는 빵의 제조 과정에서 빵 반죽을 분할기에서 분할할 때나 구울 때 달라붙지 않게 하고, 모양을 그대로 유지하기 위하여 사용하는 것이다.

59 마이코톡신(mycotoxin)은 곰팡이가 발육 과정에서 생산하는 독성분이다.

60 일반적으로 발육기간이 짧다.

수험번호 :

수험자명 :

제한 시간 : 60분
남은 시간 : 60분

QR코드를 스캔하면 스마트폰을 활용한
모바일 모의고사를 이용할 수 있습니다.

전체 문제 수 : 60
안 푼 문제 수 :

답안 표기란

1 ① ② ③ ④

2 ① ② ③ ④

3 ① ② ③ ④

4 ① ② ③ ④

5 ① ② ③ ④

1 빵 제조 시 밀가루를 체로 치는 이유가 아닌 것은?

① 이물질 제거

② 고른 분산

③ 제품의 색

④ 공기의 혼입

2 2% 이스트로 4시간 발효했을 때 가장 좋은 결과를 얻는다고 가정할 때 발효시간을 3시간으로 감소시키려면 이스트의 양은 얼마로 결정하여야 하는가?

① 2.16%

② 2.66%

③ 3.16%

④ 3.66%

3 믹싱시간과 관계가 적은 요인은?

① 제품의 노화 지연

② 제품의 수율 증가

③ 제품의 구조력 증가

④ 제품의 유연성 증가

4 반죽을 발효하는 동안 생성되는 것이 아닌 것은?

① 알코올

② 탄산가스

③ 유기산

④ 질소

5 일반적으로 빵의 노화현상에 따른 변화(staling)와 거리가 먼 것은?

① 수분 손실

② 전분의 결정화

③ 향의 손실

④ 곰팡이 발생

답안 표기란

6 ① ② ③ ④
7 ① ② ③ ④
8 ① ② ③ ④
9 ① ② ③ ④
10 ① ② ③ ④
11 ① ② ③ ④

6 빵효모의 발효에 가장 적당한 pH 범위는?

① 2~4 ② 4~6

③ 6~8 ④ 8~10

7 연속식 제빵법(continuous dough mixing system)에는 여러 가지 장점이 있어 대량생산 방법으로 사용되는데 스트레이트법에 대비한 장점으로 볼 수 없는 사항은?

① 공장 면적의 감소 ② 인력의 감소

③ 발효 손실의 감소 ④ 산화제 사용 감소

8 제빵용 밀가루에서 빵 발효에 많은 영향을 주는 손상 전분의 적당한 함량은?

① 0% ② 1~3.5%

③ 4.5~8% ④ 9~12.5%

9 식빵 제조 시 1차 발효 손실은 몇 %인가?

① 1~2% ② 7~9%

③ 12~13% ④ 15%

10 튀김기름의 발연 현상과 관계가 깊은 것은?

① 유리지방산가 ② 크림가

③ 유화가 ④ 검화가

11 ppm이란?

① g당 중량 백분율 ② g당 중량 만분율

③ g당 중량 십만분율 ④ g당 중량 백만분율

답안 표기란

12	①	②	③	④
13	①	②	③	④
14	①	②	③	④
15	①	②	③	④
16	①	②	③	④
17	①	②	③	④

12 빵 제품의 모서리가 예리하게 된 것은 다음 중 어떤 반죽에서 오는 결과인가?

① 발효가 지친 반죽 ② 믹싱이 지친 반죽

③ 어린 반죽 ④ 2차 발효가 지친 반죽

13 1인당 생산가치는 생산가치를 무엇으로 나누어 계산하는가?

① 인원수 ② 시간

③ 임금 ④ 원재료비

14 밀가루 단백질 함량이 박력분이라 할 수 있는 것은?

① 7~9% ② 9~10.5%

③ 10.5~11.5% ④ 12~13.5%

15 제품을 생산하는 데 생산원가요소는?

① 재료비, 노무비, 경비 ② 재료비, 용역비, 감가상각비

③ 판매비, 노동비, 월급 ④ 광열비, 월급, 생산비

16 흰자 100에 대하여 설탕의 180의 비율로 만든 머랭으로서 구웠을 때 표면에 광택이 나고 하루 쯤 두었다가 사용해도 무방한 머랭은?

① 냉제 머랭 ② 온제 머랭

③ 이탈리안 머랭 ④ 스위스 머랭

17 빵굽기 과정에서 오븐 스프링(oven spring)에 의한 반죽 부피의 팽창 정도는?

① 본래 크기의 약 1/2까지 ② 본래 크기의 약 1/3까지

③ 본래 크기의 약 1/5까지 ④ 본래 크기의 약 1/6까지

답안 표기란				
18	①	②	③	④
19	①	②	③	④
20	①	②	③	④
21	①	②	③	④
22	①	②	③	④
23	①	②	③	④

18 대량 생산 공장에서 많이 사용하는 오븐으로 반죽이 들어가는 입구와 제품이 나오는 입구가 다른 오븐으로 통과되는 속도와 온도가 중요시 되는 오븐은?

① 데크 오븐(deck oven)

② 터널 오븐(tunnel oven)

③ 컨벡션 오븐(convection oven)

④ 로터리 래크 오븐(rotary rack oven)

19 제빵 시 완성된 빵의 부피가 비정상적으로 크다면 그 원인으로 가장 적합한 것은?

① 소금을 많이 사용하였다.

② 알칼리성 물을 사용하였다.

③ 오븐 온도가 낮았다.

④ 믹싱이 고율배합이다.

20 아래와 같은 조건일 때 스펀지법에서 도우의 물 온도는 몇 도가 적당한가?

> 실내 온도 29℃, 스펀지 온도 24℃, 마찰계수 22℃
> 밀가루 온도 28℃, 희망 온도 30℃, 수돗물 온도 20℃

① 13℃   ② 17℃

③ 25℃   ④ 0℃

21 패리노그래프에 관한 설명 중 틀린 것은?

① 흡수율 측정   ② 믹싱시간 측정

③ 믹싱내구성 측정   ④ 전분의 점도 측정

22 사용할 물 온도를 구할 때 필요한 온도가 아닌 것은?

① 수돗물 온도   ② 실내 온도

③ 마찰계수   ④ 밀가루 온도

23 분할기에 의한 기계식 분할 시 분할의 기준이 되는 것은?

① 무게   ② 모양

③ 배합률   ④ 부피

답안 표기란

24 ① ② ③ ④
25 ① ② ③ ④
26 ① ② ③ ④
27 ① ② ③ ④
28 ① ② ③ ④

24 빵 발효에 영향을 주는 요소로 이스트의 양이 중요하다. 이스트 2%를 사용하여 4시간 발효시킨 경우 양질의 빵을 만들었다면 발효시간을 3시간으로 단축하자면 약 얼마의 이스트를 사용해야 하는가?

① 1.5% ② 2.0%

③ 2.7% ④ 3.0%

25 2차 발효실의 가장 적당한 온도는?

① 25~30℃ ② 30~35℃

③ 35~40℃ ④ 40~45℃

26 플로어 타임을 길게 주어야 할 경우는?

① 반죽 온도가 높을 때 ② 반죽 배합이 덜 되었을 때

③ 반죽 온도가 낮을 때 ④ 중력분을 사용했을 때

27 다음 중 올바른 팬닝 요령이 아닌 것은?

① 반죽의 이음매가 틀의 바닥으로 놓이게 한다.

② 철판의 온도를 60℃로 맞춘다.

③ 반죽은 적정 분할량을 넣는다.

④ 비용적의 단위는 cm^3/g이다.

28 가로 10cm, 세로 18cm, 높이 7cm의 팬을 사용할 때 비용적이 $3.4cm^3$인 빵의 분할량은 약 얼마인가?

① 330g ② 350g

③ 370g ④ 390g

29 전분의 노화에 대한 설명 중 틀린 것은?

① 노화는 −18℃에서 잘 일어나지 않는다.

② 노화된 전분은 소화가 잘 된다.

③ 노화란 α−전분이 β−전분으로 되는 것을 말한다.

④ 노화된 전분은 향이 손실된다.

30 소금을 늦게 넣어 믹싱 시간을 단축하는 방법은?

① 염장법　　　　② 후염법

③ 염지법　　　　④ 훈제법

31 소맥분의 질을 판단하는 기준이 되는 것은?

① 소맥의 양　　　② 단백질 함량

③ 생산지　　　　④ 분산성

32 계란의 노른자 계수를 측정한 결과이다. 가장 신선하지 못한 것은?

① 0.1　　　　② 0.2

③ 0.3　　　　④ 0.4

33 초콜릿의 코코아와 코코아 버터 함량으로 옳은 것은?

① 코코아 2/8, 코코아 버터 6/8

② 코코아 3/8, 코코아 버터 5/8

③ 코코아 5/8, 코코아 버터 3/8

④ 코코아 4/8, 코코아 버터 4/8

답안 표기란

29 ① ② ③ ④
30 ① ② ③ ④
31 ① ② ③ ④
32 ① ② ③ ④
33 ① ② ③ ④

답안 표기란

34 ① ② ③ ④
35 ① ② ③ ④
36 ① ② ③ ④
37 ① ② ③ ④
38 ① ② ③ ④

34 어떤 케이크 제조에 1kg의 달걀이 필요하다면 껍질을 포함한 평균 무게가 60g인 달걀은 약 몇 개가 필요한가?

① 15개   ② 19개
③ 23개   ④ 27개

35 다음 밀가루 중 스파게티나 마카로니를 만드는 데 주로 사용되는 것은?

① 강력분   ② 중력분
③ 박력분   ④ 듀럼밀분

36 제빵용 효모에 의하여 발효되지 않는 당은?

① 포도당   ② 과당
③ 유당   ④ 맥아당

37 패리노그래프(farinograph)에 대한 설명 중 잘못된 것은?

① 믹싱시간 측정
② 500 B.U를 중심으로 그래프 작성
③ 흡수율 측정
④ 전분 호화력 측정

38 제과, 제빵용 건조 재료 등과 팽창제 및 유지 재료를 알맞은 배합률로 균일하게 혼합한 원료는?

① 프리믹스   ② 팽창제
③ 향신료   ④ 밀가루 개량제

답안 표기란				
39	①	②	③	④
40	①	②	③	④
41	①	②	③	④
42	①	②	③	④
43	①	②	③	④
44	①	②	③	④

39 설탕을 포도당과 과당으로 분해하는 효소는?

① 인베르타아제(invertase)

② 치마아제(zymase)

③ 말타아제(maltase)

④ 알파 아밀라아제(α-amylase)

40 전분의 노화에 영향을 주는 요인과 가장 거리가 먼 것은?

① 전분의 종류　　　　② 전분의 농도

③ 당의 종류　　　　④ 염류 또는 각종 이온의 함량

41 마가린에 풍미를 강화하고 방부의 역할도 하기 때문에 첨가하는 물질은?

① 지방　　　　② 소금

③ 우유　　　　④ 유화제

42 쇼트닝에 함유된 지방 함량은?

① 20%　　　　② 40%

③ 80%　　　　④ 100%

43 제빵용 밀가루에서 빵 발효에 많은 영향을 주는 손상전분의 적정한 함량은?

① 0%　　　　② 1~3.5%

③ 4.5~8%　　　　④ 9~12.5%

44 제빵에서 탈지분유를 밀가루 대비 4~6% 사용할 때의 영향이 아닌 것은?

① 믹싱 내구성을 높인다.

② 발효 내구성을 높인다.

③ 흡수율을 증가시킨다.

④ 껍질색을 여리게 한다.

답안 표기란

45	①	②	③	④
46	①	②	③	④
47	①	②	③	④
48	①	②	③	④
49	①	②	③	④
50	①	②	③	④

45 메이스와 같은 나무에서 생산되는 향신료로서 빵도넛에 많이 사용하는 것은?

① 넛메그   ② 시나몬

③ 클로브   ④ 오레가노

46 당질과 가장 관계가 깊은 것은?

① 인슐린   ② 리파아제

③ 프로테아제   ④ 펩신

47 다음 탄수화물 중 이당류가 아닌 것은?

① 자당(sucrose)   ② 유당(lactose)

③ 맥아당(maltose)   ④ 포도당(glucose)

48 노인의 경우 필수지방산의 흡수를 위하여 다음 중 어떤 종류의 기름을 섭취하는 것이 좋은가?

① 콩기름   ② 닭기름

③ 돼지기름   ④ 소기름

49 다음 설명 중 옳은 것은?

① 모노글리세리드는 글리세롤의 −OH기 3개 중 하나에만 지방산이 결합된 것이다.

② 기름의 가수분해는 온도와 별 상관이 없다.

③ 기름의 비누화는 가성소다에 의해 낮은 온도에서 진행 속도가 빠르다.

④ 기름의 산패는 기름 자체의 이중결합과 무관하다.

50 다음 아미노산 중 S−S 결합을 형성하고 있는 것은?

① 발린(valine)   ② 티로신(tyrosine)

③ 리신(lysine)   ④ 시스틴(cystine)

답안 표기란

51 ① ② ③ ④
52 ① ② ③ ④
53 ① ② ③ ④
54 ① ② ③ ④
55 ① ② ③ ④
56 ① ② ③ ④

51 동물의 결체조직에 존재하는 단백질로 콜라겐을 부분적으로 가수분해하여 얻어지는 유도 단백질은?

① 알부민   ② 한천

③ 젤라틴   ④ 트레오닌

52 100g의 밀가루에서 얻은 젖은 글루텐이 39g이 되었을 때 이 밀가루의 단백질 함량은?

① 2%   ② 8%

③ 13%   ④ 19%

53 다음 중 연결이 잘못된 것은?

① 난백 – 알부민   ② 밀 – 글리아딘

③ 옥수수 – 제인   ④ 혈액 – 케라틴

54 다음 중 단순지질에 속하지 않는 것은?

① 면실유   ② 스테롤(sterol)

③ 인지질   ④ 왁스(wax)

55 장염 비브리오균에 감염되었을 경우 주요 증상은?

① 급성장염 질환   ② 피부농포

③ 신경마비 증상   ④ 간경변 증상

56 식품첨가물의 사용량 결정에 고려하는 ADI란?

① 반수치사량   ② 1일 섭취허용량

③ 최대 무작용량   ④ 안전계수

57 세균성 식중독과 비교하여 볼 때 경구 감염병의 특징으로 볼 수 없는 것은?

① 적은 양의 균으로도 질병을 일으킬 수 있다.

② 2차 감염이 된다.

③ 잠복기가 비교적 짧다.

④ 면역이 잘 된다.

58 제과 · 제빵 작업 중 99℃의 제품 내부온도에서 생존할 수 있는 것은?

① 대장균   ② 살모넬라균

③ 로프균   ④ 리스테리아균

59 식품첨가물 중 표백제가 아닌 것은?

① 소르빈산   ② 과산화수소

③ 산성아황산나트륨   ④ 차아황산나트륨

60 식중독 발생 시의 조치사항 중 잘못된 것은?

① 환자의 상태를 메모한다.

② 보건소에 신고한다.

③ 식중독 의심이 있는 환자는 의사의 진단을 받게 한다.

④ 먹던 음식물은 전부 버린다.

1	③	2	②	3	②	4	④	5	④	6	②	7	④	8	③	9	①	10	①
11	④	12	③	13	①	14	①	15	①	16	④	17	②	18	②	19	③	20	②
21	④	22	①	23	④	24	③	25	③	26	③	27	③	28	③	29	②	30	②
31	②	32	①	33	③	34	②	35	④	36	③	37	④	38	①	39	①	40	③
41	②	42	④	43	③	44	④	45	①	46	①	47	④	48	①	49	①	50	④
51	③	52	③	53	④	54	③	55	①	56	②	57	③	58	④	59	①	60	④

1 **밀가루를 체로 치는 이유**
- 가루속의 불순물 제거
- 공기의 혼입
- 재료의 고른 분산
- 밀가루의 15%까지 부피 증가
- 흡수율 증가

2 변경할 이스트의 양 = (정상이스트의 양 × 정상발효시간) ÷ 변경할 발효시간이므로
(2 × 4) ÷ 3 ≒ 2.66%

3 제품의 수율은 믹싱시간과 관련이 적다.

4 발효 중 발효성 탄수화물이 이스트에 의하여 탄산가스와 알코올, 유기산으로 전환되고 가스유지력을 좋게 한다.

5 곰팡이 발생은 발효나 부패현상이다.

6 - 효모의 최적 pH : pH 4.7
- 정상반죽 pH : pH 5.7

7 연속식 제빵법은 자동화 기계로 설비 공간, 노동력을 1/3 줄일 수 있으며, 발효 손실을 줄일 수 있다.

8 건전한 전분이 손상전분으로 대치되면 약 5배의 흡수율이 증가하며 손상 전분의 적당한 함량은 4.5~8%이다.

9 발효 손실은 발효 전보다 발효한 뒤의 반죽 무게가 1~2% 줄어드는 현상을 말한다.

10 **유지의 발연점에 영향을 주는 요인**
- 유리지방산의 함량
- 외부에서 들어온 미세한 입자상의 물질들
- 노출된 유지의 표면적

11 $ppm = \dfrac{1}{1,000,000}$

12 **반죽 부족(under mixing)** : 어린 반죽이라고도 하며 반죽이 다 되지 않은 상태로 제품의 모서리가 예리하게 된다.

13 $1인당 \ 생산가치 = \dfrac{생산가치}{인원수}$

14 박력분은 연질 소맥으로 단백질 함량이 7~9%, 회분은 0.4% 정도이다.

15 생산원가는 생산자가 물건을 만드는 데 들어가는 비용으로 재료비, 노무비, 경비를 원가의 3요소라고 한다.

16 스위스 머랭은 흰자 100%에 설탕 180%의 비율로 만들며 구운 후 광택이 나는 것이 특징이다.

17 **오븐 스프링(오븐 팽창)** : 오븐 속의 증기가 차가운 반죽과 접촉하여 처음 크기의 약 1/3 정도가 팽창하는 것을 말한다.

18 터널 오븐은 들어가는 입구와 제품이 나오는 출구가 서로 다르다.

19 오븐 온도가 낮으면 오븐라이즈가 지속되어 빵의 부피가 커진다.

20 사용할 물 온도 = (희망 온도 × 3) − (실내 온도 + 스펀지 온도 + 수돗물 온도)
(30 × 3) − (29 + 24 + 20) = 17

21 **패리노그래프**
- 글루텐의 흡수율 측정
- 믹싱시간 측정
- 믹싱내구성 측정
- 500BU 도달 시간 측정

22 사용할 물 온도
= 희망 온도 × 3 − (밀가루 온도 + 실내 온도 + 마찰계수)

23 기계식 분할 시 분할의 기준은 부피이다.

24 **가감하고자 하는 이스트량**
$$= \frac{기존 이스트량 \times 기존의 발효시간}{조절하고자 하는 발효시간}$$
$$= \frac{2 \times 4}{3} ≒ 2.7\%$$

25 **2차 발효** : 평균 온도 35~38℃, 상대습도 85~90% 조건에서 30분~1시간 정도 발효시킨다.

26 **플로어 타임이 길어지는 경우**
- 본 반죽 시간이 길고, 온도가 낮다.
- 스펀지 반죽에 사용한 밀가루의 양이 적다.
- 사용하는 밀가루 단백질의 양과 질이 좋다.
- 본 반죽 상태의 쳐지는 정도가 같다.

27 팬닝 시 팬의 온도는 32℃가 적당하다.

28 반죽의 적정 분할량 = 틀의 용적 ÷ 비용적
가로10cm × 세로18cm × 높이7cm ÷ 3.4 = 370.6g

29 **전분의 노화** : α화한 전분이 수분 함량 30~60%, 온도 0~4℃(5℃ 이하)일 때 가장 쉽게 생전분의 구조(β−전분)와 같은 물질로 변화하는데, 이것을 노화(老化)라고 한다. 따라서 점성이 작아지고 소화가 잘 안 된다.

30 후염법은 소금을 청결 단계(클린업 단계) 이후에 첨가하는 것으로 반죽 발전을 빠르게 하기 위한 것이다.

31 소맥분의 질은 단백질(글루텐)의 함량으로 판단한다.

32 난황계수가 작을수록 신선도가 떨어지는 계란이다.

33 코코아 5/8, 코코아 버터 3/8

34 껍질 : 노른자 : 흰자
= 10 : 30 : 60(%)
1,000 ÷ (60 × 0.9) = 18.51 ≒ 19

35

밀가루 종류	단백질 함량(%)	제품	제분한밀의 종류
강력분	11.5~13.0	빵용	경질춘맥, 초자질
중력분	9.1~10.0	우동, 면류	연질동맥, 중자질
박력분	7~9	과자용	연질동맥, 분상질
듀럼분	11.0~12.5	스파게티, 마카로니	듀럼분, 초자질

36 분유는 락타아제에 의해 유당으로 변한다.

37 패리노그래프는 흡수율 측정, 믹싱시간 측정, 믹싱내구성 측정, 500 B.U 도달 시간 측정 등을 한다.

38 **프리믹스** : 건조 재료 등과 팽창제 및 유지 재료를 알맞은 배합률로 균일하게 혼합한 원료

39 **인베르타아제** : 설탕을 포도당과 과당으로 분해

40 전분의 노화와 가장 관련이 적은 요인은 당의 종류이다.

41 마가린에 풍미를 강화하고 방부의 역할을 하는 것은 소금이다.

42 **쇼트닝** : 지방이 100%인 가소성 제품

43 건전한 전분이 손상전분으로 대치되면 약 5배의 흡수율이 증가하며 손상 전분의 적당한 함량은 4.5~8%이다.

44 껍질색을 진하게 한다.

45 **넛메그(nutmeg)** : 과육을 일광 건조시킨 것이다.

46
- 인슐린 : 이자의 랑게르한스섬의 β세포에서 분비되는 호르몬
- 프로테아제, 펩신은 단백질, 리파아제는 지방과 관계가 깊다.

47 포도당은 단당류이다.

48 필수지방산은 특히 콩기름에 많이 함유되어 있다.

49 **모노글리세리드** : 글리세롤의 −OH기 3개 중 하나에만 지
방산이 결합된 것
② 가수분해가 많이 일어나 유리지방산 함량이 많으면 발연
점이 낮아진다.
③ 유지에 알칼리를 넣어 가열하면 지방의 비누화가 진행된다.
④ 이중결합수가 많을수록 기름의 산패가 가속화된다.

50 S−S 결합(유기결합)을 가지는 것은 시스틴이다.

51 **젤라틴(gelatine)**
• 동물의 껍질이나 연골조직의 콜라겐을 정제한 것이다.
• 한천과 마찬가지로 끓는 물에 용해되고 냉각되면 단단하게
굳는다.
• 1%의 농도로 사용하고 완전히 용해시켜 사용한다.
• 산 용액에서 가열하면 화학적 분해가 일어나 젤 능력이
줄어들거나 없어진다.

52 • 젖은 글루텐(%) = 젖은 글루텐 반죽의 중량 ÷ 밀가루 중
량 × 100 = 39 ÷ 100 × 100 = 39
• 밀가루 단백질 = 젖은 글루텐(%) ÷ 3 = 39 ÷ 3 = 13(%)

53 **섬유상 단백질** : 콜라겐, 엘라스틴, 케라틴

54 인지질은 복합지질이다. 난황, 콩에 함유하여 혈액응고에
관여한다.

55 장염 비브리오균에 감염되었을 경우 주요 증상은 구토, 상
복부의 복통, 발열, 설사 등 급성 위장염이다.

56 식품첨가물에서 ADI는 1일 섭취허용량을 말한다.

57 경구 감염병은 잠복기가 비교적 길다.

58 로프균은 공기 중에 떠도는 균으로 밀가루에 들어있을 수
있으며 내열성이다.

59 소르빈산은 보존료이다.

60 먹던 음식물은 보존한다.

수험번호 :

수험자명 :

제한 시간 : 60분
남은 시간 : 60분

QR코드를 스캔하면 스마트폰을 활용한
모바일 모의고사를 이용할 수 있습니다.

전체 문제 수 : 60
안 푼 문제 수 :

답안 표기란			
1	①	② ③	④
2	①	② ③	④
3	①	② ③	④
4	①	② ③	④

1 제빵 배합률 작성 시 베이커스 퍼센트(Baker's %)에서 기준이 되는 재료는?

① 유지
② 물
③ 밀가루
④ 설탕

2 빵을 구웠을 때 갈변이 되는 것은 어느 반응에 의해서인가?

① 비타민 C의 산화에 의하여
② 효모에 의한 갈색(brown) 반응에 의하여
③ 마이야르(maillard) 반응과 캐러멜 반응이 동시에 일어나서
④ 클로로필(chloropyll)에 의해서

3 일반적으로 작은 규모의 제과점에서 사용하는 믹서는?

① 수직형 믹서
② 수평형 믹서
③ 초고속 믹서
④ 커터 믹서

4 냉동반죽의 해동방법에 해당되지 않는 것은?

① 실온 해동
② 온수 해동
③ 리타더(retarder) 해동
④ 도우 컨디셔너(dough conditioner)

답안 표기란

5 ① ② ③ ④
6 ① ② ③ ④
7 ① ② ③ ④
8 ① ② ③ ④
9 ① ② ③ ④

5 발효의 목적이 아닌 것은?

① 반죽을 조절한다.

② 글루텐을 강하게 한다.

③ 향을 개발한다.

④ 팽창작용을 한다.

6 건포도 식빵을 구울 때 주의할 점은?

① 약간 윗불을 약하게 한다.

② 약간 윗불을 강하게 한다.

③ 굽는 시간을 줄인다.

④ 오븐 온도를 높게 한다.

7 굽기 과정 중 글루텐이 응고하기 시작하는 온도는?

① 74℃   ② 90℃

③ 130℃   ④ 180℃

8 오버헤드 프루퍼(overhead proofer)는 어떤 공정을 행하기 위해 사용하는 것인가?

① 분할   ② 둥글리기

③ 중간발효   ④ 정형

9 팬기름의 사용에 대한 설명으로 거리가 먼 것은?

① 발연점이 높아야 한다.

② 산패에 강해야 한다.

③ 반죽 무게의 3~4%를 사용한다.

④ 기름이 과다하면 밑껍질이 두껍고 색이 어둡다.

답안 표기란

10 ① ② ③ ④
11 ① ② ③ ④
12 ① ② ③ ④
13 ① ② ③ ④
14 ① ② ③ ④

10 둥글리기 하는 동안 반죽의 끈적거림을 없애는 방법이 아닌 것은?

① 반죽의 최적 발효상태를 유지한다.

② 덧가루를 사용한다.

③ 반죽에 유화제를 사용한다.

④ 반죽에 파라핀 용액(1%)을 첨가한다.

11 제빵 시 발효점을 확인하는 방법을 설명한 것 중 적당하지 못한 것은?

① 부피가 증가한 상태 확인

② 반죽 내부에 생긴 망상조직 상태 확인

③ 반죽의 현재 온도 확인

④ 손가락으로 눌렀을 때의 탄력성 정도 확인

12 반죽 온도 30℃, 소맥분 25℃, 실내 온도 24℃, 수돗물 온도 18℃일 때 마찰계수는?

① 19 　　　　　　　　② 21

③ 23 　　　　　　　　④ 25

13 스펀지에 밀가루 사용량을 증가시킴으로 발생되는 것이 아닌 것은?

① 기공이 조밀함

② 완제품의 부피가 커짐

③ 생지 반죽시간의 단축

④ 플로어 타임이 짧음

14 제빵의 제품평가에 있어서 외부평가 기준이 아닌 것은?

① 굽기의 균일함 　　　② 조직의 평가

③ 터짐과 찢어짐 　　　④ 껍질의 성질

답안 표기란

15 ① ② ③ ④
16 ① ② ③ ④
17 ① ② ③ ④
18 ① ② ③ ④
19 ① ② ③ ④
20 ① ② ③ ④

15 1차 발효 중에 펀치를 하는 이유는?

① 반죽의 온도를 높인다.　　② 이스트를 활성화시킨다.

③ 효소를 불활성화시킨다.　　④ 탄산가스 축적을 증가시킨다.

16 제빵용으로 주로 사용되는 도구는?

① 모양깍지　　　　　　　　② 돌림판(회전판)

③ 짤주머니　　　　　　　　④ 스크래퍼

17 다음 중 보관 장소가 나머지 재료와 크게 다른 재료는?

① 설탕　　　　　　　　　　② 소금

③ 밀가루　　　　　　　　　④ 생이스트

18 최종제품의 부피가 정상보다 클 경우의 원인이 아닌 것은?

① 2차 발효의 초과　　　　　② 소금 사용량 과다

③ 분할량 과다　　　　　　　④ 낮은 오븐온도

19 연속식 제빵법을 사용하는 장점으로 틀린 것은?

① 인력의 감소

② 발효향의 증가

③ 공장 면적과 믹서 등 설비의 감소

④ 발효 손실의 감소

20 반죽의 혼합과정 중 유지를 첨가하는 방법으로 올바른 것은?

① 밀가루 및 기타재료와 함께 계량하여 혼합하기 전에 첨가한다.

② 반죽이 수화되어 덩어리를 형성하는 클린업 단계에서 첨가한다.

③ 반죽의 글루텐 형성 중간 단계에서 첨가한다.

④ 반죽의 글루텐 형성 최종 단계에서 첨가한다.

답안 표기란

21 ① ② ③ ④
22 ① ② ③ ④
23 ① ② ③ ④
24 ① ② ③ ④
25 ① ② ③ ④
26 ① ② ③ ④

21 식빵 제조 시 물을 넣은 것보다 우유를 넣은 제품의 껍질색이 진하다. 우유의 무엇이 제품의 껍질색을 진하게 하는가?

① 젖산
② 카세인
③ 무기질
④ 유당

22 적당한 2차 발효점은 여러 여건에 따라 차이가 있다. 일반적으로 완제품의 몇 %까지 팽창시키는가?

① 30~40%
② 50~60%
③ 70~80%
④ 90~100%

23 반죽의 내구성과 소백분의 질을 측정하는 그래프는?

① 패리노그래프
② 아밀로그래프
③ 익스텐소그래프
④ 믹소그래프

24 산화제와 환원제를 함께 사용하여 믹싱시간과 발효시간을 감소하는 제빵법은?

① 스트레이트법
② 노타임법
③ 비상스펀지법
④ 비상스트레이트법

25 냉동빵에서 반죽의 온도를 낮추는 가장 주된 이유는?

① 수분 사용량이 많으므로
② 밀가루의 단백질 함량이 낮아서
③ 이스트 활동을 억제하기 위해
④ 이스트 사용량이 감소하므로

26 모닝빵을 1시간에 500개 성형하는 기계를 사용할 때 모닝빵 800개를 만드는 데 소요되는 시간은?

① 96분
② 90분
③ 86분
④ 100분

답안 표기란

27 ① ② ③ ④
28 ① ② ③ ④
29 ① ② ③ ④
30 ① ② ③ ④
31 ① ② ③ ④

27 발효 과정을 거치는 동안에 반죽이 거친 취급을 받아 상처받은 상태이므로 이를 회복시키기 위해 글루텐 숙성과 안정을 도모하는 과정은?

① 1차 발효　　　　　　② 중간발효
③ 펀치　　　　　　　　④ 2차 발효

28 포장 전 빵의 온도가 너무 낮을 때는 다음의 어떤 현상이 일어나는가?

① 노화가 빨라진다.
② 썰기가 나쁘다.
③ 포장지에 수분이 응축된다.
④ 곰팡이, 박테리아의 번식이 용이하다.

29 제빵에서 당의 중요한 기능은?

① 껍질색을 낸다.
② 글루텐을 질기게 한다.
③ 완충 작용을 한다.
④ 유화 작용을 한다.

30 수돗물 온도 10℃, 실내 온도 28℃, 밀가루 온도 30℃, 마찰계수 23일 때 반죽 온도를 27℃로 하려면 몇 ℃의 물을 사용해야 하는가?

① 0℃　　　　　　　　② 5℃
③ 12℃　　　　　　　 ④ 17℃

31 계란에 들어있는 성분 중 빵의 노화를 지연시키는 천연 유화제는?

① 레시틴　　　　　　　② 알부민
③ 글리아딘　　　　　　④ 티아민

답안 표기란

32 ① ② ③ ④
33 ① ② ③ ④
34 ① ② ③ ④
35 ① ② ③ ④
36 ① ② ③ ④
37 ① ② ③ ④

32 이스트 발육의 최적온도는?

① 20~25℃   ② 28~32℃

③ 35~40℃   ④ 45~50℃

33 다음 안정제 중에 무스나 바바루아의 사용에 알맞은 것은?

① 젤라틴   ② 한천

③ 펙틴   ④ CMC

34 마요네즈를 만드는 데 노른자가 500g 필요하다. 껍질 포함 60g짜리 계란은 몇 개를 준비해야 하는가?

① 10개   ② 14개

③ 28개   ④ 56개

35 제과제빵 공장에서 생산관리 시 매일 점검할 사항이 아닌 것은?

① 제품 당 평균 단가   ② 설비 가동률

③ 원재료율   ④ 출근률

36 시유의 일반적인 단백질과 지방 함량은?

① 약 20% 이상씩   ② 약 15% 이상씩

③ 약 10% 정도씩   ④ 약 3% 정도씩

37 다음 중 수소 첨가를 하여 얻은 제품은?

① 쇼트닝   ② 버터

③ 라드   ④ 참기름

답안 표기란				
38	①	②	③	④
39	①	②	③	④
40	①	②	③	④
41	①	②	③	④
42	①	②	③	④
43	①	②	③	④

38 영구적 경수는 주로 어떤 물질에서 기인하는가?

① $CaSO_4$, $MgSO_4$　　　② $CaCO_3$, Na_2CO_3

③ Na_2CO_3, Na_2SO_4　　　④ $CaCO_3$, $MgCO_3$

39 카카오 빈 특유의 쓴맛이 그대로 살아 있으며 일명 카카오 매스라고 하는 초콜릿의 종류는?

① 화이트 초콜릿　　　② 밀크 초콜릿

③ 다크 초콜릿　　　④ 비터 초콜릿

40 밀가루 품질 규정 시 껍질(皮)의 혼합율은 어느 성분으로 측정하는가?

① 지방　　　② 섬유질

③ 회분　　　④ 비타민 B_1

41 다음 설명 중 옳은 것은?

① 연수 사용 시 이스트 푸드를 사용하여 개선한다.

② 경수 사용 시 발효시간이 감소한다.

③ 경도는 물 중의 염화나트륨($NaCl$) 양에 따라 변한다.

④ 일시 경수는 화학적 처리에 의해서만 연수가 된다.

42 우유 단백질의 응고에 관여하지 않는 것은?

① 산　　　② 레닌

③ 가열　　　④ 리파아제

43 일반적으로 밀가루를 전문적으로 시험하는 기기로만 이루어진 항목은?

① 패리노그래프, 가스크로마토그래피, 익스텐소그래프

② 패리노그래프, 아밀로그래프, 파이브로 미터

③ 패리노그래프, 익스텐소그래프, 아밀로그래프

④ 아밀로그래프, 익스텐소그래프, 펑츄어 테스터

답안 표기란				
44	①	②	③	④
45	①	②	③	④
46	①	②	③	④
47	①	②	③	④
48	①	②	③	④
49	①	②	③	④

44 다음 설명 중 맞는 것은?

① 탄수화물은 탄소, 수소, 질소의 화합물이다.

② 탄수화물은 탄소, 수소, 산소의 화합물이다.

③ 탄수화물은 탄소, 산소, 질소의 화합물이다.

④ 탄수화물은 산소, 수소, 질소의 화합물이다.

45 비중이 1.04인 우유에 비중이 1.00인 물을 1:1 부피로 혼합하였을 때 물을 섞은 우유의 비중은?

① 0.04 　　　　　　　　② 1.02

③ 1.04 　　　　　　　　④ 2.04

46 야채 샌드위치를 만드는 일부 야채류의 어느 물질이 칼슘의 흡수를 방해하는가?

① 옥살산(oxalic acid) 　② 초산(acetic acid)

③ 구연산(citric acid) 　④ 말산(malic acid)

47 다음 중 영양소와 주요 기능의 연결이 바르게 된 것은?

① 단백질, 무기질 – 구성영양소

② 지방, 단백질 – 조절영양소

③ 탄수화물, 무기질 – 열량영양소

④ 지방, 비타민 – 체온조절영양소

48 단백질의 구성단위는?

① 아미노산 　　　　　② 지방산

③ 글리세린 　　　　　④ 포도당

49 단백질의 가장 중요한 기능을 설명한 것은?

① 효소의 보조 효소 　② 골격과 치아조직의 형성

③ 신경의 자극전달 　　④ 체조직 합성

답안 표기란
50 ① ② ③ ④
51 ① ② ③ ④
52 ① ② ③ ④
53 ① ② ③ ④
54 ① ② ③ ④
55 ① ② ③ ④

50 열량 계산공식 중 맞는 것은?

① [(탄수화물의 양 + 단백질의 양) × 4] + (지방의 양 × 9)

② [(탄수화물의 양 + 지방의 양) × 4] + (단백질의 양 × 9)

③ (지방의 양 + 단백질의 양) × 4] + (탄수화물의 양 × 9)

④ [(탄수화물의 양 + 지방의 양) × 9] + (단백질의 양 × 4)

51 유지의 도움으로 흡수, 운반되는 비타민으로만 구성된 것은?

① 비타민 A, B, C, D   ② 비타민 B, C, E, K

③ 비타민 A, B, C, K   ④ 비타민 A, D, E, K

52 당질이 혈액 내에 존재하는 형태는?

① 글루코오스(glucose)

② 글리코겐(glycogen)

③ 갈락토오스(galactose)

④ 프룩토오스(fructose)

53 다음 중 그 연결이 틀린 것은?

① 복합지질 – 스테롤류   ② 단순지질 – 라드

③ 단순지질 – 식용유   ④ 복합지질 – 인지질

54 다음 중 경구 감염병이 아닌 것은?

① 콜레라   ② 이질

③ 발진티푸스   ④ 유행성 간염

55 테트로도톡신(tetrodotoxin)은 어느 식중독의 원인물질인가?

① 조개 식중독   ② 버섯 식중독

③ 복어 식중독   ④ 감자 식중독

답안 표기란

56	①	②	③	④
57	①	②	③	④
58	①	②	③	④
59	①	②	③	④
60	①	②	③	④

56 표면장력을 변화시켜, 빵과 과자의 부피와 조직을 개선하고 노화를 지연시키기 위해 사용하는 것은?

① 계면활성제　　　　　　② 팽창제

③ 산화방지제　　　　　　④ 감미료

57 식품 중의 대장균군을 위생학적으로 중요하게 다루는 주된 이유는?

① 식중독균이기 때문에

② 분변세균의 오염지침이기 때문에

③ 부패균이기 때문에

④ 대장염을 일으키기 때문에

58 식품첨가물의 규격과 사용기준은 누가 지정하는가?

① 식품의약품안전처장

② 국립보건원장

③ 시·도 보건연구소장

④ 시·군 보건소장

59 유해성 감미료는?

① 물엿

② 자당(sucrose)

③ 사이클라메이트(cyclamate)

④ 아스파탐(aspartame)

60 제과, 제빵작업에 종사해도 무관한 질병은?

① 이질　　　　　　　　　② 약물 중독

③ 결핵　　　　　　　　　④ 변비

1	③	2	③	3	①	4	②	5	②	6	①	7	①	8	③	9	③	10	④
11	③	12	③	13	①	14	②	15	②	16	④	17	④	18	②	19	②	20	②
21	④	22	③	23	①	24	②	25	③	26	①	27	⑤	28	①	29	①	30	①
31	①	32	②	33	①	34	③	35	①	36	④	37	①	38	①	39	④	40	③
41	①	42	④	43	③	44	②	45	②	46	①	47	①	48	①	49	④	50	①
51	④	52	①	53	①	54	③	55	③	56	①	57	②	58	①	59	③	60	④

1 제과 제빵에서는 일반적으로 Baker's %를 사용하는데 밀가루가 항시 100%로 배합된 것을 말한다.

2 빵과 과자는 마이야르 반응과 캐러멜 반응에 의해 갈색으로 변한다.

3 작은 규모의 제과점에서는 수직형 믹서를 사용한다.

4 **냉동반죽법의 해동방법** : 냉장고(5~10℃)에서 15~16시간 완만하게 해동시키거나 도우 컨디셔너, 리타더 등의 해동기기를 이용하며, 차선책으로 실온 해동을 한다.

5 글루텐을 강하게 하는 것은 반죽의 목적이다.

6 건포도 식빵은 건포도의 당 때문에 색이 진하게 날 수 있으므로 일반 식빵에 비해서 윗불을 약하게 굽는다.

7 단백질의 변성 : 74℃

8 오버헤드 프루퍼 : 중간발효기

9 반죽 무게의 1~2%를 사용한다.

10 분할 시 기계에 달라붙는 결점을 막기 위해 파라핀 용액을 기계에 사용한다.

11 **제빵 시 반죽의 발효점 확인 방법**
 • 부피 3.5배 증가
 • 글루텐으로 인하여 망상조직이 됨
 • 반죽이 탄력성 있음

12 마찰계수
 = 결과 온도 × 3 - (밀가루 온도 + 실내 온도 + 수돗물 온도)
 = 30 × 3 - (25 + 24 + 18) = 23

13 스펀지에 밀가루 사용량을 증가시키면 기공이 거칠어진다.

14 조직의 평가는 내부평가이다.

15 **펀치를 하는 이유**
 • 이스트의 활동에 활력을 준다.
 • 산소 공급으로 산화, 숙성을 시켜준다.
 • 반죽 온도를 균일하게 해준다.

16 반죽 분할 시 스크래퍼를 사용한다.

17 생이스트는 냉장고에 보관한다.

18 소금 사용량이 많을 경우 부피는 적게 나온다.

19 연속식 제빵법은 발효시간이 없으며 발효향이 감소된다.

20 **클린업 단계 : clean up stage**
 • 글루텐이 형성되기 시작하는 단계로 유지를 넣는다.
 • 반죽이 한 덩어리가 되고 믹서볼이 깨끗해진다.
 • 글루텐의 결합은 적고 반죽을 펼쳐도 두꺼운 채로 끊어진다.

21 우유의 유당에 의해 껍질색이 진하게 난다.

22 2차 발효점은 제품 부피의 70~80%까지 부풀리는 작업이다.

23 **패리노그래프** : 고속 믹서 내에서 일어나는 물리적 성질을 기록하는 기계로 글루텐의 흡수율 측정, 소백분의 질 측정, 믹싱 시간을 측정한다.

24 **노타임법** : 산화제와 환원제의 사용으로 발효시간을 25% 정도 단축시킨다.

25 냉동빵에서 반죽의 온도를 낮추는 가장 주된 이유는 이스트 활동을 억제하기 위해서이다.

26 $60 : 500 = x : 800$
$x = 96$분

27 2차 발효는 성형과정을 거치는 동안 불완전한 상태의 반죽을 발효실에 넣어 숙성시켜 좋은 외형과 식감의 제품을 얻기 위하여 하는 작업으로 발효의 최종 단계이다.

28 **낮은 온도의 포장**
• 수분손실이 많아 노화가 가속된다.
• 껍질이 건조된다.

29 **설탕의 기능**
• 감미제
• 캐러멜화 작용 : 껍질색을 진하게 한다.
• 수분 보유력 : 신선도를 오래 유지한다.
• 이스트의 영양공급
• 연화 작용 : 밀가루 단백질을 부드럽게 한다.
• 방부제 역할 : 쉽게 상하지 않는다.
• 윤활 작용 : 반죽의 유동성을 좋게 한다.

30 사용할 물의 온도 = 희망 반죽 온도×3 − (실내 온도+밀가루 온도+마찰계수) = 27×3−(28+30+23) = 0℃

31 레시틴은 유화작용을 한다.

32 효모라고 불리며 빵, 맥주, 포도주 만들 때 사용하며, 28~32℃가 이스트 발육의 최적온도이다.

33 젤라틴은 동물의 가죽이나 뼈 등에서 추출하며 안정제나 제과 원료(무스, 바바루아)로 사용하며 한천과 마찬가지로 끓는 물에 용해되고 냉각되면 단단하게 굳는 성질이 있다.

34 구성비율 : 껍질 10%, 노른자 30%, 흰자 60%
60g짜리 계란의 노른자 = 60 × 0.3 = 18g
500 ÷ 18 = 27.7 ≒ 28개

35 제품 당 평균 단가는 단가의 변동요인이 있을 때만 점검한다.

36 우유에는 단백질 3.4%, 유지방 3.65%, 유당 4.75%, 회분 0.7%가 들어있다.

37 쇼트닝은 동식물성 유지 및 경화유에 수소를 첨가하여 제조하며 만든 유지이다.

38 영구 경수로는 황산염($CaSO_4$, $MgSO_4$)이 있으며, 이들은 끓여도 성질이 변하지 않는다.

39 비터 초콜릿의 비터(bitter)란 "맛이 쓰다"라는 뜻이다.

40 **회분**
• 회분은 내배유 0.28%, 껍질 5.5~ 8.0%에 포함되어 있다.
• 껍질 부위가 적을수록 회분이 적다.

41 **연수 사용 시**
• 반죽이 연하고 끈적거리므로 2% 정도의 흡수율을 낮춘다.
• 가스 보유력이 적으므로 이스트 푸드와 소금을 증가시킨다.
경수 사용 시
• 이스트의 사용량을 늘린다.
• 맥아 첨가로 효소를 공급한다.
• 이스트 푸드를 감소시킨다.

42 리파아제는 지방을 지방산과 글리세린으로 분해하며, 밀가루나 이스트, 장액에 존재한다.

43 밀가루를 전문적으로 시험하는 기기로는 패리노그래프, 익스텐소그래프, 아밀로그래프, 레오그래프, 믹소그래프가 있다.

44 탄수화물의 구성원소 : 탄소, 수소, 산소

45 (1.04 + 1.00) ÷ 2 = 1.02

46 **옥살산** : 시금치에 들어있는 수산으로 칼슘의 흡수를 방해한다.

47 **구성영양소** : 근육, 골격, 효소, 호르몬을 구성하며 단백질, 무기질이 있다.

48 단백질의 구성단위는 아미노산(amino acid)이며, 동일 탄소에 결합된 아미노기(amino group; −NH_2)와 카르복실기(carboxyl group; −COOH)를 가지며, R로 표시된 곁사슬(side chain)에 따라 아미노산의 종류는 달라지는데, 약 20여종이 있다.

49 단백질은 체조직 합성, 항체 등을 구성한다.

50 탄수화물, 단백질은 1g당 4kcal를 발생하며 지방은 1g당 9kcal를 발생한다.

51 유지는 지용성 비타민(비타민 A, D, E, K)의 운반과 흡수를 돕는다.

52 **글루코오스(glucose)** : 대표적인 알도헥소오스(탄소원자 6개를 가지며, 알데히드기를 가지는 단당류)

53 유도지질 – 스테롤류

54 **리케차성 질병** : 발진티푸스, 발진열, 양충병

55 복어 중독은 복어가 가지고 있는 테트로도톡신이라는 독소에 의하여 발생한다.

56 **계면활성제** : 빵 속을 부드럽게 하고 수분보유도를 높이므로 노화를 지연한다.

57 **대장균군** : 사람과 동식물 장내에 서식하는 대장균과 주로 물, 토양 등 자연계에 분포된 앵무병감염균 및 중간형을 대장균군이라 총칭한다. 이 세균군을 각기 정확하게 구별하기는 어렵고, 일반적으로 이 세균군을 합해 콜리형 균이라 하여 검사하고, 물·식품 안전도의 지표로 삼는다.

58 식품의약품안전처장의 역할은 국민이 안심하고 섭취, 복용 및 사용할 수 있도록 식품, 식품첨가물의 규격과 사용기준을 확보하는 것이다.

59 설탕 대신 사용했던 인공감미료 중 둘신, 사이클라메이트 등이 발암성과 독성이 문제되어 사용이 금지되었다.

60 변비에 걸린 자는 제과, 제빵작업에 종사 가능하다.

MEMO

MEMO

MEMO

MEMO

Q PASS

제과제빵 기능사

필기

제과기능사 요약집

다락원

1 과자류제품 재료혼합

1 Baker's %(베이커스 퍼센트)

밀가루의 양을 100%로 보고 각 재료가 차지하는 양을 %로 표시한 것

2 계량 시 무게 단위 환산

1000mg = 1g = 0.001kg

3 가루 재료를 체로 치는 이유

① 가루속의 불순물 제거
② 공기의 혼입
③ 재료의 고른 분산
④ 흡수율 증가

4 밀알의 구조

내배유 83%, 껍질 14%, 배아 2~3%

5 제분과 템퍼링(조질)

① 제분 : 밀의 내배유로부터 껍질, 배아 부위를 분리하고 내배유 부위를 부드럽게 만들어 전분을 손상되지 않게 고운가루로 만드는 것
② 템퍼링(조질) : 제분하고자 하는 밀에 첨가하는 물의 온도, 처리시간 등의 변화를 주어 파괴된 밀이 잘 분리되도록 하고 내배유를 부드럽게 만드는 공정

6 제분수율

밀을 제분하여 밀가루를 만들 때 밀에 대한 밀가루의 양을 %로 나타낸 것이다.

① 제분수율이 낮을수록 껍질부위가 적으며 고급분이 되고 소화율은 증가하지만 영양가는 감소한다.
② 제분수율이 증가하면 일반적으로 비타민 B_1, 비타민 B_2 함량과 무기질(회분) 함량이 증가한다.
③ 밀가루의 사용 목적에 따라 제분수율이 조정되기도 한다.
④ 밀을 1급 밀가루로 제분하면 단백질은 약 1%가 감소하고 회분은 1/5~1/4로 감소한다.
⑤ 껍질 부위가 적을수록 회분 함량이 적어진다(밀가루 등급별 분류기준).

7 단백질 함량에 따른 밀가루 분류

구분	단백질 함량(%)	제분한 밀의 종류
강력분	11.5~13.0	경질춘맥, 초자질
중력분	9.1~10.0	연질동맥, 중자질
박력분	7~9	연질동맥, 분상질

8 밀가루의 주요 구성 성분

① 단백질 : 밀가루로 빵을 만들 때에 빵의 품질을 좌우하는 가장 중요한 지표

글루텐	글리아딘(신장성) + 글루테닌(탄력성)
젖은 글루텐(%)	(젖은 글루텐 반죽의 중량 ÷ 밀가루 중량) × 100
건조 글루텐(%)	젖은 글루텐(%) ÷ 3

② 탄수화물 : 밀가루 함량의 70%를 차지, 대부분은 전분이고 나머지는 덱스트린, 셀룰로오스, 당류, 펜토산 등(손상전분의 적당한 함량은 4.5~8%)

9 감미제의 종류

① 설탕, 전분당류(포도당, 물엿, 맥아당, 이성화당), 당밀, 맥아, 맥아시럽, 유당 등
② 전화당
- 10~15%의 전화당 사용 시 제과의 설탕 결정 석출이 방지된다.
- 단당류의 단순한 혼합물이므로 갈색화 반응이 빠르다.
- 설탕에 소량의 전화당을 혼합하면 설탕의 용해도를 높일 수 있다.
③ 당밀 : 사탕무나 사탕수수를 정제하는 공정에서 원당을 분리하고 남은 부산물(제과에서 많이 사용하는 럼주는 당밀을 발효시켜 만든다)
④ 유당 : 동물성 당류이므로 단세포 생물인 이스트에 의해 발효되지 않고 잔류당으로 남아 갈변반응을 일으켜 껍질색을 진하게 한다.

10 과자에서의 감미제 기능

① 글루텐을 부드럽게 만들어 제품의 기공, 조직, 속을 부드럽게 한다.
② 캐러멜화와 메일라드 반응을 통하여 껍질색이 난다.
③ 수분 보유력이 있어 제품의 노화를 지연시키고 신선도를 지속시킨다.
④ 감미제 특유의 향이 제품에 밴다.

11 유지의 종류

버터	– 우유의 유지방으로 제조하며 수분함량은 16%내외 – 포화지방산중 탄소의 수가 가장 적은 뷰티르산으로 구성 – 비교적 융점이 낮고 가소성(plasticity) 범위가 좁다.
마가린	버터 대용품으로 계발된 마가린은 주로 대두유, 면실유 등 식물성 유지로부터 만든다.
라드	돼지의 지방조직을 분리해서 정제한 지방
쇼트닝	– 라드의 대용품으로 동식물성 유지에 수소를 첨가하여 경화유로 제조 – 수분 함량 0%로 무색, 무미, 무취

12 유지의 안정화

① 항산화제(산화방지제) : 산화적 연쇄반응을 방해함으로써 유지의 안정 효과를 갖게 하는 물질로 비타민 E(토코페롤), PG(프로필갈레이트), BHA, NDGA, BHT, 구아검 등이 있다.

② 수소첨가(유지의 경화) : 지방산의 이중결합에 니켈을 촉매로 수소를 첨가시켜 지방의 불포화도를 감소시켜 경화한 유지로는 쇼트닝, 마가린 등이 있다.

13 유지의 물리적 특성과 제과 제빵 품목

① 가소성 : 유지가 상온에서 고체 모양을 유지하는 성질(퍼프 페이스트리, 데니시 페이스트리, 파이)

② 크림성 : 유지가 믹싱 조작 중 공기를 포집하는 성질(버터크림, 파운드 케이크)

③ 쇼트닝성 : 빵·과자 제품에 부드러움 주는 성질(식빵, 크래커)

④ 유화성 : 유지가 물을 흡수하여 보유하는 성질(레이어 케이크, 파운드 케이크)

⑤ 안정성 : 지방의 산화와 산패를 징기긴 억제하는 성질(튀김기름, 팬기름, 유지가 많은 건과자)

14 우유의 물리적 성질과 구성성분

① 비중 : 평균 1.030 전·후
② pH(수소이온농도) : pH 6.6
③ 구성 : 수분 87.5%, 고형분 12.5%
④ 유단백질 중 약 80%를 차지하는 주된 단백질은 카세인으로 정상적인 우유의 pH인 6.6에서 pH 4.6으로 내려가면 Ca^{2+}(칼슘)과의 화합물 형태로 응고한다.
⑤ 휘핑용 생크림은 유지방 함량이 35% 이상
⑥ 우유의 살균법(가열법)

저온장시간	고온단시간	초고온순간
60~65℃, 30분간 가열	71.7℃, 15초간 가열	130~150℃, 3초 가열

15 과자류 제품에 영향을 미치는 유제품의 기능

① 우유 단백질에 의해 믹싱내구력을 향상시킨다.
② 발효 시 완충작용으로 반죽의 pH가 급격히 떨어지는 것을 막는다.
③ 우유의 유당이 캐러멜화 반응을 하여 제품의 껍질색을 강하게 한다.
④ 수분보유력으로 노화를 지연시킨다.
⑤ 밀가루에 부족한 필수아미노산인 리신과 칼슘을 보충하여 영양가를 향상시킨다.
⑥ 맛과 향을 향상시킨다.

16 달걀

구성비율	수분비율
껍질 : 노른자 : 흰자 = 10% : 30% : 60%	전란 : 노른자 : 흰자 = 75% : 50% : 88%

① 흰자 : 콘알부민(철과 결합 능력이 강해서 미생물이 이용하지 못하는 항세균 물질)
② 노른자 : 레시틴(천연유화제), 트리글리세라이드, 인지질, 콜레스테롤, 카로틴, 지용성 비타민

17 난류의 신선도 측정

① 껍질은 탄산칼슘 94%, 탄산마그네슘 1%, 인산칼슘 1% 등으로 구성된다.
② 껍질은 윤기가 없으며 까슬까슬하다.
③ 소금물(소금 6~10%)에 넣었을 때 가라앉는다.
④ 흔들어 보았을 때 소리가 없으며 햇빛을 통해 볼 때 속이 맑게 보인다.
⑤ 깨었을 때 노른자가 바로 깨지지 않아야 한다.

18 이스트(효모)

출아증식을 하는 단세포 생물로 반죽 내에서 발효하여 이산화탄소와 에틸알코올, 유기산을 생성하여 반죽을 팽창시키고 빵의 향미 성분을 부여한다.

① 생이스트(압착효모) : 고형분 30~35%, 수분 70~75%
② 활성 건조효모 : 생이스트의 40~50%를 사용하며, 40~45℃의 4배 정도 되는 물에 5~10분간 수화시켜 사용한다.
③ 발육의 최적 온도 : 28~32℃
④ 발육의 최적 pH : pH 4.5~4.8
⑤ 이스트의 보관온도 : 냉장온도(-1~5℃)

19 물의 기능

① 원료를 분산하고 글루텐을 형성시키며 반죽의 되기를 조절한다.
② 효모와 효소의 활성을 제공한다.
③ 제품별 특성에 맞게 반죽온도를 조절한다.

20 경도에 따른 물의 분류

경도는 물에 녹아 있는 칼슘염과 마그네슘염을 이것에 상응하는 탄산칼슘의 양으로 환산해 ppm (100만분율)으로 표시한다.

경수	– 광천수, 바닷물, 온천수 – 반죽에 사용하면 질겨지고 발효시간이 길어짐 – 경수 사용 시 조치사항 : 이스트 증가, 맥아 첨가, 이스트푸드 감소, 급수량 증가 – 일시적 경수 : 탄산칼슘의 형태로 들어있는 경수로 끓이면 불용성탄산염으로 분해되고 가라앉아 연수가 됨 – 영구적 경수 : 황산칼슘($CaSO_4$), 황산마그네슘($MgSO_4$)이 들어있는 경수로 끓여도 불변
연수	– 빗물, 증류수 – 반죽에 사용하면 글루텐을 연화시켜 연하고 끈적거리게 함 – 연수 사용 시 조치사항 : 2%정도의 흡수율을 낮춤, 이스트푸드와 소금 증가
아경수	제빵에 가장 적합

21 pH에 따른 물의 분류

연수	아연수	아경수	경수
60ppm 이하	61~120ppm 미만	120~180ppm 미만	180ppm 이상

22 초콜릿

껍질부위, 배유, 배아 등으로 구성된 카카오 빈 (cacao bean)을 볶아 마쇄하여 외피와 배아를 제거한 후 페이스트상의 카카오 매스(cacao mass)를 만든 다음, 이것을 미립화하여 기름을 채취한 것이 카카오 버터(cacao butter)이고 나머지는 카카오 박(press cake)으로 분리된다. 카카오 박을 분말로 만든 것이 코코아(cocoa)이다.

※ 초콜릿 구성 성분 : 코코아 5/8, 카카오 버터 3/8

23 커버추어 초콜릿의 특징과 사용법

① 사용 전 반드시 템퍼링을 거쳐야 초콜릿의 구용성(입안에서의 용해성)이 좋아진다.
② 38~40℃로 처음 용해한 후 27~29℃로 냉각 시켰다가 30~32℃로 두 번째 용해시켜 사용한다.
③ 템퍼링이 잘못되면 지방 블룸(fat bloom), 보관이 잘못되면 설탕 블룸(sugar bloom)
④ 초콜릿 적정 보관온도와 습도 : 온도 15~18℃, 습도 40~50%

24 혼성주

증류수를 기본으로 정제당을 넣고 과일 등의 추출물로 향미를 낸 술

① 오렌지 리큐르 : 그랑 마니에르(grand marnier), 쿠앵트로(cointreau), 큐라소(curacao)
② 체리 리큐르 : 마라스키노(maraschino)
③ 커피 리큐르 : 칼루아(kahula)

25 이스트 푸드

반죽의 pH 조절		효소제, 산성인산칼슘
질소공급 (이스트 조절제)		염화암모늄, 황산암모늄, 인산암모늄
물의 경도 조절 (물 조절제)		황산칼슘, 인산칼슘, 과산화칼슘
반죽의 물리적 성질 조절 (반죽 조절제)	효소제	프로테아제, 아밀라아제
	산화제	아스코르부산(비타민 C), 아조디카본아미드(ADA), 브롬산칼륨
	환원제	글루타티온, 시스테인

26 계면활성제의 역할

① 물과 유지를 균일하게 분산시켜 반죽의 기계내성을 향상시킨다.
② 제품의 조직과 부피를 개선시키고 노화를 지연시킨다.
③ 계면활성제의 종류 : 모노-디 글리세리드, 레시틴, 아실 락테이트, SSL

27 팽창제

① 베이킹파우더, 탄산수소나트륨(중조, 소다), 암모늄계 팽창제(이스파타) 등
② 중조는 베이킹파우더의 3배의 팽창효과
③ 이스파타 : 만두, 만주, 찐빵 등의 속색을 하얗게 만들 때 사용
④ 탄산수소나트륨(중조, 소다) : 만두, 만주, 찐빵 등의 속색을 누렇게 만들 때 사용

28 빵·과자에 안정제를 사용하는 목적

① 흡수제로 노화 지연 효과
② 아이싱이 부서지는 것을 방지
③ 크림토핑의 거품 안정

29 안정제의 종류와 추출 대상

① 한천 : 우뭇가사리
② 젤라틴 : 동물의 껍질과 연골 속에 있는 콜라겐 (무스나 바바루아의 안정제)
③ 펙틴 : 과일의 껍질
④ 시엠시 : 식물의 뿌리에 있는 셀룰로오스
⑤ 검류 : 구아검, 로커스트 빈검, 카라야검, 아라비아검 등

30 향신료

직접 맛을 내기보다는 주재료에서 나는 불쾌한 냄새를 막아 주고 다시 그 재료와 어울려 풍미를 향상시키고 제품의 보존성을 높여주는 기능을 한다.

① 넛메그(nutmeg) : 육두구과 교목의 열매를 일광건조시킨 것으로 넛메그와 메이스를 얻는다.
② 계피(cinnamon) : 녹나무과의 상록수 껍질로 만든다.
③ 오레가노(oregano) : 피자소스에 필수적으로 들어가는 것으로 톡 쏘는 향기가 특징이다.
④ 생강(ginger) : 열대성 다년초의 다육질 뿌리로 매운맛과 특유의 방향을 가지고 있다.

31 탄수화물(당질)

탄소(C), 수소(H), 산소(O) 3원소로 구성된 유기화합물로, 분자 내에 1개 이상의 수산기(−OH)와 카르복실기(−COOH)를 가지고 있는 것이 특징이나. 일명 당질이라고 불린다.

32 탄수화물의 상대적 감미도 순서

과당(175) 〉 전화당(130) 〉 자당(100) 〉 포도당(75) 〉 맥아당(32), 갈락토오스(32) 〉 유당(16)

33 아밀로오스와 아밀로펙틴의 비교

항목	아밀로오스	아밀로펙틴
분자량	적다	많다
포도당결합형태	$a-1,4$	$a-1,4$(직쇄상구조) $a-1,6$(측쇄상구조 혹은 곁사슬구조)
요오드용액반응	청색반응	적자색반응
호화	빠르다	느리다
노화	빠르다	느리다

34 곡류를 구성하는 전분의 종류에 따른 아밀로오스와 아밀로펙틴의 비율

① 찹쌀과 찰옥수수 : 대부분 아밀로펙틴으로 구성
② 밀가루 : 아밀로펙틴 72~83%, 아밀로오스 17~28%

35 전분의 호화

전분에 물을 넣고 가열하면 수분을 흡수하면서 팽윤되며 점성이 커지는데 투명도도 증가하여 반투명의 a−전분 상태가 된다(덱스트린화 또는 젤라틴화).

36 전분의 노화

① 노화는 껍질의 변화, 풍미저하, 내부조직의 수분보유 상태를 변화시키는 것
② 노화 최적 상태 : 수분 함량 30~60%, 냉장온도 −7~10℃

37 노화 방지법

① −18℃ 이하로 얼려서 급속히 탈수하여 수분 함량을 10% 이하로 조절한다.
② 아밀로오스보다 아밀로펙틴이 노화가 잘 안 된다.
③ 계면활성제는 표면장력을 변화시켜 빵, 과자의 부피와 조직을 개선하고 노화를 지연시킨다.
④ 레시틴은 유화작용과 노화를 지연한다.
⑤ 설탕, 유지이 사용량을 증가시키면 빵의 노화를 억제할 수 있다.
⑥ 모노−디−글리세리드는 식품을 유화, 분산시키고 노화를 지연시킨다.

38 지방(지질)

탄소(C), 수소(H), 산소(O)로 구성된 유기화합물로 3분자의 지방산과 1분자의 글리세린(글리세롤, 3가의 알코올)이 결합되어 만들어진 에스테르, 즉 트리글리세리드이다.

39 지방의 분류와 특성

① 단순지방 : 중성지방, 납(왁스)
② 복합지방 : 인지질(노른자의 레시틴), 당지질
③ 유도지방 : 지방산, 글리세린(글리세롤), 콜레스테롤, 에르고스테롤

40 지방의 구조

지방산	포화 지방산	– 탄소와 탄소의 결합에 이중결합없이 이루어진 지방산 – 상온에서 고체, 동물성유지에 다량 함유 – 뷰티르산, 카프르산, 미리스트산, 스테아르산, 팔미트산 등
	불포화 지방산	– 탄소와 탄소의 결합에 이중결합이 1개 이상 있는 지방산 – 상온에서 액체, 식물성유지에 다량 함유 – 올레산, 리놀레산, 리놀렌산, 아라키돈산 등
글리세린 (글리세롤)		– 3개의 수산기(–OH)를 가지고 있어 3가의 알코올 – 무색, 무취, 감미를 가진 시럽형태의 액체 – 물보다 비중이 큼(물에 가라앉음) – 지방을 가수분해하여 얻음 – 수분 보유력이 커서 식품의 보습제로 이용 – 물, 기름 유탄액에 대한 안정기능 – 크림을 만들 때 물과 지방의 분리 억제

41 불포화지방산이 함유하고 있는 이중결합의 개수

올레산	리놀레산	리놀렌산	아라키돈산
이중결합 1개	이중결합 2개	이중결합 3개	이중결합 4개

42 단백질

탄소(C), 수소(H), 질소(N), 산소(O), 유황(S) 등의 원소로 구성된 유기화합물로 질소가 단백질의 특성을 규정짓는다. 단백질을 구성하는 기본 단위는 아미노 그룹과 카르복실기(–COOH) 그룹을 함유하는 유기산으로 이뤄진 아미노산이다.

43 단백질의 분류와 특성

단순 단백질	– 가수분해에 의해 아미노산만이 생성되는 단백질 – 알부민, 글로불린, 글루텔린(밀의 글루테닌), 프롤라민(밀의 글리아딘)
복합 단백질	– 단순단백질에 다른 물질이 결합되어 있는 단백질 – 핵단백질, 당단백질, 인단백질, 색소단백질, 금속단백질
유도 단백질	– 효소나 산, 알칼리, 열 등 적절한 작용제에 의한 분해로 얻어지는 분해산물 – 메타단백질, 프로테오스, 펩톤, 폴리펩티드, 펩티드(펩타이드) ※ 펩티드 혹은 펩타이드(peptide) : 아미노산과 아미노산 간의 결합으로 이루어진 단백질의 2차 구조이다.

44 효소

단백질로 구성된 효소는 생물체 속에서 일어나는 유기화학 반응의 촉매 역할을 한다. 효소는 유기화합물인 단백질로 구성되었기 때문에 온도, pH, 수분 등의 영향을 받는다.

구분		분해효소	기질	분해산물
탄수화물	이당류	인베르타제 (수크라아제)	설탕	포도당, 과당
		말타아제	맥아당	포도당
		락타아제	유당	포도당, 갈락토오스
	다당류	아밀라아제	전분, 글리코겐	텍스트린, 맥아당
		셀룰라아제	섬유소	포도당
		이눌라아제	이눌린	과당
	단당류 산화환원 효소	치마아제	포도당, 과당, 갈락토오스	에틸알코올, 탄산가스
지방		리파아제, 스테압신	지방	지방산, 글리세린
단백질		프로테아제, 펩신, 레닌, 트립신, 펩티다제, 에렙신		

45 제빵에 관계하는 효소

구분	분해효소	기질	분해산물
밀가루	α–아밀라아제	전분	덱스트린, 맥아당
	β–아밀라아제	덱스트린	맥아당(말토오스)
	프로테아제	단백질	펩톤, 폴리펩티드, 펩티드, 아미노산
	인베르타제	자당(설탕)	포도당, 과당
	말타아제	맥아당	포도당
이스트	치마아제	포도당, 과당	에틸알코올, 탄산가스
	리파아제	지방	지방산, 글리세린
	프로테아제	단백질	펩톤, 폴리펩티드, 펩티드, 아미노산

46 탄수화물의 종류와 영양학적 특성

단당류	포도당 (glucose –글루코오스)	여분의 포도당은 글리코겐의 형태로 간장, 근육에 저장
	과당(fructose –프룩토오스)	당뇨병 환자에게 감미료로 사용
	갈락토오스 (galactose)	지방과 결합하여 뇌, 신경조직의 성분이 되므로 유아에게 특히 필요

이당류	자당(설탕, sucrose – 수크로오스)	당류의 단맛을 비교할 때 기준이 됨
	맥아당(엿당, maltose – 말토오스)	쉽게 발효하지 않아 위 점막을 자극하지 않으므로 어린이나 소화계통의 환자에게 좋음
	유당(젖당, lactose – 락토오스)	장내에서 잡균의 번식을 막아 정장작용(장을 깨끗이 하는 작용)을 하며, 칼슘의 흡수를 도움
	전화당	자당이 가수분해 될 때 생기는 중간산물로, 포도당과 과당이 1:1로 혼합된 당
다당류	전분(녹말), 덱스트린(호정), 글리코겐, 셀룰로오스(섬유소), 펙틴, 올리고당(장내 비피더스균을 무럭무럭 자라게 함)	

47 탄수화물의 기능

① 1g당 4kcal의 에너지 공급원이다.
② 피로 회복에 매우 효과적이다.
③ 간장 보호와 해독작용을 한다.
④ 간에서 지방의 완전대사를 돕는다.
⑤ 단백질 절약작용을 한다.
⑥ 중추신경 유지, 혈당량 유지, 변비방지, 감미료 등으로도 이용된다.
⑦ 한국인 영양섭취기준에 의한 1일 총열량의 55~70% 정도를 탄수화물로 섭취하여야 한다.

48 지방의 종류와 영양학적 특성

단순지방	중성지방, 납(왁스)	
복합지방	인지질, 당지질, 단백지질	
유도지방	필수지방산 (비타민 F)	– 노인의 경우 필수지방산의 흡수를 위하여 콩기름을 섭취하는 것이 좋다. – 종류 : 리놀레산, 리놀렌산, 아라키돈산
	콜레스테롤	– 동물체의 모든 세포 특히 신경조직, 뇌조직에 들어 있다. – 담즙산, 성호르몬, 부신피질호르몬 등의 주성분이다. – 과잉섭취 시 고혈압, 동맥경화를 야기한다. – 자외선에 의해 비타민으로 전환된다.
	에르고스테롤	효모, 버섯에 많으며 자외선에 의해 비타민으로 전환되므로 프로비타민 D라고도 한다.

49 지방의 기능

① 지질 1g당 9kcal의 에너지를 발생한다.
② 피하 지방은 체온의 발산을 막아 체온을 조절한다.
③ 외부의 충격으로부터 인체의 내장기관을 보호한다.
④ 지용성 비타민의 흡수를 촉진한다.
⑤ 장내에서 윤활제 역할을 해 변비를 막아준다.
⑥ 한국인 영양섭취기준에 의한 1일 총열량의 20% 정도를 지질로 섭취하여야 한다.

50 필수아미노산의 영양학적 가치

① 체내 합성이 안 되므로 반드시 음식물에서 섭취해야 한다.
② 체조직의 구성과 성장 발육에 반드시 필요하다.
③ 동물성 단백질에 많이 함유되어 있다.
④ 성인 : 이소류신, 류신, 리신, 메티오닌, 페닐알라닌, 트레오닌, 트립토판, 발린 등 8종류
⑤ 어린이와 회복기 환자 : 8종류 외에 히스티딘을 합한 9종류

51 단백질의 기능

① 체조직과 혈액 단백질, 효소, 호르몬 등을 구성한다.
② 1g당 4kcal의 에너지를 발생시킨다.
③ 체내 삼투압 조절로 체내 수분 함량을 조절하고 체액의 pH를 유지한다.
④ γ-글로불린은 병에 저항하는 면역체 역할을 한다.
⑤ 한국인의 1일 단백질 권장량은 체중 1kg당 단백질의 생리적 필요량을 계산한 1.13g이다.
⑥ 한국인 영양섭취기준에 의한 1일 총열량의 10~20% 정도를 단백질로 섭취하여야 한다.

52 식품에 함유된 단백질 함량 산출방법

① 단백질의 질소계수 : 질소는 단백질만 가지고 있는 원소
② 질소의 양 = 단백질 양 × 16/100
③ 단백질 양 = 질소의 양 × 100/16 (즉, 질소계수 6.25)

53 무기질의 기능

구분	종류	기능
구성영양소	칼슘(Ca), 인(P)	경조직(뼈, 치아)의 구성
	황(S), 인(P)	연조직(근육, 신경)의 구성
	요오드(I)	체내기능물질인 티록신 호르몬(갑상선 호르몬)의 구성

	나트륨(Na), 염소(Cl), 칼륨(K)	삼투압 조절
조절영양소	칼슘(Ca), 나트륨(Na), 칼륨(K), 마그네슘(Mg)	체액 중성유지
	칼슘(Ca), 칼륨(K)	심장의 규칙적 고동
	칼슘(Ca)	혈액응고
	나트륨(Na), 칼륨(K), 마그네슘(Mg)	신경안정
	염소(Cl)	위액 샘조직 분비
	나트륨(Na)	장액 샘조직 분비

※ 칼슘흡수를 방해 : 시금치에 함유된 옥살산(수산)
  칼슘흡수를 돕는 비타민 : 비타민 D

54 비타민의 종류와 결핍증

종류		결핍증
지용성 비타민	비타민 A (레티놀)	야맹증, 건조성안염, 각막연화증, 발육지연, 상피세포의 각질화
	비타민 D	구루병, 골연화증, 골다공증
	비타민 E (토코페롤)	쥐의 불임증, 근육위축증
	비타민 K	혈액응고지연
수용성 비타민	비타민 B₁ (티아민)	각기병, 식욕부진, 피로, 권태감, 신경통
	비타민 B₂ (리보플라빈)	구순구각염, 설염, 피부염, 발육장애
	니아신 (나이아신)	펠라그라병, 피부염
	비타민 C (아스코르브산)	괴혈병, 저항력 감소
	비타민 B₆	피부염, 신경염, 성장정지, 충치, 저혈색소성빈혈
	비타민 B₁₂	악성빈혈, 간질환, 성장정지
	엽산	빈혈, 장염, 설사
	판토텐산	피부염, 신경계의 변성

55 성인의 에너지 적정 비율

탄수화물	지방	단백질
65%	20%	15%

56 에너지원 영양소의 1g당 칼로리

탄수화물	지방	단백질	알코올	유기산
4kcal	9kcal	4kcal	7kcal	3kcal

57 칼로리 계산법

[(탄수화물의 양 + 단백질의 양)× 4kcal]
+ (지방의 양 × 9kcal)

58 충전물·토핑물

① 생크림 : 우유의 지방 함량이 35~40% 정도의 진한 생크림을 휘핑하여 사용하고 4~6℃에서 거품이 잘 일어나며, 보관 시 온도는 3~7℃가 좋다.

② 커스터드 크림 : 우유, 계란, 설탕을 한데 섞고, 안정제로 옥수수 전분이나 박력분을 넣어 끓인 크림이다. 여기서 계란은 농후화제와 결합제 역할을 한다.

③ 디프로매트 크림 : 커스터드 크림과 무가당 크림을 1:1비율로 혼합하는 조합형 크림이다.

59 반죽법의 종류 및 특징

반죽형	블렌딩법	– 유지에 밀가루를 넣어 파슬파슬하게 혼합 → 건조재료와 액체재료 혼합 – 장점 : 제품의 조직을 부드럽고 유연하게 만든다.
	크림법	– 유지에 설탕 혼합 → 계란을 넣으면서 크림화 → 가루재료 혼합 – 장점 : 제품의 부피가 큰 케이크를 만들 수 있다. – 단점 : 잦은 스크래핑(믹서볼의 옆면과 바닥을 긁어주는 동작)
	1단계법	– 모든 재료를 한꺼번에 넣고 반죽 – 장점 : 노동력과 제조시간이 절약된다.
	설탕/물법	– 유지에 설탕물 혼합 → 건조재료 혼합 → 계란 혼합 – 장점 : 계량의 편리성으로 대량생산이 용이하며 제품의 껍질색이 균일
거품형	머랭법	흰자에 설탕을 넣고 거품을 낸 후 가루재료 혼합
	공립법	더운 믹싱법 : – 계란과 설탕을 43℃까지 중탕하여 거품을 내는 방법 – 온도가 높아져서 기포성이 좋아지고 믹싱시간이 짧아진다. – 설탕입자가 다 녹아서 껍질색이 균일하다.
		찬 믹싱법 : – 중탕하지 않고 계란에 설탕을 넣고 거품내는 방법
	별립법	전란을 흰자와 노른자로 분리하여 각각에 설탕을 넣고 거품을 낸 후 다른 재료와 함께 흰자머랭, 노른자반죽을 섞어주는 방법
	단단계법	베이킹파우더, 유화제를 첨가한 후 전 재료를 동시에 혼합
시폰형		– 별립법처럼 흰자로 머랭은 만들지만, 노른자는 거품을 내지 않는다. – 거품을 낸 흰자와 화학팽창제로 부풀린 반죽을 말하며, 시폰 케이크가 있다.

※ 스펀지 케이크 반죽에 용해버터를 넣을 경우 50~70℃로 중탕하여 가루재료를 넣어 섞은 다음 마지막 단계에 넣어 가볍게 섞는다.

60 반죽의 온도가 제품에 미치는 영향

① 온도가 낮으면 기공이 조밀해 부피가 작고, 식감이 나쁘고, 굽는 시간이 더 필요하다.

② 온도가 높으면 기공이 열리고 큰 공기구멍이 생겨 조직이 거칠고 노화가 빨리 일어난다.

61 반죽온도 계산방법

마찰 계수	(결과반죽온도×6) − (실내온도 + 밀가루온도 + 설탕온도 + 유지온도 + 달걀온도 + 수돗물온도)
사용할 물온도	(희망반죽온도×6) − (밀가루온도 + 실내온도 + 설탕온도 + 유지온도 + 달걀온도 + 마찰계수)
얼음 사용량	$\dfrac{\text{사용할물량}\times(\text{수돗물온도} - \text{사용할물온도})}{80 + \text{수돗물온도}}$

62 제품별 반죽 희망온도

① 일반적인 과자반죽의 온도 : 22~24℃
② 희망 반죽온도가 가장 낮은 제품 : 퍼프 페이스트리(20℃)

63 반죽의 비중이 제품에 미치는 영향

구분	높은 비중	낮은 비중
부피	작다	크다
기공	작다	열린다
조직	조밀하다	거칠다

① 비중 측정법

$$\text{비중} = \frac{\text{(같은 부피의 반죽 무게)}}{\text{(같은 부피의 물 무게)}}$$

$$= \frac{\text{(반죽 무게 − 깁 무게)}}{\text{(물 무게 − 컵 무게)}}$$

② 제품별 비중

스펀지케이크	롤케이크	파운드케이크	레이어케이크
0.5±0.05	0.45±0.05	0.8±0.05	0.8±0.05

64 고율배합과 저율배합

항목	고율배합	저율배합
배합률	설탕≧밀가루	설탕≦밀가루
믹싱 중공기혼입 정도	많다	적다
반죽의 비중	낮다	높다
화학팽창제 사용량	감소	증가
굽기온도	저온장시간 굽는 오버베이킹 (overbaking)	고온단시간 굽는 언더베이킹 (underbaking)

65 반죽의 적정 pH

제품명	반죽의 pH	제품명	반죽의 pH
데블스 푸드 케이크	8.5~9.2	초콜릿 케이크	7.8~8.8
화이트 레이어 케이크	7.4~7.8	스펀지 케이크	7.3~7.6
옐로 레이어 케이크	7.2~7.6	파운드 케이크	6.6~7.1
엔젤 푸드 케이크	5.2~6.0	과일 케이크	4.4~5.0

* 산도가 가장 높은 제품은 엔젤 푸드 케이크(pH 5.2~6.0)와 과일 케이크(pH 4.4~5.0)
* 알칼리도가 가장 높은 제품은 데블스 푸드 케이크(pH 8.5~9.2), 초콜릿 케이크(pH 7.8~8.8)

66 pH가 제품에 미치는 영향

구분	산성 반죽	알칼리성 반죽
기공	곱다	거칠다
색	껍질색이 여리다	껍질색과 속색이 어둡다
향	연하다	강하다
맛	신맛	소다맛
부피	작다	크다

67 pH 조절

① 향과 색을 진하게 하려면 pH를 높이고자 중조를 넣어 알칼리성으로 조절한다.
② 향과 색을 연하게 하려면 pH를 낮추고자 주석산 크림, 레몬즙, 식초를 넣어 산성으로 조절한다.

2 과자류제품 반죽정형

68 제품별 팬닝 정도(팬 높이에 대한 적정 팬닝량)

스펀지케이크	레이어케이크	파운드케이크	커스터드푸딩
50~60%	55~60%	70%	95%

69 비용적

반죽 1g을 구웠을 때 차지하는 부피(단위 : cm³/g)

파운드케이크	산형식빵	엔젤푸드케이크	스펀지케이크
2.40cm³/g	3.36cm³/g	4.70cm³/g	5.08cm³/g

① $\text{반죽무게} = \dfrac{\text{틀 부피(용적)}}{\text{비용적}}$

② $\text{비용적} = \dfrac{\text{틀 부피(용적)}}{\text{반죽무게}}$

70 틀 부피(용적) 계산법

원형팬	밑넓이×높이 =반지름×반지름×3.14×높이
옆면이 경사진 원형팬	평균반지름×평균반지름×3.14×높이
경사면을 가진 사각팬	평균가로×평균세로×높이
정확한 치수를 측정하기 어려 운 팬	유채씨나 물을 담은 후 메스실린더로 부 피를 구한다.

71 파운드 케이크

기본 배합률	밀가루	설탕	유지	달걀
	100	100	100	100

① 팬닝 : 틀 높이의 70% 정도
② 윗면을 자연스럽게 터트려 굽는다.
③ 광택제 효과, 착색효과, 보존기간 개선, 맛의 개
선 등을 위해서 구운 직후 노른자에 설탕을 넣고
칠한다.

72 스펀지 케이크

기본 배합률	밀가루	설탕	달걀	소금
	100	166	166	2

① 팬닝 : 철판, 원형 틀에 50~60% 정도
② 굽는 공정 중에 공기의 팽창, 전분의 호화, 단백
질의 응고 등의 물리적 현상들이 일어난다.
③ 응용 제품으로 건조방지를 목적으로 나무틀을
사용하여 굽는 카스텔라 등이 있다.

73 롤 케이크 말기를 할 때 표면의 터짐을 방지하는 방법

① 설탕의 일부는 물엿과 시럽으로 대치한다.
② 배합에 덱스트린을 사용하여 점착성을 증가시키
면 터짐이 방지된다.
③ 팽창이 과도한 경우 팽창제 사용을 감소하거나
믹싱 상태를 조절한다.
④ 노른자의 비율이 높은 경우에도 부서지기 쉬우
므로 노른자를 줄이고 전란을 증가시킨다.
⑤ 굽기 중 너무 건조시키면 말기를 할 때 부러지기
때문에 오버 베이킹을 하지 않는다.
⑥ 밑불이 너무 강하지 않도록 하여 굽는다.
⑦ 반죽의 비중이 너무 높지 않게 믹싱을 한다.
⑧ 반죽 온도가 낮으면 굽는 시간이 길어지므로 온
도가 너무 낮지 않도록 한다.

⑨ 배합에 글리세린을 첨가해 제품에 유연성을 부
여한다.

74 엔젤 푸드 케이크

기본 배합률 (True % : 트루퍼센트)	밀가루	흰자	주석산 크림	소금	설탕
	15 ~18	40 ~50	0.5 ~0.65	0.375 ~0.5	30 ~42

① 주석산 크림은 흰자의 알칼리성을 중화시켜 튼
튼하고 희게 거품을 만든다.
② 시폰 케이크와 엔젤 푸드 케이크는 이형제로 물
을 사용한다.

75 퍼프 페이스트리

기본 배합률	밀가루	유지	물	소금
	100	100	50	1~3

※ 퍼프 페이스트리 반죽을 냉장고에서 휴지시키는 목적
– 반죽을 연화 및 이완시켜 밀어 펴기를 용이하게 한다.
– 밀가루가 수화를 완전히 하여 글루텐을 안정시킨다.
– 믹싱과 밀어 펴기로 손상된 글루텐을 재정돈시킨다.
– 반죽과 유지의 되기를 같게 하여 층을 분명히 한다.
– 정형을 하기 위해 반죽을 절단 시 수축을 방지한다.

76 케이크 도넛

① 도넛의 튀김온도 : 185~195℃
② 적정 기름의 깊이 : 12~15cm 정도
③ 도넛이 식기 전에 도넛 글레이즈를 49℃로 중탕
하여 토핑한다.

발한 현상에 대한 대처	① 도넛 위에 뿌리는 설탕 사용량을 늘린다. ② 40℃ 전·후로 충분히 식히고 나서 아이싱을 한다. ③ 튀김시간을 늘려 도넛의 수분 함량을 줄인다. ④ 설탕점착력이 높은 스테아린을 첨가한 튀김 기름을 사용한다. ⑤ 도넛의 수분 함량을 21~25%로 만든다.
도넛에 기름이 많다	① 설탕, 유지, 팽창제의 사용량이 많았다. ② 튀김시간이 길었다. ③ 지친반죽이나 어린반죽을 썼다. ④ 묽은 반죽을 썼다. ⑤ 튀김온도가 낮았다.
도넛의 부피가 작다	① 반죽온도가 낮았다. ② 반죽 후 튀김시간 전까지 과도한 시간이 경 과했다. ③ 성형중량이 미달됐다. ④ 튀김시간이 짧았다. ⑤ 강력분을 썼다.

77 레이어 케이크

① 배합률 조정순서
설탕 및 쇼트닝 사용량 결정 → 계란의 양 산출 →
우유의 양 산출 → 분유의 양 산출 → 물의 양산출

화이트 레이어 케이크	• 흰자 = 쇼트닝×1.43 • 우유 = 설탕 + 30 − 흰자 • 분유 = 우유×0.1 • 물 = 우유×0.9 • 주석산크림 = 0.5% • 설탕 = 110~160%
옐로 레이어 케이크	• 계란 = 쇼트닝×1.1 • 우유 = 설탕 + 25 − 계란 • 분유 = 우유×0.1 • 물 = 우유×0.9 • 설탕 = 110~140%
데블스 푸드 케이크	• 계란 = 쇼트닝×1.1 • 우유 = 설탕 + 30 + (코코아×1.5) − 계란 • 분유 = 우유×0.1 • 물 = 우유×0.9 • 설탕 = 110~180% • 중조 = 천연코코아×7%베이킹파우더 = 원래 사용하던 양 − (중조×3)
초콜릿 케이크	• 계란 = 쇼트닝×1.1 • 우유 = 설탕 + 30 + (코코아×1.5) − 계란 • 분유 = 우유×0.1 • 물 = 우유×0.9 • 설탕 = 110~180% • 초콜릿 = 코코아 + 카카오버터 • 코코아 = 초콜릿량×62.5% • 카카오버터 = 초콜릿량×37.5% • 조절한 유화쇼트닝 = 원래유화쇼트닝 − (카카오버터×1/2)

② 팬닝 : 팬의 55~60% 정도

③ 굽기 : 온도 180℃, 시간 25~35분

78 사과파이 충전물이 끓어 넘치는 원인

① 껍질에 수분이 많았다.

② 위, 아래 껍질을 잘 붙이지 않았다.

③ 껍질에 구멍을 뚫지 않았다.

④ 오븐의 온도가 낮다.

⑤ 충전물의 온도가 높다.

⑥ 바닥 껍질이 얇다.

⑦ 천연산이 많이 든 과일을 썼다.

※ 사과파이는 유지의 입자 크기에 따라 파이의 결이 결정된다.

79 쿠키

① 쿠키의 반죽온도 : 18~24℃

② 포장과 보관온도 : 10℃ 정도

③ 쿠키의 퍼짐

쿠키의 퍼짐을 좋게 하기 위한 조치	쿠키의 퍼짐이 심한 경우에 대한 원인
• 팽창제를 사용한다. • 입자가 큰 설탕을 사용한다. • 알칼리재료의 사용량을 늘린다. • 오븐온도를 낮게 한다.	• 묽은 반죽 • 쇼트닝 과다사용 • 팽창제 과다사용 • 알칼리성 반죽 • 설탕을 과다사용

④ 반죽의 특성에 따른 쿠키의 분류

반죽형	드롭(소프트) 쿠키	반죽형 쿠키 중에서 수분이 가장 많은 부드러운 쿠키
	스냅(슈거) 쿠키	계란사용량이 적으며 밀어 펴서 성형기로 찍어 제조
	쇼트브래드 쿠키	유지사용량이 부드럽고 바삭바삭한 쿠키
거품형	스펀지 쿠키	모든 쿠키 중에서 수분이 가장 많은 쿠키(예:핑거쿠키) ※ 핑거쿠키 길이 : 5cm
	머랭쿠키	흰자와 설탕을 믹싱한 머랭으로 만든 쿠키

80 슈

① 물, 유지, 밀가루, 계란을 기본재료로 해서 만들고 기본재료에는 설탕이 들어가지 않는다(설탕이 들어가면 윗면이 둥글게 되어 균열이 잘 생기지 않으며 내부 구멍형성이 좋지 않다).

② 평철판 위에 짠 후, 굽기 중에 껍질이 너무 빨리 형성되는 것을 막기 위해 분무, 침지시킨다.

③ 찬 공기가 들어가면 슈가 주저앉게 되므로 팽창 과정 중에 오븐 문을 자주 여닫지 않도록 한다.

81 냉과

① 냉장고에서 마무리하는 모든 과자를 뜻하며 바바루아, 무스(거품), 푸딩, 젤리, 블라망제 등이 있다.

② 푸딩 : 푸딩을 만들 때 설탕과 계란의 비는 1:2의 비로 배합을 작성하며 거의 팽창하지 않아 팬닝량은 95%로 한다. 너무 온도가 높으면 푸딩표면에 기포가 생긴다.

3 과자류제품 반죽익힘

82 굽기 방법

① 고율배합 반죽과 다량의 반죽일수록 낮은 온도에서 장시간 구워야 한다.

② 저율배합 반죽과 소량의 반죽일수록 높은 온도에서 단시간 구워야 한다.

83 온도의 부적당으로 생긴 현상

오버베이킹 (overbaking)	너무 낮은 온도에서 오래 구워서 윗면이 평평하고 조직이 부드러우나 수분손실이 크다.
언더베이킹 (underbaking)	너무 높은 온도에서 구워 설익고 중심부분이 갈라지고 조직이 거칠며 주저앉기 쉽다.

84 팬에 바르는 기름(이형유)이 갖추어야 할 조건

① 산패에 강한 것이 좋다.

② 반죽 무게의 0.1~0.2% 사용한다.

③ 발연점이 210℃ 이상 되는 기름을 적정량 사용한다.

④ 무색, 무취를 띠는 것이 좋다.

⑤ 기름이 과다하면 밑 껍질이 두껍고 어둡다.

85 갈색화 반응

① 캐러멜화 반응 : 설탕 성분이 높은 온도(160~180℃)에서 껍질이 갈색으로 변하는 반응

② 메일라드 반응 : 당에서 분해된 환원당과 단백질에서 분해된 아미노산이 결합하여 껍질이 갈색으로 변하는 반응으로 낮은 온도에서 진행되며 캐러멜화에서 생성되는 향보다 중요한 역할을 한다.

86 굽기 손실률

$$\frac{(\text{굽기 전 반죽 무게} - \text{굽기 후 반죽 무게})}{\text{굽기 전 반죽 무게}}$$

87 튀김기름

① 튀김기름의 표준온도 : 185~195℃

② 도넛튀김용 유지는 발연점이 높은 면실유(목화씨 기름)가 적당하다.

③ 유지를 고온으로 계속 가열하면 유리지방산이 많아져 발연점이 낮아진다.

④ 튀김기름의 4대 적 : 온도(열), 수분(물), 공기(산소), 이물질

⑤ 튀김기름의 조건

 – 산패에 대한 안정성이 있어야 한다.

 – 산가가 낮아야 한다.

 – 여름에는 융점이 높고 겨울에는 융점이 낮아야 한다.

 – 부드러운 맛과 엷은 색을 띤다.

 – 가열 시 푸른 연기가 나며 발연점이 높아야 한다.

 – 이상한 맛이나 냄새가 나지 않아야 한다.

4 과자류제품 마무리 및 포장

88 포장온도 : 35~40℃

높은 온도에서의 포장	낮은 온도에서의 포장
① 썰기가 어려워 찌그러지기 쉽다. ② 포장지에 수분과다로 곰팡이가 생기기 쉽다.	① 수분손실이 많아 노화가 가속된다. ② 껍질이 건조된다.

89 아이싱의 종류와 특성

단순아이싱		분설탕, 물, 물엿, 향료를 섞어 43℃의 되직한 페이스트상태로 만든 것
크림 아이싱	퍼지 아이싱	설탕, 버터, 초콜릿, 우유를 주재료로 크림화시켜 만든 것
	퐁당 아이싱	설탕시럽을 교반하여 기포를 넣어 만든 것
	마시멜로 아이싱	흰자에 설탕시럽을 넣어 거품을 올려 만든 것

90 굳은 아이싱을 풀어주는 조치

① 아이싱에 최소의 액체를 넣는다.

② 35~43℃로 중탕한다.

③ 굳은 아이싱은 데우는 정도로 안 되면 설탕 시럽(설탕 2 : 물 1)을 넣는다.

91 아이싱의 끈적거림을 방지하는 조치

① 젤라틴, 식물성 검 등 안정제를 사용한다.

② 전분, 밀가루 같은 수분 흡수제를 사용한다.

92 글레이즈

과자류 표면에 광택을 내는 일 또는 표면이 마르지 않도록 젤라틴, 젤리, 시럽, 퐁당, 초콜릿 등을 바르는 일과 이런 모든 재료를 총칭한다(도넛과 케이크의 글레이즈는 45~50℃가 적당).

93 머랭의 종류

냉제머랭	흰자를 거품내다가 설탕을 조금씩 넣으면서 튼튼한 거품체를 만든다.
온제머랭	흰자와 설탕을 섞어 43℃로 중탕 후 거품을 내다가 안정되면 분설탕을 섞는다.

스위스머랭	냉제머랭 + 온제머랭/하루가 지나도 사용가능하고 구웠을 때 광택이 난다.
이탈리안머랭	흰자를 거품내면서 114~118℃로 끓인 설탕시럽을 넣어 만든 머랭으로 무스나 냉과를 만들 때 사용하거나 케이크 위에 장식으로 얹고 토치를 사용하여 강한 불에 구워 착색하는 제품을 만들 때 사용한다.

94 포장재의 조건

① 방수성이 있고 통기성이 없어야 한다.
② 용기와 포장지의 유해물질이 없는 것을 선택해야 한다.
③ 단가가 낮고 포장에 의하여 제품이 변형되지 않아야 한다.
④ 포장했을 때 상품의 가치를 높일 수 있어야 한다.
⑤ 세균, 곰팡이가 발생하는 오염포장이 되어서는 안 된다.

95 포장재의 종류

폴리에틸렌(PE), 폴리프로필렌(PP), 폴리스틸렌(PS), 오리엔티드 폴리프로필렌(OPP)

5 과자류제품 위생안전관리

96 식품위생관련법규

① 식품취급자는 연 1회 건강검진을 받아야 한다.
② 영업을 하려는 자는 미리 식품위생교육을 받아야 한다(조리사나 영양사의 면허를 받은 자는 제외).
③ 식품접객업 중 복어를 조리, 판매하는 자는 자격증이 있는 복어조리사를 두어야 한다.
④ 100명 이상의 집단급식소 운영자는 자격증이 있는 영양사를 두어야 한다.
⑤ 식중독에 관한 조사보고는 관할 시장, 군수, 구청장 → 식품의약품안전처장 및 시·도지사에게 보고

97 HACCP의 12절차와 7원칙

98 식품첨가물의 정의

식품을 제조, 가공 또는 보존함에 있어 식품에 첨가, 혼합, 침윤, 기타 방법으로 사용되는 물질이 식품첨가물이며, 식품첨가물의 규격과 사용기준은 식품의약품안전처장이 정한다.

99 식품첨가물의 조건

① 미량으로도 효과가 클 것
② 독성이 없거나 극히 적을 것
③ 무미, 무취, 자극성이 없을 것
④ 사용하기 간편하고 경제적일 것
⑤ pH, 공기, 빛, 열에 대한 인징성이 있을 깃
⑥ 변질 미생물에 대한 증식억제 효과가 클 것

100 식품첨가물의 사용량 결정기준

① LD$_{50}$ (Lethal Dose 50, 반수 치사량)
한 무리의 실험동물 중 50%를 사망시키는 독성 물질의 양으로 독성을 나타내는 지표로 사용되며, LD$_{50}$ 값이 적을수록 독성이 높다.
② ADI(Acceptable Daily Intake, 1일 섭취 허용량)
식품첨가물, 농약 등 매일 섭취하더라도 장해가 인정되지 않는다고 생각되는 화학물질의 1일 섭취량

101 식중독의 종류

세균성 식중독	감염형 식중독	살모넬라균 식중독	
		장염 비브리오균 식중독	
		병원성 대장균 식중독	
	독소형 식중독	포도상구균 식중독	
		보툴리누스균 식중독(클로스트리디움 보툴리늄 식중독)	
		웰치균 식중독	
자연독 식중독	식물성 식중독	독버섯 : 무스카린	불순면실유(목화씨) : 고시폴
		감자 : 솔라닌	독미나리 : 시큐톡신
	동물성 식중독	복어 : 테트로도톡신	
		섭조개, 대합 : 삭시톡신	
		모시조개, 굴, 바지락 : 베네루핀	
화학성 식중독	식품 첨가물 식중독	유해방부제 : 붕산, 포름알데히드(포르말린), 승홍($HgCl_2$), 우로트로핀	
		유해인공착색료 : 아우라민(황색), 로다민B(핑크색)	
		유해표백제 : 롱가리트	
		유해감미료 : 시클라메이트, 둘신, 페릴라틴, 에틸렌글리콜	
	유해 금속 식중독	수은(Hg) : 미나마타병	
		카드뮴(Cd) : 이타이이타이병	
		비소(As) : 밀가루로 오인하고 섭취	
곰팡이 독 (마이코톡신)		탄수화물이 풍부한 곡류에서 많이 발생 - 아플라톡신중독, 맥각중독, 황변미중독	
알레르기식중독		신선도가 저하된 꽁치, 전갱이, 청어 등의 등푸른생선	

102 감염형 식중독

식중독의 원인이 직접 세균에 의하여 발생하는 중독
① 살모넬라균 식중독 : 어패류, 육가공류, 육류 등 거의 모든 식품에 의하여 감염
② 장염 비브리오균 식중독 : 여름철에 어류, 패류, 해조류 등으로 감염
③ 병원성 대장균 식중독 : 환자나 보균자의 분변으로 감염

103 독소형 식중독

식중독의 원인이 직접 세균이 분비하는 독소에 의하여 발생하는 중독
① 포도상구균 식중독 : 화농에 황색 포도상구균이 있으며, 포도상구균 자체는 열에 약하나 이 균이 체외로 분비하는 독소인 엔테로톡신은 내열성이 강해 100℃에서 30분간 가열해도 파괴되지 않는다.
② 보툴리누스균 식중독(클로스트리디움 보툴리늄 식중독) : 완전 가열 살균되지 않은 병조림, 통조림, 소시지, 훈제품 등 섭취 시 발병한다. 균은 내열성이 강하여 100℃에서 6시간 정도의 가열시 겨우 살균된다. 독소는 뉴로톡신이며, 80℃에서 30분 정도 가열로 파괴된다.
③ 웰치균 식중독 : 감염경로는 식품 취급자, 하수, 쥐의 분변 등에 의한 식품의 오염이며 독소는 엔테로톡신이다. 아포는 열에 강하여 100℃에서 4시간 가열해도 살아남는다.

104 제1급 법정 감염병

① 생물테러감염병 또는 치명률이 높거나 집단 발생의 우려가 커서 발생 또는 유행 즉시 신고하여야 하고, 음압격리와 같은 높은 수준의 격리가 필요한 감염병
② 종류 : 페스트, 탄저, 보툴리눔독소증, 야토병, 신종감염병증후군, 중증급성호흡기증후군(SARS), 중동호흡기증후군(MERS), 동물인플루엔자 인체감염증, 신종인플루엔자, 디프테리아, 에볼라바이러스병, 마버그열, 라싸열, 크리미안콩고출혈열, 남아메리카출혈열, 리프트밸리열, 두창 등

105 경구감염병의 종류에 따른 미생물의 분류

① 세균성 감염병 : 세균성 이질, 장티푸스, 파라티푸스, 콜레라, 디프테리아
② 바이러스성 감염병 : 유행성 감염, 폴리오, 소아마비
③ 원충성 감염병 : 아메바성 이질

106 경구감염병의 종류

① 소화기계 경구감염병 : 장티푸스(급성 전신성 열성질환)
② 가장 잠복기가 짧은 경구감염병 : 콜레라(10시간~5일)

107 경구감염병의 예방 대책

① 환자를 조기 발견하여 격리 치료하고 접촉자의 대변을 검사한다.
② 보균자를 관리하고 식품취급을 금하고, 오염이 의심되는 식품은 폐기한다.
③ 식품취급자는 정기적으로 연 1회 건강진단을 받아야 하며, 개인위생 및 소독을 철저히 한다.
④ 식품취급자는 장신구를 착용하지 않으며, 화장실 사용 시 위생복을 착용하지 않는다.

108 인수공통감염병의 종류

탄저병, 파상열(브루셀라증), 결핵, 야토병, 돈단독,
Q열 등

109 불완전 살균우유로 감염되는 병

결핵, Q열, 파상열 등

110 기생충 감염

매개체	기생충의 종류	감염경로	
어패류	간디스토마 (간흡충)	제1중간숙주 : 왜우렁이	제2중간숙주 : 민물고기
	폐디스토마 (폐흡충)	제1중간숙주 : 다슬기	제2중간숙주 : 가재, 게
육류	유구조충 (갈고리촌충)	돼지고기를 생식하는 지역에서 감염	
	무구조충 (민촌충)	소고기를 생식하는 지역에서 감염	

111 작업환경 관리

① 제과·제빵 공정상의 조도기준

작업내용	표준조도(lux)	한계조도(lux)
장식(수작업), 마무리작업	500	300~700
계량, 반죽, 정형	200	150~300
굽기, 포장, 장식	100	70~150
발효	50	30~70

② 매장과 주방의 크기는 1:1이 이상적이다.
③ 공장은 제조공정의 특성상 온도와 습도의 영향을 받으므로 바다 가까운 곳은 멀리한다.
④ 창의 면적은 바닥면적을 기준으로 30%가 좋다.
⑤ 바닥은 미끄럽지 않고 배수가 잘되어야 한다. 공장 배수관의 최소내경은 10cm 정도가 적당하다.
⑥ 방충, 방서용 금속망은 30메시(mesh)가 적당하다.
⑦ 종업원의 출입구와 손님의 출입구는 별도로 하여 재료의 반입을 종업원 출입구로 한다.
⑧ 주방의 환기는 소형의 환기장치를 여러 개 설치하여 주방의 공기오염 정도에 따라 가동률을 조정하고 가스를 사용하는 장소에는 환기 덕트를 설치해야 한다.

112 변질의 종류

① 부패 : 단백질 식품에 혐기성 세균이 증식한 생물학적 요인에 의하여 분해되어 악취와 유해물질 등(아민류, 암모니아, 페놀, 황화수소 등)을 생성하는 현상이다.
② 변패 : 탄수화물을 많이 함유하는 식품이 미생물의 분해 작용으로 맛이나 냄새가 변화하는 현상이다.
③ 산패 : 지방의 산화 등에 의해 악취나 변색이 일어나는 현상이다.
④ 발효 : 식품에 미생물이 번식하여 식품의 성질이 변화를 일으키는 현상으로, 그 변화가 인체에 유익할 경우를 말한다. 빵, 술, 간장, 된장 등은 모두 발효를 이용한 식품들이다.

6 과자류제품 생산작업준비

113 원가의 개요

원가를 계산하는 목적	원가의 개념
① 이익을 산출하기 위해서 ② 가격을 결정하기 위해서 ③ 원가관리를 위해서	① 직접비(직접원가) = 직접 재료비 + 직접노무비 + 직접경비
	② 제조원가 = 직접비 + 제조 간접비
	③ 총원가 = 제조원가 + 판매가 + 일반 관리비
	④ 판매가격 = 총원가 + 이익

114 믹서의 종류

수직형믹서 (버티컬믹서)	소규모제과점에서 제빵, 제과반죽을 만들 때 사용
스파이럴믹서	프랑스빵, 녹밀빵과 같이 된 반죽을 만들 때 사용
수평형믹서	많은 양의 빵 반죽을 만들 때 사용

115 파이롤러

반죽의 두께를 조절하면서 반죽을 밀어썰 수 있는 기계이다. 제조 가능한 제품들에는 스위트 롤, 퍼프 페이스트리, 데니시 페이스트리, 케이크 도넛 등이 있다.

116 오븐의 종류

데크오븐	– 소규모제과점에서 많이 사용 – 반죽을 넣는 입구와 제품을 꺼내는 출구가 같다.
터널오븐	– 대량생산공장에서 많이 사용 – 반죽이 들어가는 입구와 제품이 나오는 출구가 서로 다르다.
컨백션오븐	팬으로 열을 강제순환시켜 반죽을 균일하게 착색시켜 제품을 만든다.

1 빵류제품 재료혼합

1 Baker's %(베이커스 퍼센트)

밀가루의 양을 100%로 보고 각 재료가 차지하는 양을 %로 표시한 것

2 계량 시 무게 단위 환산

1000mg = 1g = 0.001kg

3 가루 재료를 체로 치는 이유

① 가루속의 불순물 제거   ② 공기의 혼입
③ 재료의 고른 분산   ④ 흡수율 증가

4 밀알의 구조

내배유 83%, 껍질 14%, 배아 2~3%

5 제분과 템퍼링(조질)

① 제분 : 밀의 내배유로부터 껍질, 배아 부위를 분리하고 내배유 부위를 부드럽게 만들어 전분을 손상되지 않게 고운가루로 만드는 것
② 템퍼링(조질) : 제분하고자 하는 밀에 첨가하는 물의 온도, 처리시간 등의 변화를 주어 파괴된 밀이 잘 분리되도록 하고 내배유를 부드럽게 만드는 공정

6 제분수율

밀을 제분하여 밀가루를 만들 때 밀에 대한 밀가루의 양을 %로 나타낸 것이다.

① 제분수율이 낮을수록 껍질부위가 적으며 고급분이 되고 소화율은 증가하지만 영양가는 감소한다.
② 제분수율이 증가하면 일반적으로 비타민 B_1, 비타민 B_2 함량과 무기질(회분) 함량이 증가한다.
③ 밀가루의 사용 목적에 따라 제분수율이 조정되기도 한다.
④ 밀을 1급 밀가루로 제분하면 단백질은 약 1%가 감소하고 회분은 1/5~1/4로 감소한다.
⑤ 껍질 부위가 적을수록 회분 함량이 적어진다(밀가루 등급별 분류기준).

7 단백질 함량에 따른 밀가루 분류

구분	단백질 함량(%)	제분한 밀의 종류
강력분	11.5~13.0	경질춘맥, 초자질
중력분	9.1~10.0	연질동맥, 중자질
박력분	7~9	연질동맥, 분상질

8 밀가루의 주요 구성 성분

① 단백질 : 밀가루로 빵을 만들 때에 빵의 품질을 좌우하는 가장 중요한 지표

글루텐	글리아딘(신장성) + 글루테닌(탄력성)
젖은 글루텐(%)	(젖은 글루텐 반죽의 중량 ÷ 밀가루 중량) × 100
건조 글루텐(%)	젖은 글루텐(%) ÷ 3

② 탄수화물 : 밀가루 함량의 70%를 차지, 대부분은 전분이고 나머지는 덱스트린, 셀룰로오스, 당류, 펜토산 등(손상전분의 적당한 함량은 4.5~8%)

9 감미제의 종류

① 설탕, 전분당류(포도당, 물엿, 맥아당, 이성화당), 당밀, 맥아, 맥아시럽, 유당 등
② 전화당
  – 10~15%의 전화당 사용 시 제과의 설탕 결정 석출이 방지된다.
  – 단당류의 단순한 혼합물이므로 갈색화 반응이 빠르다.
  – 설탕에 소량의 전화당을 혼합하면 설탕의 용해도를 높일 수 있다.
③ 당밀 : 사탕무나 사탕수수를 정제하는 공정에서 원당을 분리하고 남은 부산물
④ 유당 : 동물성 당류이므로 단세포 생물인 이스트에 의해 발효되지 않고 잔류당으로 남아 갈변반응을 일으켜 껍질색을 진하게 한다.

10 빵에서의 감미제 기능

① 속결과 기공을 부드럽게 만든다.
② 캐러멜화와 메일라드 반응을 통하여 껍질색이 난다.
③ 발효가 진행되는 동안 이스트에 발효성 탄수화물을 공급한다.

11 유지의 종류

버터	– 우유의 유지방으로 제조하며 수분함량은 16%내외 – 포화지방산중 탄소의 수가 가장 적은 뷰티르산으로 구성 – 비교적 융점이 낮고 가소성(plasticity) 범위가 좁다.
마가린	버터 대용품으로 계발된 마가린은 주로 대두유, 면실유 등 식물성유지로부터 만든다.
라드	돼지의 지방조직을 분리해서 정제한 지방
쇼트닝	– 라드의 대용품으로 동식물성 유지에 수소를 첨가하여 경화유로 제조 – 수분 함량 0%로 무색, 무미, 무취

12 유지의 안정화

① 항산화제(산화방지제) : 산화적 연쇄반응을 방해함으로써 유지의 안정 효과를 갖게 하는 물질로 비타민 E(토코페롤), PG(프로필갈레이트), BHA, NDGA, BHT, 구아검 등이 있다.

② 수소첨가(유지의 경화) : 지방산의 이중결합에 니켈을 촉매로 수소를 첨가시켜 지방의 불포화도를 감소시켜 경화한 유지로는 쇼트닝, 마가린 등이 있다.

13 유지의 물리적 특성과 제과 제빵 품목

① 가소성 : 유지가 상온에서 고체 모양을 유지하는 성질(퍼프 페이스트리, 데니시 페이스트리, 파이)

② 크림성 : 유지가 믹싱 조작 중 공기를 포집하는 성질(버터크림, 파운드 케이크)

③ 쇼트닝성 : 빵·과자 제품에 부드러움 주는 성질 (식빵, 크래커)

④ 유화성 : 유지가 물을 흡수하여 보유하는 성질 (레이어 케이크, 파운드 케이크)

⑤ 안정성 : 지방의 산화와 산패를 장기간 억제하는 성질(튀김기름, 팬기름, 유지가 많은 건과자)

14 우유의 물리적 성질과 구성성분

① 비중 : 평균 1.030 전·후

② pH(수소이온농도) : pH 6.6

③ 구성 : 수분 87.5%, 고형분 12.5%

④ 유단백질 중 약 80%를 차지하는 주된 단백질은 카세인으로 정상적인 우유의 pH인 6.6에서 pH 4.6으로 내려가면 Ca^{2+}(칼슘)과의 화합물 형태로 응고한다.

⑤ 휘핑용 생크림은 유지방 함량이 35% 이상

⑥ 우유의 살균법(가열법)

저온장시간	고온단시간	초고온순간
60~65℃, 30분간 가열	71.7℃, 15초간 가열	130~150℃, 3초 가열

15 빵류 제품에 영향을 미치는 유제품의 기능

① 우유 단백질에 의해 믹싱내구력을 향상시킨다.

② 발효 시 완충작용으로 반죽의 pH가 급격히 떨어지는 것을 막는다.

③ 우유의 유당이 캐러멜화 반응을 하여 제품의 껍질색을 강하게 한다.

④ 수분보유력으로 노화를 지연시킨다.

⑤ 밀가루에 부족한 필수아미노산인 리신과 칼슘을 보충하여 영양가를 향상시킨다.

⑥ 맛과 향을 향상시킨다.

16 빵을 만들 때 4~6%의 분유 사용이 제품에 미치는 영향

① 제품의 기공과 결이 좋아진다.

② 제품의 부피를 증가시킨다.

③ 분유 속의 유당이 껍질색을 개선시킨다.

17 달걀

구성비율	수분비율
껍질 : 노른자 : 흰자 = 10% : 30% : 60%	전란 : 노른자 : 흰자 = 75% : 50% : 88%

① 흰자 : 콘알부민(철과 결합 능력이 강해서 미생물이 이용하지 못하는 항세균 물질)

② 노른자 : 레시틴(천연유화제), 트리글리세라이드, 인지질, 콜레스테롤, 카로틴, 지용성 비타민

18 난류의 신선도 측정

① 껍질은 탄산칼슘 94%, 탄산마그네슘 1%, 인산칼슘 1% 등으로 구성된다.

② 껍질은 윤기가 없으며 까슬까슬하다.

③ 소금물(소금 6~10%)에 넣었을 때 가라앉는다.

④ 흔들어 보았을 때 소리가 없으며 햇빛을 통해 볼 때 속이 맑게 보인다.

⑤ 깨었을 때 노른자가 바로 깨지지 않아야 한다.

19 이스트(효모)

출아증식을 하는 단세포 생물로 반죽 내에서 발효하여 이산화탄소와 에틸알코올, 유기산을 생성하여 반죽을 팽창시키고 빵의 향미 성분을 부여한다.

① 생이스트(압착효모) : 고형분 30~35%, 수분 70~75%

② 활성 건조효모 : 생이스트의 40~50%를 사용하며, 40~45℃의 4배 정도 되는 물에 5~10분간 수화시켜 사용한다.

③ 발육의 최적 온도 : 28~32℃

④ 발육의 최적 pH : pH 4.5~4.8

⑤ 이스트의 보관온도 : 냉장온도(-1~5℃)

20 물의 기능

① 원료를 분산하고 글루텐을 형성시키며 반죽의 되기를 조절한다.

② 효모와 효소의 활성을 제공한다.

③ 제품별 특성에 맞게 반죽온도를 조절한다.

21 경도에 따른 물의 분류

경도는 물에 녹아 있는 칼슘염과 마그네슘염을 이것에 상응하는 탄산칼슘의 양으로 환산해 ppm(100만분율)으로 표시한다.

경수	– 광천수, 바닷물, 온천수 – 반죽에 사용하면 질겨지고 발효시간이 길어짐 – 경수 사용 시 조치사항 : 이스트 증가, 맥아 첨가, 이스트푸드 감소, 급수량 증가 – 일시적 경수 : 탄산칼슘의 형태로 들어있는 경수로 끓이면 불용성탄산염으로 분해되고 가라앉아 연수가 됨 – 영구적 경수 : 황산칼슘($CaSO_4$), 황산마그네슘($MgSO_4$)이 들어있는 경수로 끓여도 불변
연수	– 빗물, 증류수 – 반죽에 사용하면 글루텐을 연화시켜 연하고 끈적거리게 함 – 연수 사용 시 조치사항 : 2%정도의 흡수율을 낮춤, 이스트푸드와 소금 증가
아경수	제빵에 가장 적합

22 pH에 따른 물의 분류

연수	아연수	아경수	경수
60ppm 이하	61~120ppm 미만	120~180ppm 미만	180ppm 이상

23 초콜릿

껍질부위, 배유, 배아 등으로 구성된 카카오 빈(cacao bean)을 볶아 마쇄하여 외피와 배아를 제거한 후 페이스트상의 카카오 매스(cacao mass)를 만든 다음, 이것을 미립화하여 기름을 채취한 것이 카카오 버터(cacao butter)이고 나머지는 카카오 박(press cake)으로 분리된다. 카카오 박을 분말로 만든 것이 코코아(cocoa)이다.

※ 초콜릿 구성 성분 : 코코아 5/8, 카카오 버터 3/8

24 커버추어 초콜릿의 특징과 사용법

① 사용 전 반드시 템퍼링을 거쳐야 초콜릿의 구용성(입안에서의 용해성)이 좋아진다.
② 38~40℃로 처음 용해한 후 27~29℃로 냉각 시켰다가 30~32℃로 두 번째 용해시켜 사용한다.
③ 템퍼링이 잘못되면 지방 블룸(fat bloom), 보관이 잘못되면 설탕 블룸(sugar bloom)
④ 초콜릿 적정 보관온도와 습도 : 온도 15~18℃, 습도 40~50%

25 혼성주

증류수를 기본으로 정제당을 넣고 과일 등의 추출물로 향미를 낸 술
① 오렌지 리큐르 : 그랑 마니에르(grand marnier), 쿠앵트로(cointreau), 큐라소(curacao)
② 체리 리큐르 : 마라스키노(maraschino)
③ 커피 리큐르 : 칼루아(kahula)

26 제빵에서 소금의 역할

① 점착성을 방지한다.
② 잡균의 번식을 억제한다.
③ 빵 내부를 누렇게 혹은 회색으로 만든다.
④ 열반응을 촉진하여 껍질색을 조절한다.
⑤ 설탕의 감미와 작용하여 풍미를 증가시킨다.
⑥ 글루텐 막을 얇게 하여 기공을 좋게 한다.
⑦ 글루텐을 강화시켜 반죽은 견고해지고 제품은 탄력을 갖게 된다.

27 이스트 푸드

반죽의 pH 조절		효소제, 산성인산칼슘
질소공급 (이스트 조절제)		염화암모늄, 황산암모늄, 인산암모늄
물의 경도 조절 (물 조절제)		황산칼슘, 인산칼슘, 과산화칼슘
반죽의 물리적 성질 조절 (반죽 조절제)	효소제	프로테아제, 아밀라아제
	산화제	아스코르브산(비타민 C), 아조디카본아미드(ADA), 브롬산칼륨
	환원제	글루타티온, 시스테인

28 계면활성제의 역할

① 물과 유지를 균일하게 분산시켜 반죽의 기계내성을 향상시킨다.
② 제품의 조직과 부피를 개선시키고 노화를 지연시킨다.
③ 계면활성제의 종류 : 모노-디 글리세리드, 레시틴, 아실 락테이트, SSL

29 팽창제

① 베이킹파우더, 탄산수소나트륨(중조, 소다), 암모늄계 팽창제(이스파타) 등
② 중조는 베이킹파우더의 3배의 팽창효과
③ 이스파타 : 만두, 만주, 찐빵 등의 속색을 하얗게 만들 때 사용
④ 탄산수소나트륨(중조, 소다) : 만두, 만주, 찐빵 등의 속색을 누렇게 만들 때 사용

호화	빠르다	느리다
노화	빠르다	느리다

30 빵·과자에 안정제를 사용하는 목적

① 흡수제로 노화 지연 효과
② 아이싱이 부서지는 것을 방지
③ 크림토핑의 거품 안정

31 안정제의 종류와 추출 대상

① 한천 : 우뭇가사리
② 젤라틴 : 동물의 껍질과 연골 속에 있는 콜라겐 (무스나 바바루아의 안정제)
③ 펙틴 : 과일의 껍질
④ 시엠시 : 식물의 뿌리에 있는 셀룰로오스
⑤ 검류 : 구아검, 로커스트 빈검, 카라야검, 아라비아검 등

32 향신료

직접 맛을 내기보다는 주재료에서 나는 불쾌한 냄새를 막아 주고 다시 그 재료와 어울려 풍미를 향상시키고 제품의 보존성을 높여주는 기능을 한다.

① 넛메그(nutmeg) : 육두구과 교목의 열매를 일광 건조시킨 것으로 넛메그와 메이스를 얻는다.
② 계피(cinnamon) : 녹나무과의 상록수 껍질로 만든다.
③ 오레가노(oregano) : 피자소스에 필수적으로 들어가는 것으로 톡 쏘는 향기가 특징이다.
④ 생강(ginger) : 열대성 다년초의 다육질 뿌리로 매운맛과 특유의 방향을 가지고 있다.

33 탄수화물(당질)

탄소(C), 수소(H), 산소(O) 3원소로 구성된 유기화합물로, 분자 내에 1개 이상의 수산기(-OH)와 카르복실기(-COOH)를 가지고 있는 것이 특징이다. 일명 당질이라고 불린다.

34 탄수화물의 상대적 감미도 순서

과당(175) 〉 전화당(130) 〉 자당(100) 〉 포도당(75) 〉 맥아당(32), 갈락토오스(32) 〉 유당(16)

35 아밀로오스와 아밀로펙틴의 비교

항목	아밀로오스	아밀로펙틴
분자량	적다	많다
포도당결합형태	α-1,4	α-1,4(직쇄상구조) α-1,6(측쇄상구조 혹은 곁사슬구조)
요오드용액반응	청색반응	적자색반응

36 곡류를 구성하는 전분의 종류에 따른 아밀로오스와 아밀로펙틴의 비율

① 찹쌀과 찰옥수수 : 대부분 아밀로펙틴으로 구성
② 밀가루 : 아밀로펙틴 72~83%, 아밀로오스 17~28%

37 전분의 호화

전분에 물을 넣고 가열하면 수분을 흡수하면서 팽윤되며 점성이 커지는데 투명도도 증가하여 반투명의 α-전분 상태가 된다(덱스트린화 또는 젤라틴화).

38 전분의 노화

① 빵의 노화는 껍질의 변화, 빵의 풍미저하, 내부조직의 수분보유 상태를 변화시키는 것
② 노화 최적 상태 : 수분 함량 30~60%, 냉장온도 -7~10℃

39 노화 방지법

① -18℃ 이하로 얼려서 급속히 탈수하여 수분 함량을 10% 이하로 조절한다.
② 아밀로오스보다 아밀로펙틴이 노화가 잘 안 된다.
③ 계면활성제는 표면장력을 변화시켜 빵, 과자의 부피와 조직을 개선하고 노화를 지연시킨다.
④ 레시틴은 유화작용과 노화를 지연한다.
⑤ 설탕, 유지의 사용량을 증가시키면 빵의 노화를 억제할 수 있다.
⑥ 모노-디-글리세리드는 식품을 유화, 분산시키고 노화를 지연시킨다.

40 지방(지질)

탄소(C), 수소(H), 산소(O)로 구성된 유기화합물로 3분자의 지방산과 1분자의 글리세린(글리세롤, 3가의 알코올)이 결합되어 만들어진 에스테르, 즉 트리글리세리드이다.

41 지방의 분류와 특성

① 단순지방 : 중성지방, 납(왁스)
② 복합지방 : 인지질(노른자의 레시틴), 당지질
③ 유도지방 : 지방산, 글리세린(글리세롤), 콜레스테롤, 에르고스테롤

42 지방의 구조

지방산	포화 지방산	– 탄소와 탄소의 결합에 이중결합없 이 이루어진 지방산 – 상온에서 고체, 동물성유지에 다량 함유 – 뷰티르산, 카프르산, 미리스트산, 스테아르산, 팔미트산 등
	불포화 지방산	– 탄소와 탄소의 결합에 이중결합이 1개 이상 있는 지방산 – 상온에서 액체, 식물성유지에 다량 함유 – 올레산, 리놀레산, 리놀렌산, 아라 키돈산 등
글리세린 (글리세롤)		– 3개의 수산기(OH)를 가지고 있어 3가의 알코올 – 무색, 무취, 감미를 가진 시럽형태의 액체 – 물보다 비중이 큼(물에 가라앉음) – 지방을 가수분해하여 얻음 – 수분 보유력이 커서 식품의 보습 제로 이용 – 물, 기름 유탄액에 대한 안정기능 – 크림을 만들 때 물과 지방의 분리 억제

43 불포화지방산이 함유하고 있는 이중결합의 개수

올레산	리놀레산	리놀렌산	아라키돈산
이중결합 1개	이중결합 2개	이중결합 3개	이중결합 4개

44 단백질

탄소(C), 수소(H), 질소(N), 산소(O), 유황(S) 등의 원소로 구성된 유기화합물로 질소가 단백질의 특성을 규정짓는다. 단백질을 구성하는 기본 단위는 아미노 그룹과 카르복실기(–COOH) 그룹을 함유하는 유기산으로 이뤄진 아미노산이다.

45 단백질의 분류와 특성

단순 단백질	– 가수분해에 의해 아미노산만이 생성되는 단 백질 – 알부민, 글로불린, 글루텔린(밀의 글루테닌), 프롤라민(밀의 글리아딘)
복합 단백질	– 단순단백질에 다른 물질이 결합되어 있는 단 백질 – 핵단백질, 당단백질, 인단백질, 색소단백질, 금속단백질
유도 단백질	– 효소나 산, 알칼리, 열 등 적절한 작용제에 의한 분해로 얻어지는 분해산물 – 메타단백질, 프로테오스, 펩톤, 폴리펩티드, 펩티드(펩타이드) ※ 펩티드 혹은 펩타이드(peptide) : 아미노산과 아미노산 간의 결합으로 이루어진 단백질의 2차 구조이다.

46 효소

단백질로 구성된 효소는 생물체 속에서 일어나는 유기화학 반응의 촉매 역할을 한다. 효소는 유기화합물인 단백질로 구성되었기 때문에 온도, pH, 수분 등의 영향을 받는다.

구분		분해효소	기질	분해산물
탄수화물	이당류	인베르타아제 (수크라아제)	설탕	포도당, 과당
		말타아제	맥아당	포도당
		락타아제	유당	포도당, 간라토오스
	다당류	아밀라아제	전분, 글리코겐	텍스트린, 맥아당
		셀룰라아제	섬유소	포도당
		이눌라아제	이눌린	과당
	단당류		포도당, 과당, 갈락토오스	에딜일ㄱ올, 탄산가스
	산화환원 효소	지마아제		
지방		리파아제, 스테압신	지방	지방산, 글리세린
단백질		프로테아제, 펩신, 레닌, 트립신, 펩티다아 제, 에렙신		

47 제빵에 관계하는 효소

구분	분해효소	기질	분해산물
밀가루	α-아밀라아제	전분	덱스트린, 맥아당
	β-아밀라아제	덱스트린	맥아당(말토오스)
	프로테아제	단백질	펩톤, 폴리펩티드, 펩티드, 아미노산
	인베르타아제	자당(설탕)	포도당, 과당
	말타아제	맥아당	포도당
이스트	치마아제	포도당, 과당	에틸알코올, 탄산 가스
	리파아제	지방	지방산, 글리세린
	프로테아제	단백질	펩톤, 폴리펩티드, 펩티드, 아미노산

48 탄수화물의 종류와 영양학적 특성

	포도당 (glucose –글루코오스)	여분의 포도당은 글리코겐의 형태로 간장, 근육에 저장
단당류	과당(fructose –프룩토오스)	당뇨병 환자에게 감미료로 사용
	갈락토오스 (galactose)	지방과 결합하여 뇌, 신경조직 의 성분이 되므로 유아에게 특히 필요

이당류	자당(설탕, sucrose – 수크로오스)	당류의 단맛을 비교할 때 기준이 됨
	맥아당(엿당, maltose – 말토오스)	쉽게 발효하지 않아 위 점막을 자극하지 않으므로 어린이나 소화기계통의 환자에게 좋음
	유당(젖당, lactose – 락토오스)	장내에서 잡균의 번식을 막아 정장작용(장을 깨끗이 하는 작용)을 하며, 칼슘의 흡수를 도움
	전화당	자당이 가수분해 될 때 생기는 중간산물로, 포도당과 과당이 1:1로 혼합된 당
다당류		전분(녹말), 덱스트린(호정), 글리코겐, 셀룰로오스(섬유소), 펙틴, 올리고당(장내 비피더스균을 무럭무럭 자라게 함)

49 탄수화물의 기능

① 1g당 4kcal의 에너지 공급원이다.
② 피로 회복에 매우 효과적이다.
③ 간장 보호와 해독작용을 한다.
④ 간에서 지방의 완전대사를 돕는다.
⑤ 단백질 절약작용을 한다.
⑥ 중추신경 유지, 혈당량 유지, 변비방지, 감미료 등으로도 이용된다.
⑦ 한국인 영양섭취기준에 의한 1일 총열량의 55~70% 정도를 탄수화물로 섭취하여야 한다.

50 지방의 종류와 영양학적 특성

단순지방		중성지방, 납(왁스)
복합지방		인지질, 당지질, 단백지질
유도지방	필수지방산 (비타민 F)	– 노인의 경우 필수지방산의 흡수를 위하여 콩기름을 섭취하는 것이 좋다. – 종류 : 리놀레산, 리놀렌산, 아라키돈산
	콜레스테롤	– 동물체의 모든 세포 특히 신경조직, 뇌조직에 들어 있다. – 담즙산, 성호르몬, 부신피질호르몬 등의 주성분이다. – 과잉섭취 시 고혈압, 동맥경화를 야기한다. – 자외선에 의해 비타민으로 전환된다.
	에르고스테롤	효모, 버섯에 많으며 자외선에 의해 비타민으로 전환되므로 프로비타민 D라고도 한다.

51 지방의 기능

① 지질 1g당 9kcal의 에너지를 발생한다.
② 피하 지방은 체온의 발산을 막아 체온을 조절한다.
③ 외부의 충격으로부터 인체의 내장기관을 보호한다.
④ 지용성 비타민의 흡수를 촉진한다.
⑤ 장내에서 윤활제 역할을 해 변비를 막아준다.
⑥ 한국인 영양섭취기준에 의한 1일 총열량의 20% 정도를 지질로 섭취하여야 한다.

52 필수아미노산의 영양학적 가치

① 체내 합성이 안 되므로 반드시 음식물에서 섭취해야 한다.
② 체조직의 구성과 성장 발육에 반드시 필요하다.
③ 동물성 단백질에 많이 함유되어 있다.
④ 성인 : 이소류신, 류신, 리신, 메티오닌, 페닐알라닌, 트레오닌, 트립토판, 발린 등 8종류
⑤ 어린이와 회복기 환자 : 8종류 외에 히스티딘을 합한 9종류

53 단백질의 기능

① 체조직과 혈액 단백질, 효소, 호르몬 등을 구성한다.
② 1g당 4kcal의 에너지를 발생시킨다.
③ 체내 삼투압 조절로 체내 수분 함량을 조절하고 체액의 pH를 유지한다.
④ γ–글로불린은 병에 저항하는 면역체 역할을 한다.
⑤ 한국인의 1일 단백질 권장량은 체중 1kg당 단백질의 생리적 필요량을 계산한 1.13g이다.
⑥ 한국인 영양섭취기준에 의한 1일 총열량의 10~20% 정도를 단백질로 섭취하여야 한다.

54 식품에 함유된 단백질 함량 산출방법

① 단백질의 질소계수 : 질소는 단백질만 가지고 있는 원소
② 질소의 양 = 단백질 양 × 16/100
③ 단백질 양 = 질소의 양 × 100/16 (즉, 질소계수 6.25)

55 무기질의 기능

구분	종류	기능
구성영양소	칼슘(Ca), 인(P)	경조직(뼈, 치아)의 구성
	황(S), 인(P)	연조직(근육, 신경)의 구성
	요오드(I)	체내기능물질인 티록신 호르몬(갑상선호르몬)의 구성
조절영양소	나트륨(Na), 염소(Cl), 칼륨(K)	삼투압 조절
	칼슘(Ca), 나트륨(Na), 칼륨(K), 마그네슘(Mg)	체액 중성유지
	칼슘(Ca), 칼륨(K)	심장의 규칙적 고동
	칼슘(Ca)	혈액응고
	나트륨(Na), 칼륨(K), 마그네슘(Mg)	신경안정
	염소(Cl)	위액 샘조직 분비
	나트륨(Na)	장액 샘조직 분비

※ 칼슘흡수를 방해 : 시금치에 함유된 옥살산(수산)
칼슘흡수를 돕는 비타민 : 비타민 D

56 비타민의 종류와 결핍증

	종류	결핍증
지용성 비타민	비타민 A (레티놀)	야맹증, 건조성안염, 각막연화증, 발육지연, 상피세포의 각질화
	비타민 D	구루병, 골연화증, 골다공증
	비타민 E (토코페롤)	쥐의 불임증, 근육위축증
	비타민 K	혈액응고지연
수용성 비타민	비타민 B₁ (티아민)	각기병, 식욕부진, 피로, 권태감, 신경통
	비타민 B₂ (리보플라빈)	구순구각염, 설염, 피부염, 발육장애
	니아신 (나이아신)	펠라그라병, 피부염
	비타민 C (아스코르브산)	괴혈병, 저항력 감소
	비타민 B₆	피부염, 신경염, 성장정지, 충치, 저혈색소성빈혈
	비타민 B₁₂	악성빈혈, 간질환, 성장정지
	엽산	빈혈, 장염, 설사
	판토텐산	피부염, 신경계의 변성

57 성인의 에너지 적정 비율

탄수화물	지방	단백질
65%	20%	15%

58 에너지원 영양소의 1g당 칼로리

탄수화물	지방	단백질	알코올	유기산
4kcal	9kcal	4kcal	7kcal	3kcal

59 칼로리 계산법

[(탄수화물의 양 + 단백질의 양)× 4kcal]
+ (지방의 양 × 9kcal)

60 충전물 · 토핑물

① 생크림 : 우유의 지방 함량이 35~40% 정도의 진한 생크림을 휘핑하여 사용하고 4~6℃에서 거품이 잘 일어나며, 보관 시 온도는 3~7℃가 좋다.
② 커스터드 크림 : 우유, 계란, 설탕을 한데 섞고, 안정제로 옥수수 전분이나 박력분을 넣어 끓인 크림이다. 여기서 계란은 농후화제와 결합제 역할을 한다.
③ 디프로매트 크림 : 커스터드 크림과 무가당 크림을 1:1비율로 혼합하는 조합형 크림이다.

2 ▶ 빵류제품 재료혼합

61 스트레이트법

모든 재료를 믹서에 한 번에 넣고 배합하는 방법으로 직접법이라고도 한다.
① 반죽온도 : 27℃
② 1차 발효 : 온도 27℃, 상대습도 75~80%, 시간 1~3시간(처음 반죽부피의 3~3.5배 증가)
③ 중간발효 : 온도 27~29℃, 상대습도 75%, 시간 15~20분
④ 2차 발효 : 온도 35~43℃, 상대습도 85~90%, 시간 30분~1시간

62 스펀지 도우법

처음의 반죽을 스펀지(sponge) 반죽, 나중의 반죽을 본(dough) 반죽이라 하여 배합을 두 번 하므로 중종법이라고 한다.

스펀지반죽	본반죽
– 반죽온도 : 22~26℃ （통상24℃） – 발효시간 : 3~5시간	– 반죽온도 : 27℃ – 발효시간(플로어타임) : 10~40분

63 스펀지 도우법과 스트레이트법의 비교(장·단점)

구분	장점	단점
스펀지 도우법	– 노화가 지연되어 제품 의 저장성이 좋다. – 부피가 크고 속결이 부 드럽다. – 발효내구성이 강하다. – 작업공정에 대한 융통 성이 있어 잘못된 공정 을 수정할 기회가 있다.	– 시설, 노동력, 장 소 등 경비가 증 가한다. – 발효손실이 증가 한다.
스트레 이트법	– 발효 손실을 줄일 수 있다. – 제조장, 제조장비가 간 단하다. – 제조공정이 단순하다. – 노동력과 시간이 절감 된다.	– 잘못된 공정을 수 정하기 어렵다. – 노화가 빠르다. – 발효내구성이 약 하다.

64 비상 반죽법

갑작스런 주문에 빠르게 대처할 때 표준 스트레이
트법 또는 스펀지법을 변형시킨 방법으로 공정 중
발효를 촉진시켜 전체 공정 시간을 단축하는 방법
이다.

비상 반죽법의 필수조치	비상 반죽법의 선택조치
– 반죽시간 : 20~30% 증가 – 설탕사용량 : 1% 감소 – 1차 발효시간 : 15~30분 – 반죽온도 : 30℃ – 이스트 : 2배 증가 – 물 사용량 : 1% 감소	– 이스트푸드 사용량 증가 – 식초 첨가 – 분유 감소 – 소금을 1.75%로 감소

65 냉동반죽법

① −40℃로 급속냉동시켜 −20℃ 전후로 보관
② 반죽온도 : 20℃
③ 완만해동, 냉장해동 : 냉장고(5~10℃)에서
15~16시간 완만하게 해동시키거나 도우 컨디
셔너, 리타드 등의 해동기기를 이용하며, 차선책
으로 실온해동을 한다.

66 냉동반죽법의 장·단점

장점	단점
– 다품종, 소량생산 가능 – 빵의 부피가 커지고 결과 원재료 향기가 좋다. – 운송, 배달이 용이하다. – 발효시간이 줄어 전체 제 조시간이 짧다. – 제품의 노화지연	– 반죽이 퍼지기 쉽다. – 가스보유력이 떨어진다. – 이스트가 죽어 가스발생 력이 떨어진다. – 많은 양의 산화제를 사용 해야 한다.

67 스트레이트법에서의 반죽온도 계산방법

마찰 계수	（결과온도×3） – （밀가루온도 + 실내온도 + 수 돗물온도）
사용할 물온도	（희망온도×3） – （밀가루온도 + 실내온도 + 마 찰계수）
얼음 사용량	$\dfrac{\text{사용할물량×（수돗물온도 – 사용할물온도）}}{80 + \text{수돗물온도}}$

68 스펀지법에서의 반죽온도 계산방법

마찰 계수	（결과온도×4） – （밀가루온도 + 실내온도 + 수 돗물온도 + 스펀지반죽온도）
사용할 물온도	（희망온도×4） – （밀가루온도 + 실내온도 + 마 찰계수 + 스펀지반죽온도）
얼음 사용량	$\dfrac{\text{사용할물량×（수돗물온도 – 사용할물온도）}}{80 + \text{수돗물온도}}$

69 반죽을 만드는 목적

① 원재료를 균일하게 분산하고 혼합한다.
② 밀가루의 전분과 단백질에 물을 흡수시킨다.
③ 반죽에 공기를 혼입시켜 이스트의 활력과 반죽
의 산화를 촉진시킨다.
④ 글루텐을 숙성(발전)시키며 반죽의 가소성, 탄력
성, 점성을 최적 상태로 만든다.

70 반죽이 만들어지는 단계

픽업단계 (Pickup Stage)	밀가루와 원재료 에 물을 첨가하여 대충 혼합하는 단 계	데니시페이스트 리
클린업단계 (Cleanup Stage)	글루텐이 형성되 기 시작하는 단계 (유지를 넣으면 믹 싱시간이 단축)	스펀지법의 스펀 지반죽
발전단계 (Development Stage)	탄력성이 최대로 증가	하스브레드
최종단계 (Final Stage)	신장성이 최대로 증가(반죽 형성 후 기단계)	식빵, 단과자빵

렛다운단계 (Letdown Stage)	오버믹싱, 과반죽	햄버거빵, 잉글리시머핀(모든 빵 반죽에서 가장 오래 믹싱)
파괴단계 (BreakDown Stage)	반죽이 푸석거리고 완전히 탄력을 잃어 빵을 만들 수 없는 단계	

71 밀가루 반죽의 제빵적성 시험기계

패리노 그래프	– 밀가루의 흡수율, 글루텐의 질, 믹싱시간, 믹싱내구성, 반죽의 점탄성을 측정 – 곡선이 500B.U.에 도달하는 시간 등으로 밀가루의 흡수시간(속도) 파악
아밀로 그래프	– 밀가루의 호화시작 온도, 전분의 점도, α-아밀라아제의 활성정도를 측정 – 양질의 빵 속을 만들기 위한 곡선의 높이는 400~600B.U.
익스텐소 그래프	반죽의 신장성과 신징싱에 내한 저항성을 측정

72 반죽의 흡수율에 영향을 미치는 요소

① 손상 전분 1% 증가에 흡수율은 2% 증가된다.
② 설탕 5% 증가 시 흡수율은 1% 감소된다.
③ 분유 1% 증가 시 흡수율도 0.75~1% 증가한다.
④ 반죽의 온도가 5℃ 올라가면 물 흡수율은 3% 감소하고 온도가 5℃ 내려가면 흡수율은 3% 증가한다.
⑤ 연수를 사용하면 글루텐이 약해지며 흡수량이 적고, 경수를 사용하면 글루텐이 강해지며 흡수량이 많다.
⑥ 단백질 1% 증가에 흡수율은 1.5% 증가된다.
⑦ 소금을 픽업단계에 넣으면 글루텐을 단단하게 하여 글루텐 흡수량의 약 8%를 감소시킨다.
⑧ 소금을 클린업단계 이후에 넣으면 물 흡수량이 많아진다.

73 후염법

– 소금을 클린업단계 직후에 넣는 제법
– 특징 : 반죽시간 단축, 반죽의 흡수율 증가, 조직을 부드럽게 함, 속색을 갈색으로 만듦

3 빵류제품 반죽발효

74 1차 발효

온도 27℃, 상대습도 75~80%, 1~3시간

75 1차 발효 완료점을 판단하는 방법

① 처음 반죽부피의 3~3.5배 증가
② 직물구조(섬유질 상태) 생성을 확인
③ 반죽을 눌렀을 때 조금 오므라드는 상태

76 발효 중에 일어나는 생화학적 변화

① 단백질은 프로테아제에 의해 아미노산으로 분해된다.
② 반죽의 pH는 발효가 진행되면서 유기산과 무기산의 영향으로 pH 4.8 정도까지 떨어진다.
③ 전분은 아밀라아제에 의해 맥아당으로 분해되고 맥아당은 말타아제에 의해 2개의 포도당으로 분해된다.
④ 포도당, 과당은 치마아제에 의해 탄산가스와 알코올로 분해되고 66kcal(에너지)를 생성한다.
⑤ 설탕은 인베르타아제에 의해 포도당, 과당으로 가수분해한다.
⑥ 유당은 잔당으로 남아 캐러멜화 역할을 한다.

77 이스트의 가스 발생력에 영향을 주는 요소(발효에 영향을 미치는 요인)

① 이스트의 양
② 발효성 탄수화물(설탕, 맥아당, 포도당, 과당, 갈락토오스)의 양
③ 반죽온도(38℃일 때 활성최대)
④ 반죽의 산도(pH 4.5~5.5일 때 가스 발생력이 최대)
⑤ 소금의 양

78 가감하고자 하는 이스트량 공식

$$\frac{기존 이스트량 \times 기존의 발효시간}{조절하고자 하는 발효시간}$$

79 2차 발효

온도 38℃, 습도 85%, 제품 부피의 70~80%까지 부풀리는 작업

80 제품에 따른 2차 발효 온도, 습도의 비교

상태	조건	제품
고온고습발효	온도 35~38℃, 습도 75~90%	식빵, 단과자빵
건조발효	온도 32℃, 습도 65~70%	도넛
고온건조발효	온도 50~60℃	중화만두
저온저습발효	온도 27~32℃, 습도 75%	데니시페이스트리, 크로와상, 브리오슈, 하스브레드

81 2차 발효의 온도, 습도가 제품에 미치는 영향

습도가 낮을 때	• 부피가 크지 않고 표면이 갈라진다. • 껍질색이 고르지 않아 얼룩이 생기기 쉬우며 광택이 부족하다. • 제품의 윗면이 올라온다.
습도가 높을 때	• 껍질이 거칠고 질겨진다. • 껍질에 기포, 반점이나 줄무늬가 생긴다. • 제품의 윗면이 납작해진다.
어린반죽 (발효가 부족할 때)	• 껍질의 색이 짙고 붉은 기가 약간 생기며, 균열이 일어나기 쉽다. • 속결이 조밀하고 조직은 가지런하지 않게 된다. • 글루텐의 신장성이 불충분하여 부피가 작다.
지친반죽 (발효가 지나칠 때)	• 당분(잔당) 부족으로 착색이 나쁘고 결이 거칠다. • 향기, 보존성이 나쁘다. • 윗면이 움푹 들어간다.
저온일 때	• 발효시간이 길어진다. • 풍미의 생성이 충분하지 않다. • 제품의 겉면이 거칠다. • 반죽막이 두껍고 오븐팽창도 나쁘다.
고온일 때	• 발효속도가 빨라진다. • 속과 껍질이 분리된다. • 반죽이 산성이 되어 세균의 번식이 쉽다.

4 ▶ 빵류제품 반죽정형

82 분할 방법

빵 반죽의 손분할이나 기계분할은 가능한 15~20 이내로 완료하는 것이 좋으며, 기계분할은 부피를 기준으로 분할하므로 속도가 느리면 처음과 나중의 반죽무게가 다를 수 있다.

기계분할	① 분할기를 사용하여 식빵은 20분, 과자류 빵은 30분 이내에 분할한다. ② 분할 속도는 통상 12~16회/분으로 한다. 너무 속도가 빠르면 기계 마모가 증가하고, 느리면 반죽의 글루텐이 파괴된다. ③ 이 과정에서 반죽이 분할기에 달라붙지 않도록 광물유인 유동 파라핀 용액을 바른다.
손분할	① 주로 소규모 빵집에서 적당하다. ② 기계 분할에 비하여 부드럽게 할 수 있으므로 약한 밀가루 반죽의 분할에 유리하다. ③ 덧가루는 제품의 줄무늬를 만들고 맛을 변질시키므로 가능한 적게 사용해야 한다.

83 기계 분할 시 반죽의 손상을 줄이는 방법

① 직접 반죽법보다 중종 반죽법이 내성이 강하다.
② 반죽의 결과온도는 비교적 낮은 것이 좋다.
③ 밀가루의 단백질 함량이 높고 양질의 것이 좋다.
④ 반죽은 흡수량이 최적이거나 약간 된 반죽이 좋다.

84 둥글리기의 목적

① 가스를 균일하게 분산하여 반죽의 기공을 고르게 조절한다.
② 가스를 보유할 수 있는 반죽 구조를 만들어 준다.
③ 반죽의 절단면은 점착성을 가지므로 이것을 안으로 넣어 표면에 막을 만들어 점착성을 적게 한다.
④ 분할로 흐트러진 글루텐의 구조와 방향을 정돈시킨다.
⑤ 분할된 반죽을 성형하기 적절한 상태로 만든다.

85 중간 발효(벤치타임, 오버 헤드 프루프)의 관리항목과 목적

① 온도 : 27~29℃, 상대습도 : 75%
② 반죽의 신장성을 증가시켜 정형 과정에서의 밀어 펴기를 쉽게 한다.
③ 가스 발생으로 반죽의 유연성을 회복시킨다.
④ 성형할 때 끈적거리지 않게 반죽 표면에 얇은 막을 형성한다.
⑤ 분할, 둥글리기 하는 과정에서 손상된 글루텐 구조를 재 정돈한다.

86 패닝 주의사항

① 반죽의 이음매 위치 : 팬의 바닥
② 팬의 온도 : 32℃가 적당
③ 팬 기름(이형유) 종류 : 유동 파라핀(백색광유), 정제라드, 식물류(면실유, 대두유 등), 혼합유

87 팬에 바르는 기름(이형유)이 갖추어야 할 조건

① 산패에 강한 것이 좋다.
② 반죽 무게의 0.1~0.2% 사용한다.
③ 발연점이 210℃ 이상되는 기름을 적정량 사용한다.
④ 무색, 무취를 띠는 것이 좋다.
⑤ 기름이 과다하면 밑 껍질이 두껍고 어둡다.

88 튀기기

① 튀김기름의 표준온도 : 185~195℃
② 도넛튀김용 유지는 발연점이 높은 면실유(목화씨 기름)가 적당하다.
③ 유지를 고온으로 계속 가열하면 유리지방산이 많아져 발연점이 낮아진다.
④ 튀김기름의 4대 적 : 온도(열), 수분(물), 공기(산소), 이물질
⑤ 튀김기름의 조건
　– 산패에 대한 안정성이 있어야 한다.
　– 산가가 낮아야 한다.
　– 여름에는 융점이 높고 겨울에는 융점이 낮아야 한다.
　– 부드러운 맛과 엷은 색을 띤다.
　– 가열 시 푸른 연기가 나며 발연점이 높아야 한다.
　– 이상한 맛이나 냄새가 나지 않아야 한다.

89 발한현상

반죽 내부 수분이 밖으로 배어 나오는 현상으로 발생 시 다음과 같은 조치를 취한다.
① 도넛 위에 뿌리는 설탕 사용량을 늘린다.
② 40℃ 전·후로 충분히 식히고 나서 아이싱을 한다.
③ 튀김시간을 늘려 도넛의 수분 함량을 줄인다.
④ 설탕점착력이 높은 스테아린을 첨가한 튀김기름을 사용한다.
⑤ 도넛의 수분 함량을 21~25%로 만든다.

90 굽기 시 온도변화에 따른 반죽의 변화

49℃	오븐팽창(오븐스프링:ovenspring)
54℃	전분의 호화
60℃	오븐라이즈(ovenrise), 이스트가 사멸
74℃	단백질의 변성(글루텐의 응고)
79℃	알코올의 증발

91 갈색화 반응

① 캐러멜화 반응 : 설탕 성분이 높은 온도(160~180℃)에서 껍질이 길색으로 변하는 반응
② 메일라드 반응 : 당에서 분해된 환원당과 단백질에서 분해된 아미노산이 결합하여 껍질이 갈색으로 변하는 반응으로 낮은 온도에서 진행되며 캐러멜화에서 생성되는 향보다 중요한 역할을 한나.

92 제품별 굽기 손실률

풀먼식빵	단과자빵	일반식빵	하스브레드
7~9%	10~11%	11~13%	20~25%

93 굽기 손실률

$$\frac{(굽기\ 전\ 반죽\ 무게\ -\ 굽기\ 후\ 반죽\ 무게)}{굽기\ 전\ 반죽\ 무게}$$

5 빵류제품 마무리 및 포장

94 냉각

① 냉각한 빵 속의 온도와 수분 함량 : 온도 35~40℃, 수분 함량 38%
② 냉각 손실률 : 2%
③ 냉각실의 온도와 상대습도 : 20~25℃, 75~85%
④ 냉각실의 습도가 지나치게 낮으면 껍질에 잔주름이 생기며 갈라지는 현상이 생긴다.
⑤ 냉각실의 공기흐름이 지나치게 빠르면 껍질에 잔주름이 생기며 빵 모양의 붕괴와 옆면이 끌려 들어가는 키홀링현상이 생긴다.
⑥ 냉각 방법 : 자연냉각, 터널식 냉각, 공기 조절식 냉각(에어컨디션식 냉각)

95 포장온도 : 35~40℃

높은 온도에서의 포장	낮은 온도에서의 포장
① 썰기가 어려워 찌그러지기 쉽다. ② 포장지에 수분과다로 곰팡이가 생기기 쉽다.	① 수분손실이 많아 노화가 가속된다. ② 껍질이 건조된다.

96 아이싱의 종류와 특성

단순아이싱		분설탕, 물, 물엿, 향료를 섞어 43℃의 되직한 페이스트상태로 만든 것
크림 아이싱	퍼지 아이싱	설탕, 버터, 초콜릿, 우유를 주재료로 크림화시켜 만든 것
	퐁당 아이싱	설탕시럽을 교반하여 기포를 넣어 만든 것
	마시멜로 아이싱	흰자에 설탕시럽을 넣어 거품을 올려 만든 것

97 굳은 아이싱을 풀어주는 조치

① 아이싱에 최소의 액체를 넣는다.
② 35~43℃로 중탕한다.
③ 굳은 아이싱은 데우는 정도로 안 되면 설탕 시럽(설탕 2 : 물 1)을 넣는다.

98 아이싱의 끈적거림을 방지하는 조치

① 젤라틴, 식물성 검 등 안정제를 사용한다.
② 전분, 밀가루 같은 수분 흡수제를 사용한다.

99 글레이즈

과자류 표면에 광택을 내는 일 또는 표면이 마르지 않도록 젤라틴, 젤리, 시럽, 퐁당, 초콜릿 등을 바르는 일과 이런 모든 재료를 총칭한다(도넛과 케이크의 글레이즈는 45~50℃가 적당).

100 머랭의 종류

냉제머랭	흰자를 거품내다가 설탕을 조금씩 넣으면서 튼튼한 거품체를 만든다.
온제머랭	흰자와 설탕을 섞어 43℃로 중탕 후 거품을 내다가 안정되면 분설탕을 섞는다.
스위스머랭	냉제머랭 + 온제머랭/하루가 지나도 사용가능하고 구웠을 때 광택이 난다.
이탈리안머랭	흰자를 거품내면서 114~118℃로 끓인 설탕시럽을 넣어 만든 머랭으로 무스나 냉과를 만들 때 사용하거나 케이크 위에 장식으로 얹고 토치를 사용하여 강한 불에 구워 착색하는 제품을 만들 때 사용한다.

101 포장재의 조건

① 방수성이 있고 통기성이 없어야 한다.
② 용기와 포장지의 유해물질이 없는 것을 선택해야 한다.
③ 단가가 낮고 포장에 의하여 제품이 변형되지 않아야 한다.
④ 포장했을 때 상품의 가치를 높일 수 있어야 한다.
⑤ 세균, 곰팡이가 발생하는 오염포장이 되어서는 안 된다.

102 포장재의 종류

폴리에틸렌(PE), 폴리프로필렌(PP), 폴리스틸렌(PS), 오리엔티드 폴리프로필렌(OPP)

103 어린반죽과 지친반죽의 제품비교

항목	어린반죽(발효, 반죽이 덜 된 것)	지친반죽(발효, 반죽이 많이 된 것)
기공	거칠고 열린 두꺼운 세포벽	거칠고 열린 얇은 세포벽
부피	적다	크다
껍질색	어두운 적갈색(잔당이 많기 때문)	밝은색(잔당이 적기 때문)
외형의 균형	예리한 모서리, 매끄럽고 유리같은 옆면	둥근 모서리, 움푹 들어간 옆면
맛	덜 발효된 맛	더욱 발효된 맛(신맛)
브레이크와 슈레드	찢어짐과 터짐이 아주 적다.	거친 뒤에 적어진다.
껍질특성	두껍고 질기고 기포가 있을 수 있다.	두껍고 단단해서 잘 부서지기 쉽다.
속색	무겁고 어두운 속색	색이 희고 윤기가 부족하다.
향	생밀가루 냄새	신 냄새

104 제품의 결함과 원인

식빵의 작은 부피	• 이스트 사용량 부족 • 오래되거나 온도가 높은 이스트 사용 • 약한, 오래된, 미성숙 밀가루 사용 • 팬의 크기에 비해 부족한 반죽량 • 소금, 설탕, 쇼트닝, 분유사용량 과다 • 믹싱부족, 믹싱과다 • 효소제 사용량과다 • 발효부족, 발효과다 • 이스트푸드의 사용량 부족 • 연수나 경수 사용 • 오븐에서 거칠게 다룸 • 오븐의 온도가 초기에 높을 때
표피에 수포발생	• 진 반죽 • 2차 발효실의 과도한 습도 • 오븐의 윗불 온도가 높음

단과자빵 껍질에 흰 반점발생	• 낮은 반죽온도 • 어린반죽으로 정형 • 굽기 전 차가운 공기에 오래 노출 • 발효 중 반죽이 식음
빵 바닥이 움푹 들어감	• 믹싱부족 • 2차 발효실의 과도한 습도 • 진 반죽 • 오븐의 온도가 초기에 높을 때 • 코팅되지 않은 팬에 기름칠을 하지 않음 • 뜨거운 팬 사용 • 팬 바닥에 수분이 있음
브레이크와 슈레드 부족 (터짐과 찢어짐)	• 이스트푸드 사용량 부족 • 연수 사용 • 효소제 사용량 과다 • 진 반죽 • 어린반죽, 지친반죽 • 2차 발효 과다 • 2차 발효실의 높은 온도 • 2차 발효실의 과도한 습도 • 너무 높은 오븐 온도 • 오븐 증기 부족
빵 속의 줄무늬발생	• 덧가루 사용량 과나 • 건조한 중간발효 • 재료의 고른 혼합부족 • 팬기름 사용 과다 • 너무 된 반죽 • 2차 발효실의 습도 부족

105 빵의 노화

① 노화 정지온도 : −18℃(냉동온도), 21~35℃(노화지연의 현실적인 온도)
② 노화 최적온도 : −6.6~10℃(냉장온도)

6 빵류제품 위생안전관리

106 식품위생관련법규

① 식품취급자는 연 1회 건강검진을 받아야 한다.
② 영업을 하려는 자는 미리 식품위생교육을 받아야 한다(조리사나 영양사의 면허를 받은 자는 제외).
③ 식품접객업 중 복어를 조리, 판매하는 자는 자격증이 있는 복어조리사를 두어야 한다.
④ 100명 이상의 집단급식소 운영자는 자격증이 있는 영양사를 두어야 한다.
⑤ 식중독에 관한 조사보고는 관할 시장, 군수, 구청장 → 식품의약품안전처장 및 시·도지사에게 보고

107 HACCP의 12절차와 7원칙

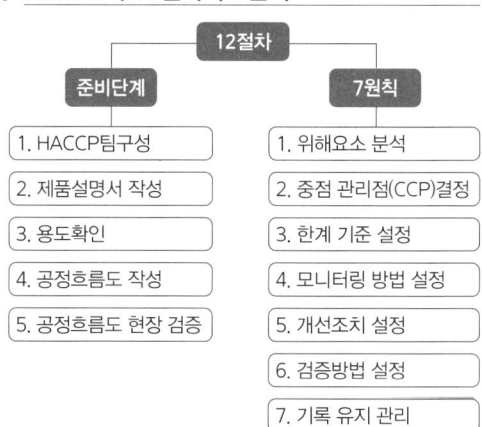

12절차		
준비단계		7원칙
1. HACCP팀구성		1. 위해요소 분석
2. 제품설명서 작성		2. 중점 관리점(CCP)결정
3. 용도확인		3. 한계 기준 설정
4. 공정흐름도 작성		4. 모니터링 방법 설정
5. 공정흐름도 현장 검증		5. 개선조치 설정
		6. 검증방법 설정
		7. 기록 유지 관리

108 식품첨가물의 정의

식품을 제조, 가공 또는 보존힘에 있어 식품에 침가, 혼합, 침윤, 기타 방법으로 사용되는 물질이 식품첨가물이며, 식품첨가물의 규격과 사용기준은 식품의약품안전처장이 정한다.

109 식품첨가물의 조건

① 미량으로도 효과가 클 것
② 독성이 없거나 극히 적을 것
③ 무미, 무취, 자극성이 없을 것
④ 사용하기 간편하고 경제적일 것
⑤ pH, 공기, 빛, 열에 대한 안정성이 있을 것
⑥ 변질 미생물에 대한 증식억제 효과가 클 것

110 식품첨가물의 사용량 결정기준

① LD_{50} (Lethal Dose 50, 반수 치사량)
한 무리의 실험동물 중 50%를 사망시키는 독성물질의 양으로 독성을 나타내는 지표로 사용되며, LD_{50} 값이 적을수록 독성이 높다.
② ADI(Acceptable Daily Intake, 1일 섭취 허용량)
식품첨가물, 농약 등 매일 섭취하더라도 장해가 인정되지 않는다고 생각되는 화학물질의 1일 섭취량

111 식중독의 종류

세균성 식중독	감염형 식중독	살모넬라균 식중독	
		장염 비브리오균 식중독	
		병원성 대장균 식중독	
	독소형 식중독	포도상구균 식중독	
		보툴리누스균 식중독(클로스트리디움 보툴리눔 식중독)	
		웰치균식중독	
자연독 식중독	식물성 식중독	독버섯 : 무스카린	불순면실유(목화씨) : 고시폴
		감자 : 솔라닌	독미나리 : 시큐톡신
	동물성 식중독	복어 : 테트로도톡신	
		섭조개, 대합 : 삭시톡신	
		모시조개, 굴, 바지락 : 베네루핀	
화학성 식중독	식품 첨가물 식중독	유해방부제 : 붕산, 포름알데히드(포르말린), 승홍($Hgcl_2$), 우로트로핀	
		유해인공착색료 : 아우라민(황색), 로다민B(핑크색)	
		유해표백제 : 롱가리트	
		유해감미료 : 시클라메이트, 둘신, 페릴라틴, 에틸렌글리콜	
	유해 금속 식중독	수은(Hg) : 미나마타병	
		카드뮴(Cd) : 이타이이타이병	
		비소(As) : 밀가루로 오인하고 섭취	
곰팡이 독 (마이코톡신)		탄수화물이 풍부한 곡류에서 많이 발생 – 아플라톡신중독, 맥각중독, 황변미중독	
알레르기식중독		신선도가 저하된 꽁치, 전갱이, 청어 등의 등푸른생선	

112 감염형 식중독

식중독의 원인이 직접 세균에 의하여 발생하는 중독

① 살모넬라균 식중독 : 어패류, 육가공류, 육류 등 거의 모든 식품에 의하여 감염

② 장염 비브리오균 식중독 : 여름철에 어류, 패류, 해조류 등으로 감염

③ 병원성 대장균 식중독 : 환자나 보균자의 분변으로 감염

113 독소형 식중독

식중독의 원인이 직접 세균이 분비하는 독소에 의하여 발생하는 중독

① 포도상구균 식중독 : 화농에 황색 포도상구균이 있으며, 포도상구균 자체는 열에 약하나 이 균이 체외로 분비하는 독소인 엔테로톡신은 내열성이 강해 100℃에서 30분간 가열해도 파괴되지 않는다.

② 보툴리누스균 식중독(클로스트리디움 보툴리눔 식중독) : 완전 가열 살균되지 않은 병조림, 통조림, 소시지, 훈제품 등 섭취 시 발병한다. 균은 내열성이 강하여 100℃에서 6시간 정도의 가열시 겨우 살균된다. 독소는 뉴로톡신이며, 80℃에서 30분 정도 가열로 파괴된다.

③ 웰치균 식중독 : 감염경로는 식품 취급자, 하수, 쥐의 분변 등에 의한 식품의 오염이며 독소는 엔테로톡신이다. 아포는 열에 강하여 100℃에서 4시간 가열해도 살아남는다.

114 제1급 법정 감염병

① 생물테러감염병 또는 치명률이 높거나 집단 발생의 우려가 커서 발생 또는 유행 즉시 신고하여야 하고, 음압격리와 같은 높은 수준의 격리가 필요한 감염병

② 종류 : 페스트, 탄저, 보툴리눔독소증, 야토병, 신종감염병증후군, 중증급성호흡기증후군(SARS), 중동호흡기증후군(MERS), 동물인플루엔자 인체감염증, 신종인플루엔자, 디프테리아, 에볼라바이러스병, 마버그열, 라싸열, 크리미안콩고출혈열, 남아메리카출혈열, 리프트밸리열, 두창 등

115 경구감염병의 종류에 따른 미생물의 분류

① 세균성 감염병 : 세균성 이질, 장티푸스, 파라티푸스, 콜레라, 디프테리아

② 바이러스성 감염병 : 유행성 감염, 폴리오, 소아마비

③ 원충성 감염병 : 아메바성 이질

116 경구감염병의 종류

① 소화기계 경구감염병 : 장티푸스(급성 전신성 열성질환)

② 가장 잠복기가 짧은 경구감염병 : 콜레라(10시간~5일)

117 경구감염병의 예방 대책

① 환자를 조기 발견하여 격리 치료하고 접촉자의 대변을 검사한다.

② 보균자를 관리하고 식품취급을 금하고, 오염이 의심되는 식품은 폐기한다.

③ 식품취급자는 정기적으로 연 1회 건강진단을 받아야 하며, 개인위생 및 소독을 철저히 한다.

④ 식품취급자는 장신구를 착용하지 않으며, 화장실 사용 시 위생복을 착용하지 않는다.

118 인수공통감염병의 종류

탄저병, 파상열(브루셀라증), 결핵, 야토병, 돈단독, Q열 등

119 불완전 살균우유로 감염되는 병

결핵, Q열, 파상열 등

120 기생충 감염

매개체	기생충의 종류	감염경로	
어패류	간디스토마 (간흡충)	제1중간숙주 : 왜우렁이	제2중간숙주 : 민물고기
	폐디스토마 (폐흡충)	제1중간숙수 : 다슬기	세2중간숙주 : 가재, 게
육류	유구조충 (갈고리촌충)	돼지고기를 생식하는 지역에서 감염	
	무구조충 (민촌충)	소고기를 생식하는 지역에서 감염	

121 작업환경 관리

① 제과·제빵 공정상의 조도기준

작업내용	표준조도(lux)	한계조도(lux)
장식(수작업), 마무리작업	500	300~700
계량, 반죽, 정형	200	150~300
굽기, 포장, 장식	100	70~150
발효	50	30~70

② 매장과 주방의 크기는 1:1이 이상적이다.

③ 공장은 제조공정의 특성상 온도와 습도의 영향을 받으므로 바다 가까운 곳은 멀리한다.

④ 창의 면적은 바닥면적을 기준으로 30%가 좋다.

⑤ 바닥은 미끄럽지 않고 배수가 잘되어야 한다. 공장 배수관의 최소내경은 10cm 정도가 적당하다.

⑥ 방충, 방서용 금속망은 30메시(mesh)가 적당하다.

⑦ 종업원의 출입구와 손님의 출입구는 별도로 하여 재료의 반입을 종업원 출입구로 한다.

⑧ 주방의 환기는 소형의 환기장치를 여러 개 설치하여 주방의 공기오염 정도에 따라 가동률을 조정하고 가스를 사용하는 장소에는 환기 덕트를 설치해야 한다.

122 변질의 종류

① 부패 : 단백질 식품에 혐기성 세균이 증식한 생물학적 요인에 의하여 분해되어 악취와 유해물질 등(아민류, 암모니아, 페놀, 황화수소 등)을 생성하는 현상이다.

② 변패 : 탄수화물을 많이 함유하는 식품이 미생물

의 분해 작용으로 맛이나 냄새가 변화하는 현상이다.

③ 산패 : 지방의 산화 등에 의해 악취나 변색이 일어나는 현상이다.

④ 발효 : 식품에 미생물이 번식하여 식품의 성질이 변화를 일으키는 현상으로, 그 변화가 인체에 유익할 경우를 말한다. 빵, 술, 간장, 된장 등은 모두 발효를 이용한 식품들이다.

7 빵류제품 생산작업준비

123 원가의 개요

원가를 계산 하는 목적	원가의 개념
① 이익을 산출 하기 위해서 ② 가격을 결정 하기 위해서 ③ 원가관리를 위해서	① 직접비(직접원가) = 직접 재료비 + 직접노무비 + 직접경비
	② 제조원가 = 직접비 + 제조 간접비
	③ 총원가 = 제조원가 + 판매가 + 일반 관리비
	④ 판매가격 = 총원가 + 이익

124 믹서의 종류

수직형믹서 (버티컬믹서)	소규모제과점에서 제빵, 제과반죽을 만들 때 사용
스파이럴믹서	프랑스빵, 독일빵과 같이 된 반죽을 만들 때 사용
수평형믹서	많은 양의 빵 반죽을 만들 때 사용

125 파이롤러

반죽의 두께를 조절하면서 반죽을 밀어펼 수 있는 기계이다. 제조 가능한 제품들에는 스위트 롤, 퍼프 페이스트리, 데니시 페이스트리, 케이크 도넛 등이 있다.

126 오븐의 종류

데크오븐	– 소규모제과점에서 많이 사용 – 반죽을 넣는 입구와 제품을 꺼내는 출구가 같다.
터널오븐	– 대량생산공장에서 많이 사용 – 반죽이 들어가는 입구와 제품이 나오는 출구가 서로 다르다.
컨백션오븐	팬으로 열을 강제순환시켜 반죽을 균일하게 착색시켜 제품을 만든다.